設計技術シリーズ

―高信頼性・長寿命を実現する―
バッテリマネジメント技術

［著］

元東海大学
坂本 俊之

科学情報出版株式会社

まえがき

　はじめに、本書に興味を持たれ、手に取って頂けたことに感謝申し上げます。バッテリマネジメントに関する業務に就かれているエンジニアの方が、ボリュームゾーンの読者と考えますが、ご期待を裏切らない詳しい内容としました。厚い冊子となった分、辞書のようにバッテリマネジメント技術を網羅した説明と受け取られるかも知れません。本書のつくりは、辞書とは真逆で、取り上げた技術について、とことん分かるように説明したことで、厚くなってしまったのが本当のところです。バッテリマネジメントに長年取り組んでこられた技術者、研究者の方をはじめ、バッテリマネジメントに初めて取り組む方から、興味はあるが数式が出てくるとお手上げとなってしまう方まで、読み通せるように説明しました。本書をパラパラと捲ってもらうと、たくさんの数式や図表があり、戸惑うかもしれません。たくさん載せたのは、読んでいても、説明が途中から飛躍してしまい、読者の思考がついていけないことには、決してならないようにしたためです。技術者の方であれば、数式部を含め、紙と鉛筆を用意しなくても、電車の立ち読み程度でも理解できるように解説しました。普通レベルの学生が在籍する理工系の大学院で教えていますが、本書に出てくる状態変数を用いたエネルギシステムモデルを解析する授業では、途中で脱落することなく最後まで履修できています。同様に、読者は本書を最後まで読み通せると考えます。本書の解説は、レベルを落として、分かったように誤解させる内容ではありません。特に、若い読者の方が、本書で学んだ技術を足掛かりに業務へ生かして貰えると、当該分野でイニシアチブが取れるエンジニアとなれるはずです。

目　　　次

まえがき

第1章　バッテリマネジメントとは

　　1．バッテリマネジメントに期待される技術課題 ・・・・・・・・・・・・・・・・・3
　　2．各章の概要 ・・・3

第2章　EV・HEV用バッテリとマネジメントの考え方

第1節　リチウムイオン電池 ・・・・・・・・・・・・・・・・・・・・・・・・・・・・・・・・・・・11
　　1．電池の構成部材と役割 ・・・・・・・・・・・・・・・・・・・・・・・・・・・・・・・・・・11
　　2．リチウムイオン電池の充放電サイクル ・・・・・・・・・・・・・・・・・・・13
第2節　全固体電池 ・・・15
　　1．現行の電池における課題 ・・・・・・・・・・・・・・・・・・・・・・・・・・・・・・15
　　2．リチウムイオン電池と全固体電池 ・・・・・・・・・・・・・・・・・・・・・・16
　　3．全固体化のメリットと可能性・・・・・・・・・・・・・・・・・・・・・・・・・・17
　　4．全固体電池の構成材料 ・・・・・・・・・・・・・・・・・・・・・・・・・・・・・・・・18
　　5．無機固体電解質と伝導イオン ・・・・・・・・・・・・・・・・・・・・・・・・・・19
第3節　バッテリマネジメントの考え方 ・・・・・・・・・・・・・・・・・・・・・・・・31
　　1．電動車両のバッテリマネジメントの概要 ・・・・・・・・・・・・・・・31
　　2．基本となる電動車両のバッテリマネジメント ・・・・・・・・・・・33
　　3．これから求められるバッテリマネジメント ・・・・・・・・・・・・・37

第3章　バッテリ特性とマネジメント

第1節　バッテリの温度特性とマネジメント ・・・・・・・・・・・・・・・・・・・・41
　　1．電池冷却の概要 ・・・・・・・・・・・・・・・・・・・・・・・・・・・・・・・・・・・・・・・41

●目次

  2．電池冷却における熱の伝達・・・・・・・・・・・・・・・・・・・・・・・・・・・・・・・・・・　42

  3．電池冷却の熱制御モデル　・・・・・・・・・・・・・・・・・・・・・・・・・・・・・・・・　47

 第2節　バッテリの充放電特性とマネジメント　・・・・・・・・・・・・・・・・・・・・　52

  1．電池の充放電特性の位置付け・・・・・・・・・・・・・・・・・・・・・・・・・・・・・・　53

  2．電池の充放電特性　・・・・・・・・・・・・・・・・・・・・・・・・・・・・・・・・・・・・・・　54

  3．OCV 解析　・・　62

  4．OCV 解析の実際・・　65

  5．リユース、リサイクル電池への適用　・・・・・・・・・・・・・・・・・・・・・・・　72

第4章　バッテリマネジメント制御

 第1節　バッテリの長寿命制御　・・・・・・・・・・・・・・・・・・・・・・・・・・・・・・・・・　81

  1．リチウムイオンバッテリのセルばらつき　・・・・・・・・・・・・・・・・・・・　81

  2．インダクタンス素子でばらつきを解消する　・・・・・・・・・・・・・・・・・　83

  3．インダクタンスとキャパシタンス素子でばらつきを解消する・・・・・・　86

 第2節　劣化バッテリの復活制御・・・・・・・・・・・・・・・・・・・・・・・・・・・・・・・・・　97

  1．ニッケル水素バッテリのモジュール内セル間ばらつきを解消する・・　98

  2．リチウムイオンバッテリのセル間ばらつきを解消する　・・・・・・・・・120

   2.1　リチウムイオンバッテリの3セル間ばらつき・・・・・・・・・・・・・・121

   2.2　3セル間ばらつき解消の一般解析・・・・・・・・・・・・・・・・・・・・・・・121

   2.3　3セル間ばらつき解消の実データ解析（外部電源なし）・・・・・129

   2.4　3セル間ばらつき解消シミュレーション（外部電源なし）・・・・134

   2.5　3セル間ばらつき解消の実データ解析（外部電源あり）・・・・・135

   2.6　3セル間ばらつき解消シミュレーション（外部電源あり）・・・143

 第3節　バッテリの状態変数とバッテリマネジメント制御　・・・・・・・・・・・145

  1．リチウムイオンバッテリのエネルギを均等化する　・・・・・・・・・・・・146

  2．状態変数を使ってエネルギ均等化を可視化する　・・・・・・・・・・・・・・152

 第4節　AI（人工知能）とバッテリマネジメント制御　・・・・・・・・・・・・・164

  1．AI 技術の発展・・・164

  2．ニューラルネットワーク制御・・・・・・・・・・・・・・・・・・・・・・・・・・・・・165

2.1　ニューロン······················165

　2.2　ニューラルネットワークのアルゴリズム···········166

　2.3　交差エントロピー···················168

　2.4　画像処理······················172

　3.　電池計測データと AI による画像処理解析　··········177

第5章　交流インピーダンス法による
　　　　バッテリ劣化モデルと劣化診断解析

第1節　バッテリ等価回路によるバッテリ劣化モデル　·········183

　1.　リチウムイオンバッテリの AC インピーダンス　·······183

　2.　SEI 層を考慮したバッテリの電気的等価回路モデルとモデル計算··185

　3.　SEI 層を考慮したバッテリの電気的等価回路の

　　　AC インピーダンスシミュレーション　···········201

第2節　バッテリ劣化モデルによる劣化診断解析　··········205

　1.　常温での実測とシミュレーション比較　··········205

　2.　低温での実測とシミュレーション比較　··········207

　3.　シミュレーション特性　················212

　4.　等価回路定数とサイクル劣化················215

第6章　バッテリマネジメントシステムとの連携

第1節　バッテリマネジメントシステムとモータ制御　········225

　1.　モータ制御における高速スイッチング化と電流の追従特性·······225

　2.　DC ブラシレスモータの制御　··············230

　3.　インダクションモータの制御　··············236

第2節　バッテリマネジメントシステムと太陽光発電システムとの連携··251

　1.　太陽光自家発電システムと電力系統との連携　·······251

　2.　太陽光自家発電システムと電力負荷マネジメント　······253

－ VII －

● 目次

第7章 マネジメント対象バッテリの将来展望と課題

1. 電池の市場と市場展開 ・・・・・・・・・・・・・・・・・・・・・・・・・・・・・・263
2. ライフサイクルアセスメント ・・・・・・・・・・・・・・・・・・・・・・・・266
3. 全固体電池の技術的課題 ・・・・・・・・・・・・・・・・・・・・・・・・・・・267
4. 今後の研究開発の方向性 ・・・・・・・・・・・・・・・・・・・・・・・・・・268

参考文献 ・・・270

索引 ・・・278

第1章
バッテリマネジメントとは

1．バッテリマネジメントに期待される技術課題

　バッテリマネジメントは、学問として確立した工学ではなく、学際領域の色彩が強い工学である。主に関連する学問領域は、機械工学、電気・電子工学、情報工学、電気化学であり、全固体電池が加わると材料や結晶学も視野に入れる必要が出てくる。このため、既存の学問領域で学んだ人々が集まり、バッテリマネジメントの技術構築をする。関係する全ての分野に精通することは難しく、各分野のエキスパートの協力を仰ぎながらシステム構築せざるを得ないのが実状である。バッテリマネジメントに携わる関係者が増えると、バッテリマネジメントの機能を、エネルギマネジメント機能へと拡張させたり、システム全体のマネジメント機能へと拡張させたり、バッテリマネジメントの領域が拡大していく。現在は、クルマのマネジメントに止まらず、取り外した劣化バッテリのリユース・リサイクル途上のマネジメントも含めて領域が拡大し、バッテリマネジメントの定義自体が、時代とともに進化している。

　本書では、現在のバッテリマネジメントの技術課題をテーマに取り上げ、深く解説した。少し前であれば、リチウムイオン電池の安全性にバッテリマネジメントの重点が置かれた。現在は、電池の長寿命制御、電池の劣化診断、リユース・リサイクルのための電池の復活制御、スマートグリッドや自然エネルギシステムと連携した電池の充放電制御などへ、バッテリマネジメントに期待される技術課題は移っている。本書では、電池安全など従来から取り組まれている技術課題については敢えて説明から外し、現在のバッテリマネジメントに期待される技術課題について、その分頁を割いて詳しく解説した。

2．各章の概要

　本書は、全7章から構成される。順に読むと無理なく理解が進む。各章の解説は、他の章に対して独立している。章内は、節により成り立っており、第5章を除き、各節の解説も独立している。興味ある節を見つけ、節だけ読んで完結できるので、忙しい時間の合間を縫って読み進めることが可能である。数式や図表番号は、節毎に番号を振っている。前

－ 3 －

掲の数式を引用する場合は、引用時に当該式を再掲したので、頁を繰ることなく読み進めることができる。各章の内容は次の通りである。

第2章は、電動車のバッテリマネジメントの考え方について解説した。バッテリマネジメントの考え方の説明にあたり、搭載電池となるリチウムイオン電池と全固体電池について最初に解説した。リチウムイオン電池の第1節は、既に普及していて詳しく解説するまでもないので、簡単に再整理した。充放電過程は、化学反応式だけだとピンとこないので、充放電1サイクル分のモードを図により示し、視覚的に理解できるようにした。全固体電池の第2節は、現在普及しているリチウムイオン電池の抱えている課題から、全固体化のメリットと可能性について説明し、開発が続く全固体電池の構成材料について説明した。固体の中をイオンが動くという理解しづらい現象を、図を使って視覚的に理解できるようにした。バッテリマネジメントの考え方の第3節は、現在のバッテリマネジメントを俯瞰的に解説した。バッテリマネジメントを知りたい場合は、本節を読めば概要が把握できる。

第3章は、バッテリ特性とバッテリ特性から見たマネジメントについて説明した。バッテリ特性は、ここで取り上げた特性だけに止まらない。バッテリ特性に応じた、バッテリマネジメントが必要となる。ここでは、重要度の高いバッテリマネジメントの課題に関するバッテリ特性を取り上げた。バッテリの温度特性の第1節は、電池冷却について電池セルの熱の伝達を解析し、バッテリマネジメントできるように熱制御モデルを構築した。バッテリの充放電特性の第2節は、充放電特性を利用したOCV解析手法を提案し、活性化した新品電池にOCV解析手法を適用して、妥当な推定OCV結果が得られたことを解説した。本手法が劣化電池にも適用できるかどうか検証し、OCV解析手法が劣化電池の劣化度を求めるのに有効であることも判明した。OCV解析手法は、リユース、リサイクル電池へ簡単に適用できる技術であり、劣化電池の劣化度が定量的に評価できる効果的な手法であることが分かった。OCV解析手法は、内部抵抗解析によるセル電池劣化診断システム図と、OCV、内部抵抗解析によるボックス内セル電池のリユース/リサイクル電池判別システム図によりシステムが把握できるようにした。

第4章は、本書のメインパートとなるバッテリマネジメント制御につ

いて説明した。バッテリの長寿命制御の第1節は、リチウムイオンバッテリのセルばらつきを説明し、セルばらつきを解消するためにインダクタンス素子を使う場合のセルエネルギ均等化について回路図を使って詳しく説明した。同様に、セルばらつきを解消するためにインダクタンス素子とキャパシタンス素子を使う場合のセルエネルギ均等化について回路図を使って詳しく説明した。劣化バッテリの復活制御の第2節は、はじめにニッケル水素バッテリのモジュール内セル間ばらつきの解消方法について説明した。セル間ばらつきは、モジュール構成のまま解消させる方法について、動作モードを分け、図を使って詳細に説明した。ニッケル水素バッテリは、初期のハイブリッド自動車から搭載されているので、市場から返却された劣化電池として多数存在している。現在、大多数がリユースされることもなく廃棄されるので、復活制御は取り組む価値のある技術といえる。次に、リチウムイオンバッテリのセル間ばらつきを解消する方法について解説した。例として3セル間のばらつきを解消する場合を考え、均等充電回路の電圧方程式を立て、電圧を状態変数として解を求めた。回路パラメータへ数値設定してシミュレーションを実施した。セル間の均等化が進み、ばらついていたセル電圧が収束することを確認した。シミュレーションは、各セルに設けた太陽光などの自然エネルギを利用した外部充電電源の有無で実施し、何れも良好にセル電圧が収束することを確認できた。バッテリの状態変数とバッテリマネジメント制御の第3節は、コイルのインダクタンスを利用した均等充電回路から、バッテリ2セル間の均等充電回路を抜き出し、均等充電回路の動作を動作モードに分けて解説した。均等充電回路の回路方程式を立てるにあたり、充電電流を状態変数に取り上げた。回路方程式はバッテリ2セル分の簡潔な式なので、状態方程式を解くにあたり、状態方程式からシグナルフローグラフを描いて可視化することで、Masonの利得則にしたがい解を求めた。AI（人工知能）とバッテリマネジメント制御の第4節は、はじめにニューラルネットワーク制御を概説し、実測した電池の放電電圧カーブへ、AIによる画像処理解析を適用して、電池の劣化診断に応用できることを示した。

　第5章は、交流インピーダンス法によるバッテリ劣化モデルと劣化診断解析について説明した。バッテリ等価回路によるバッテリ劣化モデル

の第1節は、リチウムイオンバッテリの AC インピーダンスの計測値をナイキスト線図で示して、等価回路を使って計測したナイキスト線図が再現できるかどうかを試みた。等価回路には、SEI 層を考慮したバッテリの電気的等価回路モデルを提案し、同モデルのインピーダンスを解析的に求めた。簡易的な SEI 層を考慮したバッテリの電気的等価回路の AC インピーダンスシミュレーションを実施して、概ね実測状況がトレースできていることを確認した。バッテリ劣化モデルによる劣化診断解析の第2節は、第1節で求めた SEI 層を考慮したバッテリの電気的等価回路モデルを用いて、温度シミュレーションを実施した。バッテリは温度により、同じ劣化状態にあっても、測定される AC インピーダンスは異なる。低温になるほど違いは大きくなるので、常温におけるシミュレーションと、低温におけるシミュレーションを行い、SEI 層を考慮したバッテリの電気的等価回路モデルの妥当性を検証した。AC インピーダンスカーブであるナイキスト線図からは、周波数に関する挙動を読み取れないので、周波数特性を別に求めた。等価回路モデルに用いた等価回路定数は、サイクル劣化にしたがい相関性のあることが求められる。劣化電池の AC インピーダンスカーブと、SEI 層を考慮したバッテリの電気的等価回路モデルを用いた AC インピーダンスカーブを比較解析し、同モデルの妥当性を示した。

　第6章は、バッテリマネジメントシステムとの連携について説明した。バッテリマネジメントシステムとモータ制御の第1節は、モータ制御における高速スイッチング化と電流の追従特性について説明した。バッテリマネジメントは、主にモータ制御と関係する。モータのスイッチング制御を含めたモータ制御システムブロックが構築できるように解説した。電動車用モータ制御の代表例として、DC ブラシレスモータの制御と、インダクションモータの制御についてベクトル線図を用いて解析した。DC ブラシレスモータに比べて、インダクションモータの制御は複雑となる。インダクションモータの場合は、解析結果を全体制御ブロック図としてまとめた。バッテリマネジメントシステムと太陽光発電システムとの連携の第2節は、ソーラパネル発電部と、家庭用電力部及び自動車用電力部の間の電力連携について、絶縁性を高めるため DC/DC 絶縁を設ける場合と、設けないで安価に済ます場合を取り上げて解説した。

太陽光自家発電システムと電力負荷マネジメントでは、発電電力が安定しないソーラパネル発電部の出口にスイッチング素子を設け、素子のオンオフ動作によるソーラパネル発電部からの供給電力を解析的に求めた。

　第7章は、マネジメント対象バッテリの将来展望と課題について説明した。電池の市場と市場展開では、世界的なクルマの電動化の経緯を概説し、各国の思惑や、ハイブリッド自動車技術で先行する国内完成車メーカの思惑を取り上げて説明した。ライフサイクルアセスメントでは、今後求められる電池のトレーサビリティの話題を含め解説した。全固体電池の技術的課題では、実用化の前に立ちはだかる課題を解説した。最後に、バッテリマネジメントの今後の方向性について述べた。

　EVを完成車メーカで研究開発していたころ、アメリカの砂漠のテスト基地で電池の実走耐久を繰り返していました。スーツケースに詰めたカップ麺は2週間で底をつき、故障に備えてチームに加わる整備担当のエンジニアが昼食担当を買って出て、滞在の数か月を難なく過ごせました。勿論、故障が起これば心強い限りでした。近くの空軍基地からステルス戦闘機が、走るEV目がけてタッチアンドゴーでからかったり、早朝にEVを動かすと大きなガラガラ蛇が下で寝ていたり、刺激的な毎日でした。簡単に直らない計測制御系のトラブルでは、チームに加わっているアメリカ人研究者を含め、夕食も取らず深夜を回っても皆で真剣に早期復旧を目指して取り組みました。EVはこれからという時代でも、毎日が新鮮で楽しかった思い出しかありません。これからはEVの時代です。思う存分楽しんでください。

第2章

EV・HEV用バッテリとマネジメントの考え方

第1節　リチウムイオン電池

　リチウムイオン二次電池（以下、リチウムイオン電池と呼称する）は、それまでの二次電池として広く使われていたニッケル水素二次電池（以下、ニッケル水素電池と呼称する）に比較して優れた特性のため、実用化されると、電気自動車やハイブリッド自動車用電池は、瞬く間にリチウムイオン電池へと置き換わるようになった。バッテリマネジメントを考える上で、マネジメントの対象となる電池を知ることは必要である。ここでは、現在の二次電池としての地位を占めているリチウムイオン電池について再整理をする。リチウムイオン電池の構成材料を紹介し、高いエネルギが利用可能となった電極活物質について説明する。そして高いエネルギのため今までの電解液が使えなくなり、置き換えた電解液が招くリチウムイオン電池の劣化要因についても合わせて説明する。

1．電池の構成部材と役割

　リチウムイオン電池は、$LiCoO_2$ の正極構成部材が 1980 年代から長く使われてきたが、資源が偏在するコバルト金属から、一部をニッケルなどへ置換した正極構成部材へと見直しが図られるようになった。世界的な電動化の動向から、電気自動車などの電池への需要によりニッケルも高騰しており、ニッケルから性能は下がるものの安価な鉄やリンへ材料置換した $LiFePO_4$ へと変遷している。リチウムイオン電池の登場以前は、二次電池というと水系の電解液が使われたニッケル水素電池が主流であった。ニッケル水素電池は電池電圧が 1.2V であり、リチウムイオン電池の電池電圧 4.2V に対してポテンシャルは低い。リチウムイオン電池が実用化を迎えると、二次電池というと有機溶媒を電解液として用いるリチウムイオン電池へと取って代わった。リチウムイオン電池の有機溶媒はカーボンを含有しているため、発煙発火の問題を内在する。このため発煙発火の問題を解消すべく、液体系の電解液を使わない固体電解質を用いる全固体電池へと、次世代二次電池の研究開発は進んでいる。リチウムイオン電池の正極構成部材は、層状構造をなしており、この構

造は充放電で伸縮してしまう。全固体電池へ層状構造の正極構成部材を用いると、正極構成部材と固体電解質との間が伸縮により接触面が保てなくなる問題が起こる。そこで、全固体電池の正極構成部材は、層状構造のように体積変化しない材料が求められ、岩塩タイプなどの開発が進んでいる。

　リチウムイオン電池は、黒鉛系の負極構成部材が使われている。黒鉛は天然系由来の材料として安価に入手し易く、またコークスなどから開発ニーズに応じて作る人造系由来の材料としても可能あり、資源コストに優れる。負極板へは、負極の活物質である黒鉛を密着性良く塗布する必要があり、バインダーを混入させて密着性を高めるが、バインダー自体は充放電に寄与しないため、適切な量を分散性良く混練させることで、負極の容量と特性を向上させている。負極の活物質である黒鉛とバインダーは、混練させてスラリー状にするが、時間とともに沈殿凝集するため、塗布工程までの時間や均一な塗布量を工程管理する必要がある。負極容量は、充電により正極から移動したリチウムが、放電により負極から正極へ移動する電気量となる。負極へ移動して負極に留まり放電に預からないリチウムや、リチウムが電解液と還元反応をする時にリチウムが電子を離してリチウムイオンとなったまま負極周りに留まっている場合は、設計通りの負極容量が得られないことになる。

　負極は電解液と接しているため、充放電の際に電解液と反応して負極表面に堆積物質をつくり、時間とともに積層化が進行する。電解液と反応して負極表面に作られる堆積物質は、SEI層（Solid Electrolyte Interphase）と呼称する。SEI層は、電極反応を阻害する電気的なインピーダンスの上昇となり、負極劣化の主要因となる。電池の充放電が行われていない場合も、負極は電解液と接しているため、SEI層は成長する。充放電では、負極は体積変化をともなうため、SEI層も影響を受ける。放電反応により負極板最表面のSEI層は、負極板から近傍の電解液へ移動し、充電反応により負極板から近傍の電解液へ移動したSEI層が、負極板最表面へ戻ってくる動きをする。電池の充放電が行われていない保存状態では、負極の体積変化はないため、SEI層が負極板表面で一方的に成長する。電池劣化を考えた場合、電池が電池として働いている充放電状態だけではなく、電池の保存状態も考慮する必要がある。電池を保存する場合は、

SEI層の成長が促進されない温度管理も求められる。電池の保存温度が高いと化学反応は促進されるためSEI層は成長し、保存温度が低いと成長は抑えられる。低温環境下で保存していた電池は、電池のインピーダンスが高い状態にあるため、そのまま作動させると電池容量の低下となって現れる。適切な電池温度になるまで加温するか、電池に無理をかけない程度でインピーダンスの高くなった電池に負荷電流を流し、適切な電池温度になるまで電池自体のジュール損で発熱させ、電池温度を上昇させる必要がある。電池の高容量化や長寿命化には、負極の高容量化や長寿命化へと直結するが、負極と接触する電解液の適正化や、リチウムイオンをやりとりする正極との関係性が重要となってくるため、負極に限定せず電池全体としてのバランスを求めることが大切である。

　現在用いられている黒鉛負極は、黒鉛材料自体の粒径、黒鉛材料が凝集した表面積や負極に挿入されたリチウムと電解液とを繋ぐ導電性パス形成の最適化のため、ハードカーボンやソフトカーボンなど硬度の異なる黒鉛材料を合材とするなど改良が進められている。黒鉛負極のコストに関しては、天然系と人造系との黒鉛の混練化、熱処理の適正化や黒鉛粒へのコート材の塗布などによりコスト最適化が図られている。

2. リチウムイオン電池の充放電サイクル

　リチウムイオン電池の充放電挙動について説明する。図1は、リチウムイオンLi^+の電槽内の動きと、電子e^-の動きについて、イラストを用いた説明図である。正極は、Mをコバルトやコバルトを置換した金属とし、$LiMO_2$の化学式で示した。負極は、黒鉛などのカーボンCで同様に示す。化学反応式を用いて説明されても、1枚の図を使ってリチウムイオンの動きを説明されても、技術分野が異なる人には何れの説明も分かりづらいと思われるので、複数の図を用いた。

　図1(a)は、放電状態にある電池である。外部から電池へ電気エネルギを加えて充電すると、正極のリチウムは、電子を離して酸化し、リチウムイオンとなる（図1(b)）。電子は導線を経由して負極へ移動し、一方リチウムイオンは電槽内を経由して同じく負極へ移動する（図1(c)）。負極では両者が結合してリチウムに戻り、負極を構成するカーボンの空

- 13 -

◎第2章　EV・HEV用バッテリとマネジメントの考え方

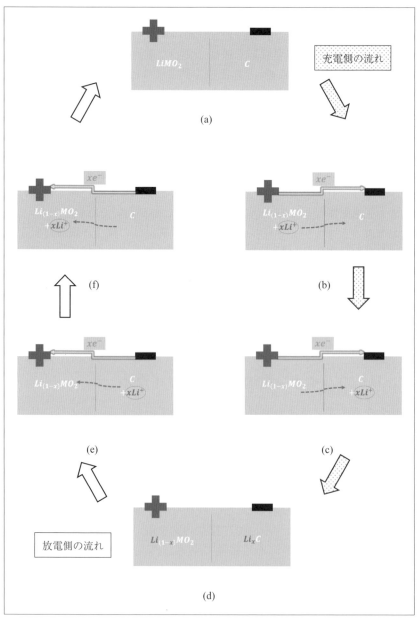

〔図1〕リチウムイオン電池の充放電サイクル挙動

きスペースに落ち着く（図1(d)）。これで充電モードは終了となる。正極のリチウムが全て負極へ移動すると正極の結晶構造に影響を及ぼすので、サイクル充放電を続けることが難しくなる。このため、負極へ移動するインターカレーション反応を預かるリチウムは x （<1）だけとした。

　次に、放電挙動について説明する。図1(d) は、満充電状態にある電池とする。負極はエネルギを貯め込んだ状態なので、正極と負極をつなぐと、導線には電気が流れる。単につなぐと短絡状態となるので、途中に電気負荷を入れて仕事をさせることになる。負極を見ると、リチウムは電子を離して酸化し、リチウムイオンとなる（図1(e)）。電子は導線を経由して正極へ移動する。リチウムイオンは、電槽内に設けたリチウムイオンだけを通過させるセパレータを経由して、同じく正極へ移動する（図1(f)）。正極では両者が結合してリチウムに戻り、還元される（図1(a)）。これで放電モードは終了となり、1サイクルの充放電が完了する。

第2節　全固体電池

　全固体電池は、次世代電池として実用化が期待されている。全固体電池は、リチウムイオン電池の抱えている問題を解消する電池としてスタートした経緯がある。早期の実用化が非常に期待されている電池であるものの、全固体電池の実用化が思うように進まない原因は、高いイオン伝導度を持つ無機固体電解質の開発に時間を要したことが上げられる。今までの努力が実り、リチウムイオン電池を越えるイオン伝導度が達成できるまで開発が進んでいる。実用化の一歩手前まで来たが、思った以上に立ちはだかる壁が現れている。ここでは、固体の中をイオンが移動するという、ある意味不思議な全固体電池の概要について解説する。

1．現行の電池における課題

　電気自動車やハイブリッド自動車へ搭載される二次電池は、今やリチウムイオン電池が主流となった。リチウムイオン電池は、それまでの二次電池の代表であったニッケル水素電池のおおよそ2倍のエネルギ密度

◎ 第2章　EV・HEV用バッテリとマネジメントの考え方

がある。実用域での電池電圧はニッケル水素電池の３倍以上のため、高い出力密度も併せて実現できる電池となる。リチウムイオン電池は、その他の懸案としてコストや寿命に越えられない課題を抱えていなければ、ニッケル水素電池に取って代わることは納得できるはずである。しかし、リチウムイオン電池は、ニッケル水素電池で全く問題とはならなかった発煙発火の事故が、量産化後も解消することなく発生している。リチウムイオン電池から、輸送や放置状態を含め、どの様な状況下でも安全な次世代二次電池の登場が期待されるようになった。リチウムイオン電池の安全性が問題となるのは、そのポテンシャルの高さが原因という皮肉な理由である。リチウムイオン電池は、起電力が高いため、ニッケル水素電池では利用できたKOHなどの水系の電解液使うと、電気分解されてしまうため利用できない。電気分解の心配がないエチレンカーボネートなどの有機溶媒を電解液とすることが必要となった。有機とは、炭素成分が含まれていることになるので、電池温度が上昇して酸素と反応すれば二酸化炭素となり、そこでは燃焼が起こることになる。このため、電解液に有機溶媒を使わない電池である全固体電池の研究開発が進められることとなった。全固体電池は、電解液を有機系から無機系へと置換した電池であり、この中身は液状の電解液から固体状の電解質へと見直すことで、発煙発火の心配が無くなった電池といえる。全固体電池は、無機固体電解質を電解液に替えて採用した電池ということになる。

2．リチウムイオン電池と全固体電池

　全固体電池は、リチウムイオン電池から見て次世代電池の位置付けなので、リチウムイオン電池とそれまでのニッケル水素電池との関係のように、全く別物と一般的に見られることが多い。全固体電池は、安全性の問題解消のため、主に有機溶媒電解液を無機固体電解質とした点が異なるだけなので、そもそも段違いの性能を持った電池ではない。全固体電池と称するが、誤解のないように書き改めると、全固体リチウムイオン電池を、ここでは全固体電池としている。

　正極は両タイプの電池とも、正極集電体上へ正極活物質層を設けた構造である。正極活物質として、コバルトを用いた$LiCoO_2$を基本骨格と

－ 16 －

すると、コバルトをマンガンへ置換した$LiMn_2O_4$、コバルトをリン酸鉄へ置換した$LiFePO_4$、などの性能を抑えて安全性とコストダウンを図った電池が最近の EV 化の波で増加傾向にある。コバルトからの置換で性能をあまり落とすことがない電池として、ニッケルとマンガンへ一部置換した $Li(Ni+Co+Mn)O_2$、ニッケルとアルミへ一部置換した $Li(Ni+Co+Al)O_2$ がある。なお、括弧内は $LiCoO_2$ で示したコバルト含有量に対して、他の金属に置換して配合割合を変えたことを示す。負極は両タイプの電池とも、負極集電体上へ負極活物質層を設けた構造である。負極活物質として、黒鉛系が主に用いられる。リチウムイオン電池は、正極と負極の間の電槽内には電解液とセパレーターを設けている。全固体電池は、正極と負極の間に無機固体電解質を挟むだけの構造で、セパレーターは必要ない。なお、全固体電池の正負極は、それぞれの活物質には炭素系導電材を練り込んで伝導性を向上させている。開発当初の全固体電池は、ガラス電解質の Li_3PS_4 やガラスセラミック電解質の $Li_7P_3S_{11}$ などの結晶構造が提案されたが、リチウムイオン電池と比べるとイオン伝導性が劣っていた。リチウムイオン電池と同等以上の伝導性を持つ LGPS 結晶構造の $Li_{12}GeP_2S_{12}$、Argyrodite 結晶構造の Li_6PS_5Cl が現在開発されている。上記に上げた全固体電池は、酸化物系などと異なりイオン伝導性に優れているため、パワーが要求される電気自動車用途に向けて開発された電池となる。

3. 全固体化のメリットと可能性

　リチウムイオン電池は、高い電圧ポテンシャルを持つためパワー密度に優れ、またエネルギ密度にも優れた電池である。一方、温度管理を徹底しないと発煙発火に至り安全性上の問題を内在している電池でもある。全固体電池は、安全性に問題のある有機溶媒電解液を無機固体電解質に置換したことで安全生の問題が解消された。全固体電池は、開発当初はリチウムイオン電池の伝導度を越える無機固体電解質ではなかったが、開発が進むことでリチウムイオン電池の伝導度を越える無機固体電解質が得られるまでになった。無機固体電解質の伝導度が高いことは、電池としての内部抵抗が低いことを意味する。電池の劣化は、内部抵抗

◎ 第2章　EV・HEV用バッテリとマネジメントの考え方

の上昇として現れるので、初期から内部抵抗の低い電池は、劣化に対するアドバンテージを持つことになる。リチウムイオン電池が発煙発火に至るのは、充電して電池のSOCが上昇すると、ニッケル水素電池のように内部抵抗が上昇して充電しづらくなるのではなく、内部抵抗の上昇が抑えられて充電しづらさも抑制されることに問題があることも影響している。全固体電池は、無機固体電解質を採用したことで発煙発火という安全性の問題が解消された。さらに、高温域における全固体電池の持つ負性抵抗性を利用することで、電池のイオン伝導性の向上による内部抵抗の低減により、今まで以上の急速充電の道が開けたことになる。実際、現在のリチウムイオン電池は、発煙発火の問題を抱えているため、正極構成部材のコバルトを鉄へ材料置換した$LiFePO_4$が電気自動車へ搭載されるようになって来ていて、電池自体の性能を落として使うようになっている。全固体電池は、電池本来の性能が引き出せるため、新たな方式の高性能電池を開発したことと同等の成果を享受できる。リチウムイオン電池は、低温環境下では極端にイオン伝導性が落ちてしまい、高い電池性能が保てなくなる問題がある。全固体電池は、電解液に代えて無機固体電解質を採用した電池なので、液体が凍結するようなことは起こらない。全固体電池は、低温環境下でも性能低下が少ない優れた電池といえる。

　以上をまとめると、全固体電池は、①電池本来の入出力密度、エネルギ密度が利用できる高性能電池であり、②発煙発火の問題を解消した安全性に優れた電池であり、③高いイオン伝導性による内部抵抗の低下の影響で長寿命が期待できる電池である。全固体電池の持つ特性は、④一充電走行距離を延ばすことができ、⑤今まで以上の急速充電も可能とし、⑥低温環境下でも性能低下が少ない、非常に優れた電池といえる。

4．全固体電池の構成材料

　全固体電池は、リチウムイオン電池の有機溶媒電解液を無機固体電解質へ変更した構成となる。開発当初は、イオン伝導度がリチウムイオン電池に比べて劣っていたが、LGPS結晶構造の$Li_{12}GeP_2S_{12}$や、Argyrodite結晶構造のLi_6PS_5Clが現在開発されたことで立場が逆転した。現在は実

－ 18 －

用化を目指して、生産性および生産上の安全性を含め、これらを向上さ
せる取組が続いている。全固体電池は、無機固体電解質内部や、無機固
体電解質と電極間でのイオン伝導性を向上させるため、成形プレス圧を
高めて生産する必要がある。この生産過程では、リチウムイオン電池に
比べて一桁高いプレス圧を加えるため、安定した品質で量産化できる生
産技術に向けた取り組みが続けられている。電気自動車などの用途では
硫化物系の無機固体電解質が採用されるが、硫黄分は空気に含まれる湿
気と反応して危険な硫化水素を発生する。生産過程は、湿気を厳しくコ
ントロールできるドライ環境での製造が必要となる。なお、硫化物系の
無機固体電解質でも、例えば LGPS 結晶構造の $Li_{12}GeP_2S_{12}$ を構成する
リンを、他の金属に置き換えることで硫化水素の発生を抑えることが分
かって来たので、金属置換に関する取組みが進められている。

　全固体電池は、正極活物質としてコバルトを用いた $LiCoO_2$ を基本骨
格とし、コバルトからの置換で性能をあまり落とすことがない電池とし
て、ニッケルとマンガンへ一部置換した $Li(Ni+Co+Mn)O_2$ などがあるこ
とは先に述べた通りである。正極活物質と無機固体電解質との間のイオ
ン伝導性を高めるため、正極活物質の表面にイオン伝導性のある酸化物
被膜で被覆することが行われている。これは、正極活物質と無機固体電
解質が接触する界面は、そのままでは接触抵抗が高く、リチウムイオン
の移動を阻害するためである。負極活物質は黒鉛系の材料が使われてい
る。電池の高容量化には、負極容量は特に重要となるが、充放電により
負極活物質の膨張収縮が起こる。高容量化すれば負極の体積変化が大き
くなり、負極の割れなど物理的な損傷が生ずる恐れが出てくる。このた
め、放電により体積変化しにくい負極活物質材料としてシリコンやスピ
ネル構造のチタン酸リチウムを用いることが提案されている。

5. 無機固体電解質と伝導イオン

　全固体電池は、電解液に代わり無機固体電解質が伝導イオンを通す構
造になっている。伝導イオンは、リチウムイオン電池と同じくリチウム
イオンであり、正電荷をもつ陽イオンである。全固体電池の実用化に向
けて、イオン電導度を上げるように無機固体電解質の材料開発が進めら

- 19 -

れている。ここでは、無機固体電解質内のリチウムイオンの動きについて理解するため、特定の無機固体電解質材料を取り上げて説明することはせず、一般的に無機固体電解質として使われるスピネル構造を取り上げ、この結晶構造から説明を進める。

地殻であるマントルの主要構成物はオリビンであり、地表から400km程の所では圧力が14GPsに達しオリビンスピネル相転移することが確認されている。さらに圧力が加わると、スピネル型が、ペロブスカイト型と岩塩型へ変化する。スピネル型は酸化物なので酸化物イオンにより構成される。酸化物イオンは、立方最密重点構造、若しくは六方最密重点構造を取る。図1は、立方最密重点構造を説明した図である。図1(a)は、原子が4個並んだ立方最密重点構造の基本構成図である。図1(b)は、基本構成図を面に広げた形である。1層目の面の上に2層目の面を重ねているが、同じ位置へ2層目を重ねているのではなく、1層目の面を作る際にできたくぼみの所に2層目をはめ込んだ形となっている。図1(c)は、3層目の面を2層目に重ね合わせた図である。図1(b)で再確認すると、3層目は1層目と同じ位置に来ていることが分かる。図1(b)の1層目のところの太線で示した4つの原子は、2層目の太線で示した1つの原子を経由して、図1(c)の3層目の太い点線で示した4つの原子に対して、体心立方構造となっている。この位置関係を図1(d)で示す。

図2は、六方最密重点構造を説明した図である。図2(a)は、原子1個を周りの原子6個で取り囲んだ六方最密重点構造の基本構成図であ

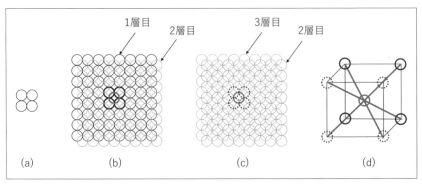

〔図1〕体心立方構造

る。図2(b)は、基本構成図を面に広げた形である。1層目の面の上に2層目の面を重ねているが、同じ位置へ2層目を重ねているのではなく、1層目の面を作る際にできたくぼみの所に2層目をはめ込んだ形となっている。図2(c)は、3層目の面を2層目に重ね合わせた図である。図2(a)と図2(b)で再確認すると、3層目は1層目とも2層目ともずれた位置に来ていることが分かる。図2(b)の2層目のところの太線で示した6つの原子は、図2(c)の3層目の太い点線で示した6つの原子に対して、面心立方構造となっている。この位置関係を図2(d)で示す。分かりにくいかも知れないが、図2(c)で45度紙面を上にめくる方向に動かすと、図2(d)の位置関係が理解できるものと考える。

　体心立方構造と面心立方構造の原子の位置が理解できた。次はイオンの位置関係について考えることにする。最初に陽イオンの位置について説明する。物質の結晶構造を見ると、陽イオンは陰イオンと相対する関係を取り、エネルギ準位の低い安定した状態で結晶を作っている。陽イオンの位置について、同じく立方図を用いて説明する。はじめに、八面体に対する陽イオンの位置について説明したのが図3である。

　陽イオンは、立方図の中心に位置する八面体の中央に位置することになる。他に、八面体は立方図の各辺に作ることができ、ここにも陽イオンが存在する。ただし、各辺は周りの立方体と接する関係なので一つの立方体内には、陽イオンは各辺につき4分の1だけ存在する。立方体内

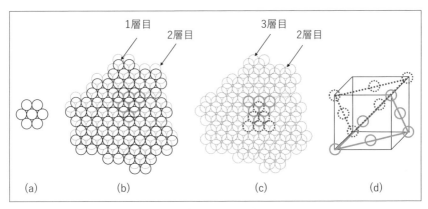

〔図2〕面心立方構造

の陽イオン数は、中心の1原子と、立方体12辺に4分の1ずつ存在するので合計で4原子（=1+12×1/4）存在することになる。なお、図3では、陽イオンをリンゴと見立てて、立方体各辺には陽イオンは4分の1ずつ存在するので、リンゴを1/4に切った状態で示し、理解し易いように努めた。

　陰イオンについては、図3の陽イオンに対応する図を上げて説明する。図4は、陰イオンの位置について立方体図を用いて説明している。陰イオンは、八面体と立方体の交点に位置し、八面体と立方体の面との交点が6ヵ所あり、立方体の各面につき陰イオンは2分の1だけ存在する。他に、八面体と立方体の交点は、立方体の各角8ヵ所あり、立方体の各角につき陰イオンは8分の1だけ存在する。立方体内の陰イオン数は、面との交点6×1/2と、各角8×1/8ずつ存在するので合計で4原子（=6×1/2+8×1/8）存在することになる。したがって陽イオン数と陰イオン数は同数になり、平衡状態にあることが以上から確認できる。

　陰イオンは、八面体構造を取る外に、4面体構造を取ることが知られている。図5は、立方体の角にある個所で、陰イオンが4面体を取る構造を示す。角の陰イオンと面心の陰イオンが4面体を構成する。立方体内部では、4面体を取れる箇所が12個存在する。角の陰イオン2ヵ所は1/8個の原子に相当し、面心の陰イオン2ヵ所は1/2個の原子に相当

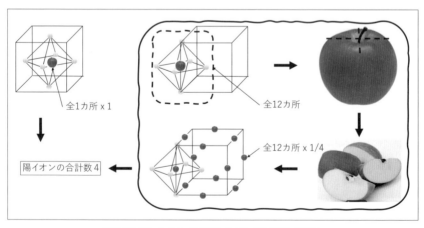

〔図3〕陽イオンの存在位置（八面体構造）

する。一つの4面体で2×1/8個と2×1/2個の合計で1と1/4個となる。立方体内は八面体で説明した通り、陰イオンは4個しかないので、4面体構造を取ったとしても、立方体内の陰イオンの総数は変わらない。

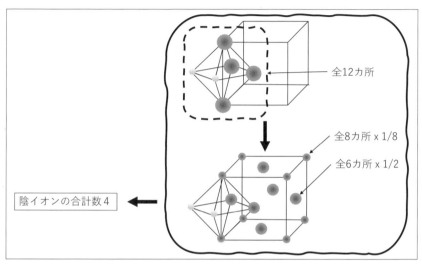

〔図4〕陰イオンの存在位置（八面体構造）

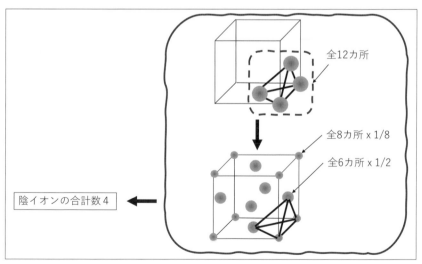

〔図5〕陰イオンの存在位置（4面体構造）

4面体構造の場合、陽イオンはこの中に入ることになる。八面体に対して空間的に狭いため、小さな陽イオンが入るように考えられるが、大きなサイズの陽イオンが入ることもある。図6は、陽イオンの存在位置をまとめた図である。

同じく図7は、陰イオンの存在位置をまとめた図である。

八面体が稜を共有して立方最密重点構造を取った場合、一つの面を構成することになる。この面がZ方向に積みあがった構造図を図8に示す。1層目と3層目は、2層目を挟んで、同じ位置でZ軸上に積みあがった構造となる。

八面体が稜を共有して六方最密重点構造を取った場合も一つの面を構成することになる。この面がZ方向に積みあがった構造図を図9に示す。1層目、2層目及び3層目ともずれながら積みあがった構造となっている。

立方最密重点構造と、六方最密重点構造の違いを見る。大きな陽イオンが八面体に限らず4面体の位置へ入ってきた場合、膨張することになる。六方最密重点構造の場合、稜を共有しているため、層状を構成する全体が伸びながら膨張を吸収することになる。立方最密重点構造の場合

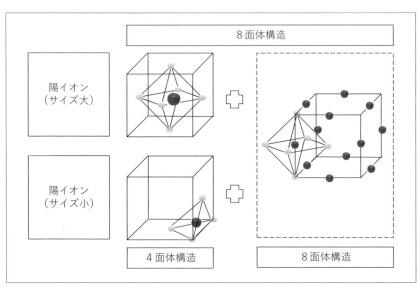

〔図6〕陽イオンの存在位置（まとめ）

は、1層目と3層目は2層目を介して同じ位置に積みあがっているので、Z軸方向へ延びることで膨張を吸収できるため、稜を共有していても周りの八面体へ影響を及ぼさないので、六方最密重点構造に比べて柔軟性のある好ましい構造といえる。

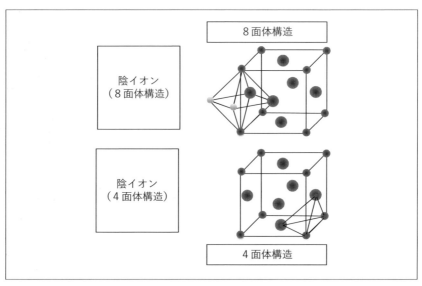

〔図7〕陰イオンの存在位置（まとめ）

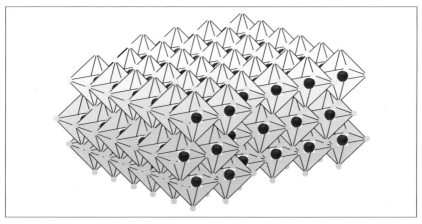

〔図8〕イオンの稜共有配列によるスタッキング構造（hcp型）

◎第2章　EV・HEV用バッテリとマネジメントの考え方

　図10は、八面体が稜を共有して4行4列並んだ平面構造を示す。陽イオンは八面体の中央にあるものだけを描いている。
　図10の平面図を図11に示す。ぼかして描いている箇所は、八面体の上部に位置する頂点となる。この頂点を結んで線が引いてあるが、線上でぼかして描いていない点が、八面体の最下部に位置する頂点となる。頂点を結んで引いてある線で、実線のものと、破線のものが一つ置きに描いてある。このイオンがひしめき合った平面で、同一方向へのイオンが流れを良くする場合、実線を引いた箇所のイオンは流れやすくなり、点線を引いた箇所のイオンは流れにくくなることで、全体で見てイオンの流れの良い平面となる。
　図12は、図11で説明した平面を下層部として薄く描き、下層部に対

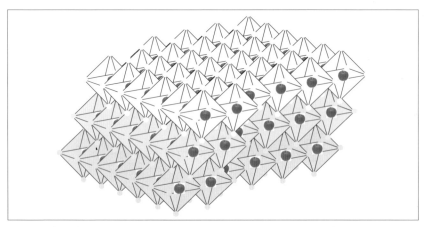

〔図9〕イオンの稜共有配列によるスタッキング構造（ccp型）

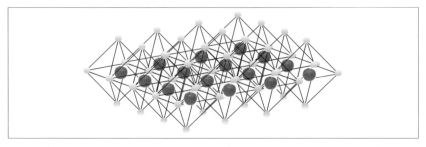

〔図10〕イオンの稜共有配列構造（八面体による4行4列構造）

- 26 -

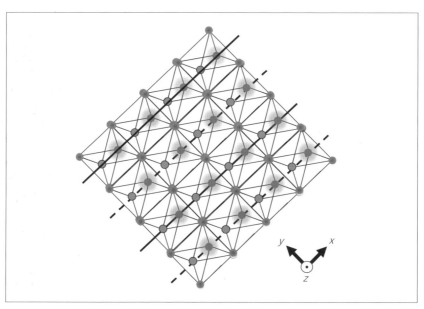

〔図11〕イオンの稜共有配列構造（八面体による4行4列構造、平面図）

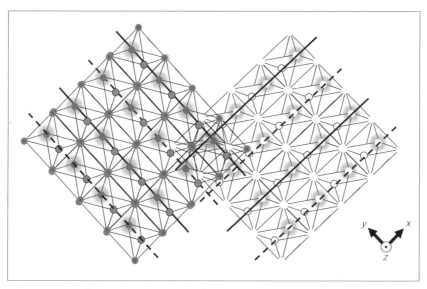

〔図12〕イオンの稜共有配列によるスタッキング

○第2章　EV・HEV用バッテリとマネジメントの考え方

してスタッキング構造となる上層部の平面を濃く描いて、重ね合わせた平面をずらすことで構造が見えるように示した図である。スタッキング構造の上層部と下層部にそれぞれ引いた実線と破線が90度の角度を持っている。層が異なると、イオンの流れる方向も異なるようにして、スピネル構造全体でイオン電導度を向上させる構成となる。更に積みあがる下層部から数えて3層目となる平面は、1層目の真上に六方最密重点構造では来ることになる。3層目の図は図12に描いていないが、1層目でイオンが流れ易い実線で示したルートの真上に来る3層目では、イオンが流れにくい流れに変わり、反対に1層目でイオンが流れにくい点線で示したルートの真上の3層目では、イオンは流れ易くなる。スタッキング構造全体がイオンを流し易くする流れを取ることで、安定した状態へ落ち着くように変わる。

　図13は、面共有の八面体を描いた図である。面共有なので構造的には強固になるが膨張などに対しての柔軟性に欠ける。多くの酸化物鉱物が存在するが面共有のものは数が少ない。

　以上、無機固体酸化物の構造であるスピネル構造から基本的なイオンの流れについて考えて見た。スピネル構造に比べてオリビン構造はさらに複雑となる。今後の無機固体酸化物の構成材料により、更なる考察が必要になると考えられる。

　さて、無機固体酸化物を固体電解質として用いて全固体電池とする場合、酸化物は安定な状態にあるので、イオン伝導度は低いといえる。イオン伝導度は電池の性能を意味するので、酸化物系の全固体電池の性能は、低いということになる。しかし、現行の有機溶媒電解質を用いたリチウムイオン電池を見ると、陽イオンであるリチウムイオンとともに、陰イオンも有機溶媒電解質を移動するので、リチウムイオンの輸率は

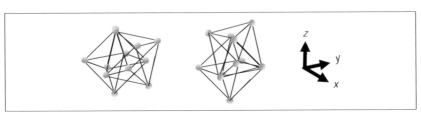

〔図13〕イオンの面共有配列構造（八面体）

100％を大きく下回る。無機固体酸化物を固体電解質として用いた全固体電池では、陽イオンであるリチウムイオンしか移動しないので、リチウムイオンの輸率は100％である。このため、全固体電池はイオン伝導度が劣るものの、リチウムイオンの輸率が100％のため、リチウムイオン電池でいうイオン伝導度と遜色ない性能であるということになる。酸化物系の全固体電池は、固体電解質がセラミックスからできている。セラミックスの粒子同士を接合するには、高い温度で焼結させて作る必要がある。電池にする場合は、さらに固体電解質と電極を接合する必要がある。両者を焼結して接合した場合、焼結時に物質の拡散により生じた反応界面により、イオン伝導度が低下する問題が生じる。そこで、両者を低温で接合するため、蒸着法などが用いられるが、高い性能が出せる全固体電池とするにはまだまだ課題が残る。

　全固体電池の性能を上げるには、イオン伝導度を上げる必要があることは分かった。イオン伝導度を上げるためにはどうすれば良いかを考えてみる。全固体電池の無機固体電解質は、陰イオンでできたアニオン格子内を、陽イオンであるリチウムイオンが移動するので、リチウムイオンが移動し易くなると、イオン伝導度は上がることになる。陰イオンでできたアニオン格子と、陽イオンであるリチウムイオンは互いにクーロン力で引き合っているので、イオン伝導度を上げるには、引き合う力を緩和させる必要がある。リチウムイオン自体は、原子半径が小さく、表面電荷密度は高いので、アニオン格子と引き合う力は強い。陽イオンとしては、移動しにくいイオンといえる。このため、陰イオン側に引き合う力の弱いイオンを配置する必要がある。

　そこで、アニオン格子側に採用されたのが、硫化物イオンである。硫化物イオンは、リチウムイオンに比べると大きなイオンであり、アニオン格子を作ると大きな空間ができるので、中を流れるリチウムイオンとのクーロン力による相互作用が緩和されることになる。硫化物イオンのアニオン格子を陰イオンとして採用することにより、リチウムイオン電池に匹敵するイオン伝導度が、全固体電池でも可能となった。さらに、無機固体電解質では、陰イオンでできたアニオン格子は動かず、格子内をリチウムイオンだけが移動するので、リチウムイオンの輸率は100％となる。この緩和されたクーロン力による高いイオン伝導度と、100％

のリチウムイオンの輸率で、リチウムイオン電池でいうイオン伝導度を、硫化物系は大きく越えることができるようになった。無機固体電解質は、セラミック粒子から作られるが、粒子同士を圧縮成形して作成する必要がある。硫化物材料を用いることで、硫化物材料が粒子間の接合界面に入り込み、常温環境でも圧縮成形するだけで無機固体電解質の作成が可能となる。硫化物材料を用いることで、セラミック粒子の成形プロセスの焼結行程が不要となり、焼結時に生ずる電池電極との反応界面の生成によるイオン伝導度の低下の心配もなくなる。

　一方、硫化物イオンによるアニオン格子は、弱いクーロン力なので、正極の強い酸化力によりリチウムイオンが正極へ取り込まれて、正極付近ではリチウムイオンの欠乏層が生じる。リチウムイオンの濃度変化が起こり、イオン伝導度の低下を引き起こす。リチウムイオン電池では、正極の強い酸化力によりリチウムイオンが正極へ取り込まれても、周りに浮遊する陰イオンが正極付近から遠方へ拡散して、再び正極付近を電気的な中性状態に戻すので、イオン伝導度の低下は起こらない。ただし、陰イオンが正極付近から遠方へ拡散することに伴い、リチウムイオン電池では、電流制限となって電池性能に影響する。全固体電池に話を戻すと、正極の強い酸化力を抑えることで、リチウムイオンの欠乏層が生じる問題は緩和される。そこで、正極付近に緩和帯界面を設けて、正極の強い酸化力の影響を受けないようにすることで、イオン伝導度の低下を抑制する対策が取られるようになった。これにより、リチウムイオン電池のように電流制限の問題が解消され、全固体電池では高速充放電が可能となった。

　ここでは、無機固体電解質と導電イオンの関係について少し掘り下げて考察した。全固体電池は、電解質を無機固体電解質に見直すことで、リチウムイオン電池の有機溶媒電解質が抱える発煙発火の問題が解決できる電池として開発が進められた。全固体電池が実用化されれば、発煙発火の問題だけではなく、リチウムイオン電池の抱える問題が次々に解決できることが分かって来た。全固体電池は、電動車両だけに止まらず、インテリジェントシティなど社会構造までも変えていくポテンシャルを秘めている。電気自動車に搭載する全固体電池は、硫化物系になると考えられるが、硫化物は反応性の高い危険物であり、安心安全が担保でき

なければ実用化は難しい。製造方法や製造コストの問題も実用化に向けて越えなければいけないハードルである。19世紀の初頭にファラデーが固体を加熱した状態で電流が流れる固体電解質を発見して200年が経過した。全固体電池は、早期の実用化が待たれるが、簡単ではないことは、積み重ねられてきた歴史が物語っている。

第3節　バッテリマネジメントの考え方

　リチウムイオン電池をはじめ、次世代の全固体電池、近未来の高性能電池は、どれも機能性能を遺憾なく発揮させるには、適切なバッテリマネジメントが必須となる。リチウムイオン電池が実用化されてからは、電池の運用途中の安全性が重要課題となり、バッテリマネジメントなしでは電池を使ってはならないというまでに、世の中の認識が変化した。バッテリマネジメントは、電池を動作させる場合をいうが、寿命などで電動車両などから降ろされた電池の扱いも、広い意味ではバッテリマネジメントの範疇に入るともいえる。ここでは、バッテリマネジメントの考え方の概要について解説する。

１．電動車両のバッテリマネジメントの概要

　バッテリマネジメントは、電池を安全に機能性能が出せるようにマネジメントすることを始めとして、設計寿命が確保できるように管理する長期スパンのマネジメントと、日々の運用で賢く効率的に管理する短期スパンのマネジメントが求められる。電動車両のように大容量の電池を搭載する場合、バッテリマネジメントに求められる機能は、電池の状態推定、充放電制御、寿命予測、故障診断などがある。バッテリマネジメントを進めるには、電池データを収集することになるが、サンプリング速度、精度が収集データ毎に必要となり、外乱の影響を除くために適切なデータフィルタリングも必要となる。一般に電池データとして収集可能な項目は、電池電圧、電池電流、電池温度、外気温度などが一般的であり、電池のACインピーダンスなど電気化学的情報を収集する場合も

ある。データ収集のためには、各種センサーが必要となる。電池電圧は、電池セル毎の電圧、いくつかの電池セルをまとめたモジュール電圧や、電池ボックス全体の電圧が測定対象となる。電池電流は、シャント抵抗により直接測定する方法ではなく、ホール素子を使いケーブルに流れる電流が発生する磁束を測定し、相当する電流へ変換する間接的な測定法が取られている。温度関係は、計測で一般に用いるクロメル－アルメルなどの異種金属を接合し、温度により発生する起電力を熱電対で測定する方法ではなく、電池が作動する温度帯域に限定して必要な精度で測定できる PTC サーミスタなどを使う。計測したデータをもとに、電池の充電状態を示す SOC（State of Charge）や、電池の健康状態を示す SOH（State of Health）などを推定する必要がある。バッテリマネジメントは、これらの推定情報をもとに、電池制御することになる。電池状態を推定するためには、様々な手法が提案されている。例えば、カルマンフィルタを使った推定手法から、AC インピーダンス、従来の統計的推定やベイズ推定、最近では大規模データベースを教師データとしたニューラルネットワークや大規模データベースに頼らないで推定を繰り返す深層学習など、様々なテクノロジーが利用され、バッテリマネジメントに関するアルゴリズムが提案されている。バッテリマネジメントは、電池の推定情報を EV であればドライバーへ表示し、適切な運転のための判断材料にして貰う役割も担う。電費の推移や容量劣化情報などは、直接制御で用いるバッテリマネジメント情報をドライバーへ伝えることになるが、通常より電池のエネルギ消費量が早い場合は、次の充電スタンドの案内などの間接的なお知らせ情報から、ドライバーの安全安心をサポートする長時間運転による休息の提案や、適切な電費運転実績に対するドライバーへの礼賛（らいさん）など、バッテリに限定したマネジメントを越えたシステム全体のマネジメントを司るように、バッテリマネジメントの位置付けが変化してきている。バッテリマネジメントは、システム全体の安全を確保するために、日々の安全診断、故障発生の際の故障診断、異常発生時の安全退避制御からシステム遮断など幅広い役割を担う。バッテリマネジメントは、初期状態の電池を対象にスタートするが、運用途上で電池特性がセル毎に変化することは免れない。バッテリマネジメントには、電池の劣化状態に応じた最適マネジメントが求められる。

電池セル間にバラつきが発生した場合は、バラつきを抑制し、バラつきを解消させることも、長期寿命を確保するためにはバッテリマネジメントに求められる重要な役割となる。

2. 基本となる電動車両のバッテリマネジメント

　電動車両のバッテリマネジメントの基本は、まず電池安全の確保であり、次に想定寿命の期間内は電池性能の維持が求められる。重大事故に至らないためにも、正確な故障診断が電池安全には欠かせない。電池性能の維持には、電池の状態推定、劣化診断、充放電をはじめとする各種マネジメントコントロールが必要である。

　基本となるバッテリマネジメントの中で、電池安全の確保ために重要となる故障診断機能を最初に取り上げる。運転時の故障となるモードは、内部短絡などの電池自体の故障、バッテリマネジメントが困難となる電圧や温度などのセンサー故障や、電池冷却ファンなどのアクチュエータ故障が上げられる。特に電池本体は、最悪の場合熱暴走に陥ることがあるので、電池温度をセンシングして異常温度状態となっていないか、熱暴走のきっかけとなる過充電、外部短絡、内部短絡は起こっていないか、などの診断が必要である。他に、電池に深刻な影響を及ぼす過放電、電槽内の内圧上昇、電槽からの液漏れなどの診断も必要である。電池の故障診断では、電槽内のコンタミの影響による内部短絡や、電槽の割れによる電解液の漏れなど、物理的な損傷は、運用停止して修理するしかない。過充電や過放電が起こると、電池の通常運転領域を外れるので、電池の充放電カーブで見ると非線形の領域に入ることになり、副反応が起こったり、更に酷くなると電池添加剤が電解液へ溶出したりすることで、電池は損傷を受ける。最も、バッテリマネジメントが問題なく働いていればこのような事態には至らないので、防止可能な故障要因ともいえる。電池が熱暴走を始めると、動力系の主回路へ設けたメインコンタクタをオープンにして回路電流を遮断しても、電池電槽内の化学反応を止めることは出来ない。温度が上昇し続ければ、連鎖反応とともにガスが発生して電槽内の圧力が上昇する。樹脂やラミネート箔タイプの電槽では、電槽自体が爆発するように圧壊する。割れた樹脂の破片が飛び散り、電

◎第2章 EV・HEV用バッテリとマネジメントの考え方

解液が飛散する。内部短絡の場合は、例えば電池製造時に電極板の溶接の際に飛び散ったスパッタが電槽内に残ったまま電槽が封印され、電池として車両へ搭載されてから、路面から受ける振動で電槽内に残っていたスパッタがセパレータを突き破って内部短絡を生じさせた場合などが故障原因となる。内部短絡では、電池電圧の異常低下を電圧センサーが検知して短絡と判断し、故障警報を出してシステムを遮断する。この内部短絡により電池が異常発熱し、熱暴走へ繋がる危険事象までに至るかというと、そこまで心配することはないといえる。過充電や過放電の場合は、バッテリマネジメントの基本アルゴリズムに問題があって、異常を引き起こすとは考えにくい。はじめから接合ピンとケーブルのカシメが十分ではない電装カップラーが車体振動を受けて接触不良を起こす場合、同じく金属接合部が甘い状態のまま樹脂モールドされたパーツ類が車体振動を受けて接触不良を起こす場合、電池冷却ファンの不規則回転などシステムを構成部品が異常を引き起こす場合などが、過充電や過放電の原因と考えられる。これらの故障は、中途半端な故障となって発生するので、バッテリマネジメント側は故障と判断できず、引き続き通常運転を継続し、過充電や過放電へ繋がってしまうことが想定される。過充電が原因で異常発熱が起これば、バッテリマネジメント側はフェールセーフ動作を指示するので、危険事象からシステムは保護されるものの、危険事象に至るまでは故障検知できないことが課題として残る。センサー故障の場合は、電圧センサー、電流センサーと温度センサーが主な対象部品となる。センサーが明らかな異常値を示せばセンサー故障と判断できるが、例えば温度ドリフトが生じてあり得るような数値をセンサーが計測したとしても、直ぐにセンサー故障と判断することは難しい。電流センサーの計測値は積分され、電池の充電状態を示す SOC として認識されることになる。電流センサーが故障していなくても、積算誤差により実際の SOC との間に乖離が生ずれば、バッテリマネジメント側は電池の状態を誤認識することになり、過充電や過放電へ繋がる恐れがあるので注意が必要である。システムを構成するアクチュエータ故障の場合は、先に説明した電装カップラーの不良、電池冷却ファンの不良のほか、メインコンタクタの作動不良、主回路周りの絶縁不良や、CANラインの伝送不良などが上げられる。何れの故障が原因としても、電池

- 34 -

の異常発熱が続き熱暴走へ繋がらないようにすることが、電池安全にはまず求められる。

　基本となるバッテリマネジメントの中で、次に電池の状態推定を取り上げる。電池の状態推定として、電池の充電状態を示すSOC、電池の出力状態を示すSOP、電池の健康状態を示すSOHなどが、主な状態推定項目として上げられる。電池状態の把握には、電圧センサー、電流センサーと温度センサーを用いるのが基本だが、センサーの計測情報だけでは電池の状態を推定することはできない。センサー情報を用い、電池の状態推定のアルゴリズムを経由することで、電池の状態を推定することになる。例えば、電池の健康状態を示すSOHを推定する場合、電池容量を求めて判断するだけではなく、電池のOCVを求めたり、電池のACインピーダンスを求めたり、電池の高負荷応答を求めたり、電池の運用履歴を使ったり、SOHを推定するアプローチは様々である。

　基本となるバッテリマネジメントの中で、次に電池の寿命推定を取り上げる。電池内部では電気化学反応が起こっているので、充放電を繰り返せば時間とともに総反応量が増大し、劣化が進むことになる。電池の劣化は、反応の進み具合で劣化進度も異なる。環境温度が高いと化学反応も進みやすくなり劣化も早まる。ハイレート放電やハイレート充電を多用すると、通常運用レベルを大きく越える負荷をかけることになるので、電池劣化も早くなる。電動車両へ電池を搭載した場合、場所により電池温度に違いが生ずる。夏は直射日光の影響を受け易い上方の電池は温度が上昇気味になり、冬は路面からの冷気の影響を受け易い下方の電池は温度が低下気味になり、電池ボックス内での温度バラつきが発生する。温度バラつきは、電池の容量バラつきを招き、電池の劣化状態もバラつくようになる。電池の寿命推定には、電池の劣化を把握することが必要だが、劣化は複雑な要因が合わさるので、簡単ではない。劣化の途中経緯は異なるにしても、電動車両搭載用電池には、寿命ラインが定めてあるのが普通である。例えば、初期の電池の内部抵抗値から何パーセント上昇したところを車両用電池の寿命とするとか、初期の電池エネルギから何パーセント低下したところを車両用電池の寿命とするとか、初期の電池出力値での連続放電可能時間に対して何パーセント低下したところを車両用電池の寿命とするとか、あるいはこれらの組み合わせによ

◎ 第2章　EV・HEV用バッテリとマネジメントの考え方

り、電池の寿命ラインを判定することになる。電動車両用電池が、汎用機器用の電池と異なる寿命判断となる項目は、出力性能である。要求出力が満たせなくなると、緊急時の安全動作が取れなくなるので非常に危険である。車両として求められる動特性が確保できなくなる場合も、電池の寿命と判断される。電池の寿命は、電池が働いている場合のサイクル寿命と、電池が働いておらず放置されている場合の保存寿命がある。電池の寿命は、両者を加味したものとなる。現在の電池の劣化状況は、状態推定の項で説明した SOH となるが、今までの電池の劣化推移は、別に劣化推移情報としてバッテリマネジメント側は逐次記録しておく必要がある。現在と過去の劣化情報を使って寿命予測を行い、電池のメンテナンス指示や、電池の交換要求をバッテリマネジメントが行う。

　基本となるバッテリマネジメントの中で、通常であれば最初に取り上げるべき電池の充放電制御を次に説明する。電池は、放電してエネルギを消費すれば再度充電する必要がある。リチウムイオン電池を充電する場合、過充電は避けなければならない。電極では不可逆的な反応が起こり、正極では高い電位による電解液の酸化現象が、負極では通常の黒鉛系の格子構造へリチウムが挿入される限度を超えて金属リチウムが負極活物質の表面へ還元されて析出する。特に高 SOC では平衡電位が低くなり、通常のエネルギ障壁に比べて、簡単に乗り越えられる高さとなるため、反応が進むことになる。充電で負極の黒鉛系の結晶格子へリチウムが挿入されると、負極は体積膨張する。過充電は、体積膨張が大きくなるので、負極の結晶構造に不可逆的な損傷を与えることになる。このとき正極では、リチウムが必要以上に引き抜かれるので、正極の結晶構造が不可逆的な損傷を受ける。同時に、電槽内では副反応が起こりガス発生するので、ガス圧により電解液の漏れを引き起こす問題も懸念される。充電では、最大充電可能電圧を設けて厳格に制御することは、電池を熱暴走させないためにも極めて重要となる。電池を使う上で、急速充電や低温環境下の放電など、電池を不可逆的な反応領域へ意図的に誘導するような場合は、十分注意を払って制御する必要がある。放電では、最小放電可能電圧を設けて制御することは、過放電により副反応を生じさせず、電池を転極させないためにも必要である。リチウムイオン電池は、放電が進み低 SOC 領域へ移ると内部抵抗が上昇するため、エネル

- 36 -

ギーを電池から取り出す前にエネルギロスが多くなり不利となる。低SOC領域を常用するような使い方は避けるべきである。

バッテリマネジメントとして、故障診断機能、状態推定機能、寿命推定機能、充放電機能について説明した。電池へ制御指示を与えた場合、物を言わない電池を知ろうとするには。温度を観察することになる。過充電をすれば電池は発熱して危険を知らせる。電池が劣化すれば内部抵抗が上昇し電池の発熱量は多くなる。電池温度が高いと、化学反応は促進されることになるので、リチウムイオン電池では電解液が反応して負極を覆う SEI 層の成長が促進され、劣化が進展する。電池温度が低いと、充電する場合、負極でのリチウム金属の析出が促進されデンドライトの成長となって現れる。適切なバッテリマネジメントには、適切なバッテリマネジメントモデルをまず構築し、劣化に対する追従性を持たせ、電気的特性や熱的特性が現状を適切に表すようにロバスト性を持たせることで、電池の挙動に則した制御を実現することが求められる。

3. これから求められるバッテリマネジメント

現在我が国ではハイブリッド車が普及を遂げ、世界では電気自動車が既存の化石燃料を使った車に置き換わる取り組みが進んでいる。搭載した電池には寿命があり、各電池セルの劣化は一律ではない。バッテリマネジメントは、マネジメント対象が車両に搭載した電池となる。電池の劣化が進み、電池メンテナンスや電池交換が必要とバッテリマネジメントが判断した場合は、バッテリボックスを車両から降ろして点検することになる。これからは、車両から降ろした電池を対象とした、広い意味でのバッテリマネジメントも考える必要がある。点検して再利用可能と判定された一部の電池は、集められ、新たなバッテリボックスとして組み直されて、再利用される。良品の電池セルで構成されたバッテリボックスで、電動車両用としての要件を満たすものは、電動車両用として再投入される。電動車両用として要件は満たさないが、他用途の電源として利用可能のものは、違う用途で再利用される。太陽光や風力を利用した再生可能エネルギは、継続的に安定したエネルギ供給が難しい。エネルギ変動の隙間を埋めるために、用途違いでの電動車両用電池の再利用

が期待される。これから電気自動車が本格的に普及すれば、ハイブリッド車に比べて車両から降ろされる電池容量は格段に増大する。再利用電池を電力系統へ接続して、安定的な電力供給を補完するグリッド給電が現実のものとなる。現在の電力系統は交流方式であるが、電池は直流方式なので、そのまま既存の電力系統へ繋ぐことは出来ない。両者を連携するには電力変換する必要がある。電池の直流エネルギを交流へ変換すれば良いが、変換にはエネルギロスが各接続グリッドで発生する。直流エネルギのまま利用できる電力系統とすればエネルギロスは無くなる。電力系統に交流が利用されてきたのは、トランスを用いると高い効率で簡単に電圧変換できることによる。6kV で送電された高圧電力が、各家庭の直前に設けた柱上変圧器で 100V へ落としている。今までの直流送電では難しかったが、最近は大電力が大掛かりな周辺回路を設けることもなく、高効率で電力変換できるスイッチング素子が利用できるようになった。全ての系統を交流とすることはなくなり、グリッド内を直流給電として電池側に合わせた電力系統システムなど、自由度のある電力系統システムの構築が可能となった。今後は、AI 技術の進展にともない、スマートグリッドや走りながらでも充電もできるエネルギマネジメントと、自動運転などのインフォメーションテクノロジーが融合したインテリジェントシティが現実のものとなり、バッテリマネジメントも進化を続けることになるであろう。

第3章

バッテリ特性とマネジメント

第1節　バッテリの温度特性とマネジメント

　電池特性の中で温度特性に関するマネジメントは、安全に電池を使う上で最重要であり、設計寿命通りに電池性能を維持させることに関しても重要な電池の制御といえる。電池は電槽内で化学反応をともなうことで作動するので、電池温度が高いと反応は促進され劣化は進む方向となり、電池温度が低いと反応は進みにくくなる。氷点下を下回ると電池のインピーダンスは常温に対して大きく上昇するので通常のような使い方はできない。このため、電池を必要に応じ冷却したり、加温したりするマネジメントが必要となる。電池の冷却や加温について様々な具体的手法が提案されている。ここでは、電池から強制的に熱を引くため、電池ボックスへ冷却風を流す一番簡単な冷却方法について、熱制御モデルを用いて熱解析を行う。

1．電池冷却の概要

　電池のマネジメントを考える場合、電池の電力やエネルギを、効果的かつ効率よく使用するために、温度管理が必要なことはいうまでもない。マネジメント側が電池へ入出力指示を与え、電池がマネジメント側の要求に応えることができない場合でも、電池は声を上げることはない。電池の声は、電池の温度を見ることで、マネジメント側は電池状態を読み取らなければならない。電池はエネルギを入出力する場合、内部抵抗があるので発熱する。モータ駆動電流が電池から出力されても、モータ回生電流が電池へ入力されても、同様に電池は発熱する。電池の発熱は、電池の内部抵抗を R とし、入出力電流を I とすると、I^2R の発熱が時間あたりに電池内で発生する。電池に負荷を接続して入出力エネルギ効率を見ると、電池で副反応が発生する領域を除けば、電池のエネルギ損失は、ほぼ電池の内部抵抗での損失となる。電池は、劣化が進むと内部抵抗は上昇する。内部抵抗の上昇は電池の損失となる。内部抵抗上昇は、電池を運用する限り避けられないが、電池の温度管理を行うことで、設計値通りの内部抵抗上昇に抑え、電池寿命を確保することができる。電

－ 41 －

◎ 第3章　バッテリ特性とマネジメント

池の内部抵抗は、同じ劣化状態にあっても、常温25℃を基準とした場合、常温より電池温度が上昇すると低下し、常温より電池温度が低下すると上昇する。特に、氷点下付近より電池温度が低下する場合は、電池の内部抵抗が指数関数的に上昇するため、注意が必要である。寒い冬の朝に、夏は問題なかった鉛バッテリが、数回のエンジンクランキングでバッテリ上がりをしてしまうのは、電池の内部抵抗の指数関数的な上昇が原因である。リチウムイオン電池の場合はさらに深刻で、氷点下を下回ると、電解液内を移動するリチウムイオンの流れが極端に悪化し、電池として使用できない状態となる。一方、リチウムイオン電池のこの特性を利用して、電池に無理をかけない電流を流して、電池の持つエネルギで電池自体を加温し、電池温度を使用に問題のない温度域へ徐々に上昇させることが可能である。ニッケル水素電池は、リチウムイオン電池に比べると内部抵抗は小さいため、上記の方法で電池温度を上昇させるのには時間を要する。

　電池を常温環境下で一般に使用する場合、電池温度は上昇方向となるので電池を冷却する必要がある。電池冷却は、冷却媒体により、空冷、水冷、油冷などが上げられる。近年は、電力用半導体素子の高電流密度化が進んでいて、温度を下げるために、冷却媒体の相変換を利用した沸騰冷却などの手法も研究されている。これは、現在の電力用半導体素子は、半導体の単位面積当たり、原子爆弾の発熱エネルギが加わるほどの高いエネルギ密度となるからである。ハイブリッド車が世に出た頃は、電池の冷却が先決で、電池を冷却した後に電力用半導体素子を冷却するという、冷却媒体の流れであったことから考えると、隔世の感がある。さて、電池の冷却は、電力用半導体素子の冷却に比べると、時間当たりに交換すべき熱エネルギは大きくないので、次節では基本に立ち返り、電池ボックス内のセルを、空冷方式により冷却する考え方について解説する。

2．電池冷却における熱の伝達

　電池ボックスへ冷却風を流して電池を冷却する場合の熱の伝達状況について考える。電池の形状、電池の接続やボックス内の電池の配置によ

- 42 -

り、電池ボックス内の冷却風の流れは変わる。個別ケースについての限定的説明とならないように、電池セルの周りに冷却風を流して冷却するシンプルな構成で考える。電池セルは一般的な円筒形とし、電池の両端面は電池を固定したり必要な結線をしたりすると考え、この部分は断熱されているものとする。電池との熱交換は、電池外側の円筒面で行われるとした。

電池セルと冷却風との熱交換について説明する。電池セルは、円筒半径 R、円筒長さ L の形状とする。冷却風は、円筒を立てた状態で円筒の正面から電池セルに当たり、左右に分かれて円筒面に沿って電池セルと熱交換を行いながら、後方へ流れていくものとする。この状況を図1に示す。円筒の正面から円筒の周りに測った角度を ϕ とすると、電池セルの正面に当たった冷却風は、微小角度を $d\phi$ とすると、$LRd\phi$ の微小熱交換面積の円筒面に沿いながら、$\phi=0$ から左方向の円筒面に沿って π の区間と、$\phi=0$ から右方向の円筒面に沿って π の区間へと、左右に分かれて電池セルと熱交換を行うことになる。熱の移動量 Q は、熱通過率 K、電池セル温度 T_{cell}、電池冷却風である外気温度 T_{out} とすると、微小時間 dt での熱の移動量 dQ は、式(1)となる。

$$dQ = 2RLK(T_{cell} - T_{out})d\phi dt \tag{1}$$

熱の移動量を式(2)で示した通り、単位時間当たり（=1[s]）と考える。

$$dt = 1[s] \tag{2}$$

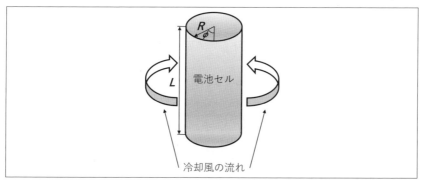

〔図1〕電池セルと冷却風

◎ 第3章 バッテリ特性とマネジメント

式 (1) へ式 (2) の関係を入れると、簡単な表記の式 (3) となる。

$$dQ = 2RLK\left(T_{cell} - T_{out}\right)d\phi \tag{3}$$

伝熱面を単位時間に通過する熱容量流量を定める。高温側となる電池セルの熱容量流量 W_{cell}[J/K] は、電池セルの質量 m_{cell}、比熱 c_{cell} とすると式 (4) となる。

$$W_{cell} = m_{cell}c_{cell} \tag{4}$$

低温側となる冷却風の熱容量流量 W_{out} は、冷却風の質量流量 m_{out}、比熱 c_{out} とすると式 (5) となる。

$$W_{out} = m_{out}c_{out} \tag{5}$$

電池セル温度の変化は式 (6) と書ける。

$$dT_{cell} = -\frac{dQ}{W_{cell}} \tag{6}$$

冷却風温度の変化は式 (7) と書ける。

$$dT_{out} = +\frac{dQ}{W_{out}} \tag{7}$$

電池セル温度の変化と、冷却風温度の変化の関係を、$d\theta$ を使い式 (8) とおく。

$$d\theta = dT_{cell} - dT_{out} \tag{8}$$

式 (8) は式 (6) と式 (7) を用いると式 (9) となる。

$$d\theta = -\frac{dQ}{W_{cell}} - \left(+\frac{dQ}{W_{out}}\right) = -\left(\frac{1}{W_{cell}} + \frac{1}{W_{out}}\right)dQ \tag{9}$$

式 (9) へ式 (3) の関係を代入すると式 (10) となる。

$$d\theta = -\left(\frac{1}{W_{cell}} + \frac{1}{W_{out}}\right)\cdot 2RLK\left(T_{cell} - T_{out}\right)d\phi \tag{10}$$

式 (8) の関係は積分表記にすると式 (11) となる。

$$\theta = T_{cell} - T_{out} \tag{11}$$

式 (11) を式 (10) へ代入すると式 (12) となる。

$$d\theta = -\left(\frac{1}{W_{cell}} + \frac{1}{W_{out}}\right) \cdot 2RLK\theta d\phi \tag{12}$$

式 (12) の右辺の θ を左辺へ移行して変数分離すると式 (13) となる。

$$\frac{d\theta}{\theta} = -\left(\frac{1}{W_{cell}} + \frac{1}{W_{out}}\right) \cdot 2RLK d\phi \tag{13}$$

式 (13) を初期状態から定積分して θ を求めると式 (14) の最後の式となる。

$$
\begin{aligned}
\int_{\theta_0}^{\theta} \frac{d\theta}{\theta} &= \int_0^{\pi} -\left(\frac{1}{W_{cell}} + \frac{1}{W_{out}}\right) \cdot 2RLK d\phi \\
\ln\theta - \ln\theta_0 &= -\left(\frac{1}{W_{cell}} + \frac{1}{W_{out}}\right) \cdot 2RLK\pi \\
\ln\theta &= -2\pi RLK\left(\frac{1}{W_{cell}} + \frac{1}{W_{out}}\right) + \ln\theta_0 \\
\theta &= e^{-2\pi RLK\left(\frac{1}{W_{cell}} + \frac{1}{W_{out}}\right) + \ln\theta_0} = e^{-2\pi RLK\left(\frac{1}{W_{cell}} + \frac{1}{W_{out}}\right)} \cdot e^{\ln\theta_0}
\end{aligned}
\tag{14}
$$

ここで、式 (14) の最後尾の指数関数は定数 θ_0 になるのだが、これを A と置いた場合の導出経緯を式 (15) に示す。

$$
\begin{aligned}
A &= e^{\ln\theta_0} \\
\ln A &= \ln\left(e^{\ln\theta_0}\right) \\
\ln A &= \ln\theta_0 \\
A &= \theta_0 \\
e^{\ln\theta_0} &= \theta_0
\end{aligned}
\tag{15}
$$

式 (14) の最後の式へ式 (15) の最後の式で示した関係を入れると、式 (16) となる。

○第3章　バッテリ特性とマネジメント

$$\theta = \theta_0 e^{-2\pi RLK\left(\frac{1}{W_{cell}}+\frac{1}{W_{out}}\right)}$$ (16)

式 (16) の微分したものは先に示した式 (9) となる。

$$d\theta = -\left(\frac{1}{W_{cell}}+\frac{1}{W_{out}}\right)dQ$$ 再掲 (9)

式 (9) を区間 θ_1 から θ_2 で積分すると式 (17) となる。

$$\theta_1 - \theta_2 = -\left(\frac{1}{W_{cell}}+\frac{1}{W_{out}}\right)Q$$ (17)

式 (17) の括弧の項を左辺へ移動すると式 (18) となる。

$$-\left(\frac{1}{W_{cell}}+\frac{1}{W_{out}}\right)=\frac{\theta_1-\theta_2}{Q}$$ (18)

式 (9) で示した $d\theta$ は、式 (12) とも書ける。

$$d\theta = -\left(\frac{1}{W_{cell}}+\frac{1}{W_{out}}\right)\cdot 2RLK\theta d\phi$$ 再掲 (12)

式 (12) へ式 (18) で求めた関係を代入すると式 (19) となる。

$$d\theta = \frac{\theta_1-\theta_2}{Q}\cdot 2RLK\theta d\phi$$ (19)

式 (19) を変数分離すると式 (20) となる。

$$\frac{d\theta}{\theta} = 2RLK\frac{\theta_1-\theta_2}{Q}d\phi$$ (20)

式 (20) を区間 θ_1 から θ_2 で積分すると式 (21) の最後の式となる。

$$\int_{\theta_2}^{\theta_1} \frac{d\theta}{\theta} = \int_0^\pi 2RLK \frac{\theta_1 - \theta_2}{Q} d\phi$$

$$\ln\theta_1 - \ln\theta_2 = 2\pi RLK \frac{\theta_1 - \theta_2}{Q} \qquad (21)$$

$$\ln\frac{\theta_1}{\theta_2} = 2\pi RLK \frac{\theta_1 - \theta_2}{Q}$$

式(21)の最後の式を熱量Qの関係で書換えると式(22)となる。式(22)は、電池セル温度の変化と冷却風温度の変化の関係が、温度状態θ_1から温度状態θ_2へ変化した場合の電池セルの冷却熱量となる。

$$Q = 2\pi RLK \frac{\theta_1 - \theta_2}{\ln\dfrac{\theta_1}{\theta_2}} \qquad (22)$$

式(22)で、電池セルの熱交換が行われる表面積を式(23)とまとめる。

$$S_{cell} = 2\pi RL \qquad (23)$$

式(22)は、式(23)の関係を代入すると式(24)の簡潔な形となる。

$$Q = S_{cell}K \frac{\theta_1 - \theta_2}{\ln\dfrac{\theta_1}{\theta_2}} \qquad (24)$$

3. 電池冷却の熱制御モデル

　熱の移動量Qは、式(24)の通り求めることができた。熱制御モデルへの適用を考えてみる。式(24)は、電池セルと冷却風の温度関係がθ_1の状態からθ_2の状態になった時の熱の移動量を表す。この関係は時間により変化するので、時間の関数として式(24)を書き直すと、式(25)となる。

◎第3章 バッテリ特性とマネジメント

$$Q(t) = S_{cell} K \frac{\theta_1(t) - \theta_2(t)}{\ln \dfrac{\theta_1(t)}{\theta_2(t)}} \tag{25}$$

微小時間の熱の移動量 dQ は、式 (25) の微分系となる式 (26) と書ける。

$$\frac{dQ(t)}{dt} = \frac{d}{dt} \left(S_{cell} K \frac{\theta_1(t) - \theta_2(t)}{\ln \dfrac{\theta_1(t)}{\theta_2(t)}} \right) \tag{26}$$

ここで温度の関数をまとめて式 (27) とおく。

$$T(t) = \frac{\theta_1(t) - \theta_2(t)}{\ln \dfrac{\theta_1(t)}{\theta_2(t)}} \tag{27}$$

式 (27) を使って式 (26) を書くと式 (28) の熱と温度の関係式となる。

$$\frac{dQ(t)}{dt} = S_{cell} K \frac{dT(t)}{dt} \tag{28}$$

熱の移動量を、熱制御モデルの入熱 Q_{in} と出熱 Q_{out} の関係で書くと式 (29) となる。

$$\frac{dQ(t)}{dt} = Q_{in}(t) - Q_{out}(t) \tag{29}$$

式 (28) と式 (29) の右辺の関係を整理すると式 (30) となる。

$$S_{cell} K \frac{dT(t)}{dt} = Q_{in}(t) - Q_{out}(t) \tag{30}$$

出熱 Q_{out} は、外気温 T_{out} は時間変化すると考える。熱インピーダンスを Z とすると、出熱 Q_{out} は、熱制御モデルの代表温度 T と外気温 T_{out} の関係から式 (31) となる。

- 48 -

$$Q_{out}(t) = \frac{T(t) - T_{out}(t)}{Z} \tag{31}$$

式 (30) へ式 (31) の関係を入れると式 (32) となる。

$$S_{cell}K\frac{dT(t)}{dt} = Q_{in}(t) - \frac{T(t) - T_{out}(t)}{Z} \tag{32}$$

熱制御モデルの代表温度 T の項を左辺へまとめると式 (33) となる。

$$S_{cell}K\frac{dT(t)}{dt} + \frac{T(t)}{Z} = Q_{in}(t) + \frac{T_{out}(t)}{Z} \tag{33}$$

熱制御モデルの代表温度 T の微分項にかかる係数を外すと式 (34) となる。

$$\frac{dT(t)}{dt} + \frac{1}{S_{cell}KZ}T(t) = \frac{1}{S_{cell}K}Q_{in}(t) + \frac{1}{S_{cell}KZ}T_{out}(t) \tag{34}$$

式 (34) をラプラス変換すると式 (35) となる。

$$sT(s) - T_0 + \frac{1}{S_{cell}KZ}T(s) = \frac{1}{S_{cell}K}Q_{in}(s) + \frac{1}{S_{cell}KZ}T_{out}(s) \tag{35}$$

ここで、ラプラス変換すると出てきた初期項 T_0 を求める。時間領域へ立ち返り、式 (34) で時間 $t=0$ の場合を考える。初期状態での熱制御モデルの代表温度 T の微分項と、熱制御モデルの入熱 Q_{in} は式 (36) の関係にある。

$$\left[\frac{dT(t)}{dt}\right]_{t=0} = 0$$
$$\left[Q_{in}(t)\right]_{t=0} = 0 \tag{36}$$

式 (36) の関係を式 (34) へ入れると、式 (34) は式 (37) となる。

$$0 + \frac{1}{S_{cell}KZ}T(t) = 0 + \frac{1}{S_{cell}KZ}T_{out}(t) \tag{37}$$

- 49 -

◎ 第3章　バッテリ特性とマネジメント

初期状態での熱制御モデルの代表温度 T は、外気温と温度平衡状態にあると考える。ラプラス変換の初期項 T_0 は、外気温度となる。これを定数 T_{out} とする。この関係を式 (38) にまとめる。

$$
\begin{aligned}
\left[T(t)\right]_{t=0} &= T_{out}(0) \\
T_{out}(0) &= T_0 \\
T_0 &= T_{out}
\end{aligned}
\tag{38}
$$

ラプラス変換の初期項 T_0 を定数 T_{out} として、式 (35) を書き直すと式 (39) となる。

$$
sT(s) - T_{out} + \frac{1}{S_{cell}KZ}T(s) = \frac{1}{S_{cell}K}Q_{in}(s) + \frac{1}{S_{cell}KZ}T_{out}(s)
\tag{39}
$$

式 (39) から初期項 T_{out} を右辺へ移して、左辺を熱制御モデルの代表温度 T の項でまとめると、式 (40) となる。なお、実際の電池ボックスは多数個のセル電池により構成される。式 (39) も多数個のセル電池に関する行列の関係となる。ラプラス演算子 s も行列形式にする必要があるので、単位行列 I を入れた形で書くことにする。

$$
\left(sI + \frac{1}{S_{cell}KZ}\right)T(s) = T_{out} + \frac{1}{S_{cell}K}Q_{in}(s) + \frac{1}{S_{cell}KZ}T_{out}(s)
\tag{40}
$$

式 (40) の熱制御モデルの代表温度 T の項にかかる括弧で示した式を外す。両辺に括弧で示した式の逆行列をかけると、式 (41) となる。式 (41) の右辺に示した第 1 項は熱制御モデルの初期解を表しており、+ 記号を挟んだ式 (41) の右辺第 2 項は熱制御モデルの強制解を表している。

$$
T(s) = \left(sI + \frac{1}{S_{cell}KZ}\right)^{-1}T_{out} + \left(sI + \frac{1}{S_{cell}KZ}\right)^{-1}\left(\frac{1}{S_{cell}K}Q_{in}(s) + \frac{1}{S_{cell}KZ}T_{out}(s)\right)Q_{out}(s)
$$

$$
\tag{41}
$$

熱制御モデルの出力方程式は、式 (31) で示した出熱 Q_{out} となる。こちらの式もラプラス変換すると式 (42) となる。

$$
- 50 -
$$

$$Q_{out}(s) = \frac{T(s) - T_{out}(s)}{Z} \qquad (42)$$

熱制御モデルの代表温度 T の式 (41) と、熱制御モデルの出力方程式の式 (42) を用いて、熱制御モデルのシステムブロック図を描くと図2となる。図2において、手書きの破線で囲った部分が初期解に当たり、手書きの実線で囲った部分が強制解に該当する。

　外気温度は時間に対して変化するとしたのが図2であるが、殆ど変化しない場合を考えると、式 (41) は式 (43) と書き直すことができる。

$$T(s) = \left(sI + \frac{1}{S_{cell}KZ}\right)^{-1} T_{out} + \left(sI + \frac{1}{S_{cell}KZ}\right)^{-1} \left(\frac{1}{S_{cell}K} Q_{in}(s) + \frac{1}{S_{cell}KZ} \frac{T_{out}}{s}\right) \qquad (43)$$

熱制御モデルの出力方程式の式 (42) も式 (44) へ書き直すことができる。

$$Q_{out}(s) = \frac{T(s) - \dfrac{T_{out}}{s}}{Z} \qquad (44)$$

熱制御モデルの代表温度 T の式 (43) と、熱制御モデルの出力方程式の式 (44) を用いて、外気温度が時間に対して変化しない場合の熱制御モデルのシステムブロック図を描くと図3となる。図3において、手書き

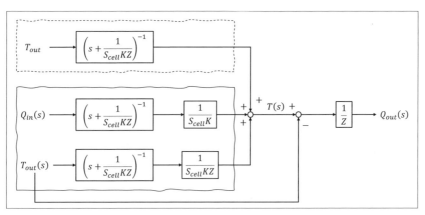

〔図2〕熱制御モデルのシステムブロック図

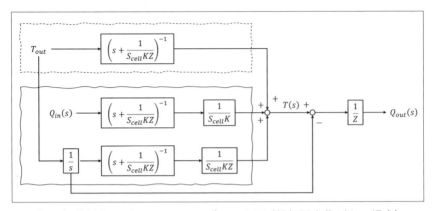

〔図3〕熱制御モデルのシステムブロック図（外気温変化がない場合）

の破線で囲った部分が初期解に当たり、手書きの実線で囲った部分が強制解に該当する。

　熱制御モデルのシステムブロック図まで描いで解析したが、実際は解析式へパラメータ値を入れ、電池ボックスを構成する電池による行列を作り、解析することになる。大規模解析となるので、逆行列を求める場合も非常に複雑となる。このため、本節では、単セル電池を用いた基本となる熱解析についての説明に止めた。

第2節　バッテリの充放電特性とマネジメント

　電池特性の中で充放電特性は、電池を製造してから出荷するに際して、まず確認する基本的な特性である。市場へ出荷してからも、電池を点検する場合、充放電特性を見て電池の状態を確認することが基本となる。充放電特性は、電池に無理をさせないレベルの定電流を流して、電池の使用可能な上下限電圧範囲のSOCレンジで測定する。充放電特性の確認は、電池容量の確認だけではなく、電池のコンディショニングも行うことができるので、電池にとっても好ましい操作となる。ここでは、電池の充放電特性を利用して、これから大量に増えると予想される市場返却電池の健康診断とリユース、リサイクルへの適用方法について詳しく

説明する。

1. 電池の充放電特性の位置付け

　電池の充放電特性は、いうまでもなく電池特性の基本となる。設定した定電流を流して測定するので、電圧カーブは時間軸に対して中間SOCを挟み、この前後の区間では緩やかなドループ特性を示す。電池の劣化が進んだ場合でも、充放電の時間軸は短くなるが、副反応の影響を受ける箇所を除けば、電圧特性は基本的に変わらない。電池ボックスを構成する一部のセル電池で、電圧特性が他のセル電池と異なる場合は、当該セル電池に何らかの問題が発生していることが想定されるため、当該セル電池をチェックし、場合によっては交換する必要がある。

　電動車両へ搭載されて市場運用される電池は、一定の電流負荷パターンではなく、パルス状の電流負荷パターンで構成される充放電となる。図1は、JC08モードの電流負荷パターンを1モード分について示したものである。負荷電流は、試験電池容量に合わせてディレーティングした数値を示す。実運用では、電池が受ける負荷電流パターンは様々である。電池を点検する場合は、定電流という負荷条件で充放電確認する方が、電池状態を知るのに分かり易い。なお、電池は温度環境により内部状態は変化し、直前の作動状況によっても電槽内は定常状態であったり過渡的状態であったりする。電池の充放電特性を求める場合は、これらの影響因子も併せて考慮することが必要である。

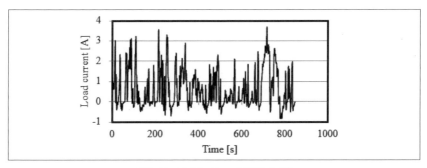

〔図1〕JC08モード電流負荷

2. 電池の充放電特性

　図2は、電池の充放電特性を示す。充放電に使用した電池は、18650タイプのリチウムイオン電池で、定格容量は2150mAhである。3Vまで残放電後、4Vまでの充電を5回、3Vまでの放電を4回繰り返している。残放電後の各充放電の違いは、充電側に違いを設けた。充電は、0.5Cの定電流によりCC充電モード（Constant Current）で4Vまで充電後、CV充電モード（Constant Voltage）で4Vのまま充電を継続するが、この継続時間を時系列順に、0分（CV充電モードなし）、6分、12分、18分および20分の5パターン設けている点である。放電は、1Cの定電流によるCC放電モードで3Vまで放電するのは、4回の放電とも同じである。各充放電の切り替え期間では、電池状態を安定化させるため、18分間の休止期間を設けている。

　図3は、4回目の充放電特性を示す（最初の残放電は充放電回数に入れていない）。3回目に3Vまで放電した後の休止状態から、0.5CのCC充電が始まり、電池電圧が4Vに到達してからCV充電に切り替わる。CV充電では、電池電圧を4Vに保ちながら、電流は緩やかに減衰していくのが確認できる。このCVモードにより電池をより満充電方向へ充電できることになる。設定のCV充電期間（18分）になると、休止状態（18分）を挟み、1CのCC放電が始まる。電池電圧が3Vに到達すると

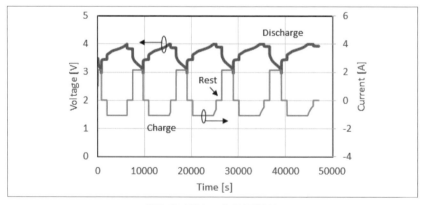

〔図2〕電池の充放電特性

放電は停止し、休止状態に入る。充電電流は、放電電流の半分の値なので、充電期間は放電期間の倍となることが図3より確認できる。

ここで、測定データを扱う場合の補足説明をする。充電電流は、放電電流の半分の値に設定したので、充電の時系列データ数は、放電の時系列データ数の倍となる。後で説明するが、解析的にOCVを求める場合、充電データと放電データは1対1の関係であった方が作業を進めやすい。1対1の関係にした充電データと放電データを同じ列に並べて電気量順にソートすれば、充電データと放電データ交互に並ぶことになり、OCVが求め易くなる。OCVを求める場合、当該電気量の時の電圧と電流の値が必要となる。ソートされた電気量が充電データのものであれば、充電電圧と充電電流は計測されているので両者ともデータはあるが、この電気量に相当する放電のデータはない。そこで、補完計算して当該電気量を放電した場合の放電側の電圧と電流を求める。同じことは充電側にもいえ、ソートされた電気量が放電データのものであれば、充電側でも補完計算して当該放電電気量を充電した場合の充電側の電圧と電流を求める必要がある。表1に、上記で説明したデータの間引きと、電圧電流の補完計算の方法について実データを使い、エクセル上で処理する方法を示す。

図4は、図2で説明した電池の充放電特性について、充放電電流と、電気量について示している。電気量は、放電から放電に挟まれた充電期

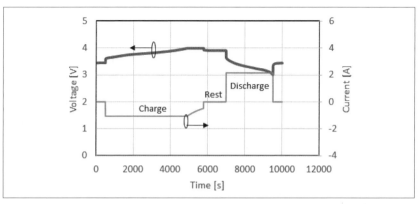

〔図3〕電池の充放電特性（4回目の充放電）

〔表 1〕電気量に関する電圧電流の補完計算とデータの間引き

	B	C	D	E	F	G	H	I	J
	制御モード	時刻	電圧「V]	電流「A]	時間[s]	電気量の絶対値[Ah]	補間電圧	補間電流	間引き
3	Discharge	1:36:56	3.545922	3.399786	0	0.000343576			0
4	Charge	0:20:05	3.62962	-1.699886	0	0.000403688	3.545537	3.399768	0
5	Charge	0:20:06	3.632165	-1.700264	0	0.00063981	3.544027	3.399696	1
6	Discharge	1:36:57	3.542901	3.399642	0	0.000815758	3.633583	-1.699523	1
7	Charge	0:20:07	3.634067	-1.69927	1	0.000875888	3.542615	3.399644	0
8	Charge	0:20:08	3.635134	-1.69865	2	0.001111855	3.541492	3.399651	1
9	Discharge	1:36:58	3.540654	3.399656	1	0.001287932	3.636526	-1.699769	1
10	Charge	0:20:09	3.637	-1.70015	3	0.001347883	3.540325	3.399718	0
11	Charge	0:20:10	3.637997	-1.701097	4	0.00158408	3.539030	3.399960	1
12	Discharge	1:36:59	3.538064	3.400141	2	0.00176014	4.042335	-1.890162	1

「1」の行は残し、「0」の行は間引く

=IF(B10<>B11,1,0)

=IF(AND(B9<>B10, B11<>B10),(E11-E9)*(G10-G9)/(G11-G9)+E9,
IF(AND(B9<>B10, B12<>B10),(E12-E9)*(G10-G9)/(G12-G9)+E9,
IF(AND(B8<>B10, B11<>B10),(E11-E8)*(G10-G8)/(G11-G8)+E8,0)))
制御モード「Charge」時の電気量に相当する、制御モード「Discharge」の電流値を補間計算する

=IF(AND(B9<>B10, B11<>B10),(D11-D9)*(G10-G9)/(G11-G9)+D9,
IF(AND(B9<>B10, B12<>B10),(D12-D9)*(G10-G9)/(G12-G9)+D9,
IF(AND(B8<>B10, B11<>B10),(D11-D8)*(G10-G8)/(G11-G8)+D8,0)))
制御モード「Charge」時の電気量に相当する、制御モード「Discharge」の電圧値を補間計算する

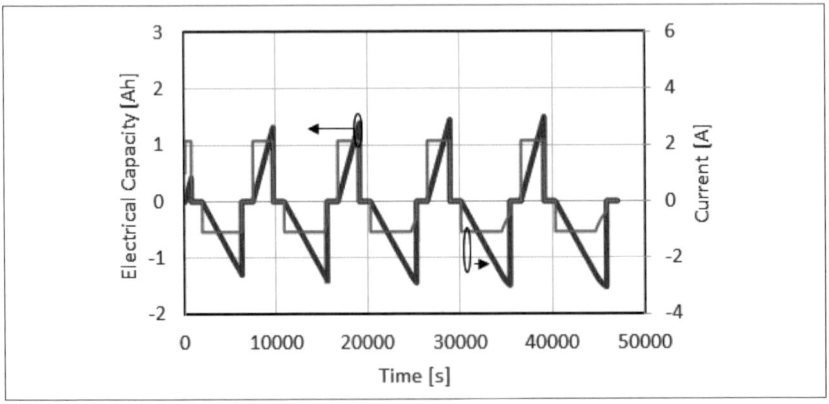

〔図 4〕電池の充電電気量と放電電気量
（図２の充放電特性において充電、放電毎に電気量をゼロリセット）

間だけの電流を積算して充電電気量を求めたものと、逆に充電から充電に挟まれた放電期間だけの電流を積算して放電電気量を求めたものを図4では示している。充電電流を積算したピーク値と、次の放電電流を積算したピーク値の絶対値を比較すると、CV期間に比例して僅かに増加していることが確認できる。

　図5は、図4で求めた電気量を横軸に取り、電気量ゼロを中心に、左側に充電側の電気量を、右側に放電側の電気量を取り、繰り返し充放電した電気量を重ね合わせたものである。同じく、電池電圧についても、図4で求めた電気量を横軸に取り、電気量ゼロを中心に、左側に充電側

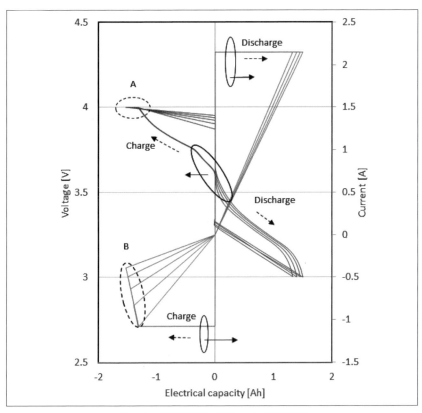

〔図5〕電池電圧と電流の充放電軌跡
（図2の充放電特性において充電、放電毎に電気量をゼロリセット）

◎第3章　バッテリ特性とマネジメント

の電圧を、右側に放電側の電圧を取り、繰り返し充放電した電圧カーブ
を重ね合わせたものである。電圧を見ると、中央の電気量ゼロの点から
充電した場合、5回の充電とも同じ充電電圧軌跡を辿ってCC充電され
ていることが分かる。電圧4Vへ到達すると、破線Aで示したCV充電
に切り替わる。今回、CV充電は、充電期間が異なる5ケースで実施し
たが、最も長い期間CV充電を実施した順に、CV充電終了後の電圧位
置は高くなり、休止期間を挟んで、次のCC放電の開始電圧も、CV充
電終了後の電圧の高さ順になっている。CC放電は、3Vで放電終止電
圧に到達するが、CV期間が長い電池ほど電池の電気量も多いので、長
く放電できることになり、CC放電終了後の休止電圧位置も高くなった。
　一方、電流を見ると、充電する場合、CC充電では、ほぼ同じ電気量
まで充電され、破線Bで囲んだCV充電へモードを移すことになる。破
線Bでは、CV充電部の電気量に対して電流との間に比例関係が見て取
れるが、これは制御系側で制御をかけているためであり、時間軸に対し
て線形制御している訳ではない。ここで簡単に補足説明する。電流をI、
時間をtとして、破線Bで示した部分の関係式は式(1)となる。

$$I = \alpha \int I dt + \beta \qquad (1)$$

α、βは、それぞれCV直線の傾きとy切片の値である。何れも、図5か
ら読み取ることできるが、判読しにくいため、当該部分を拡大した図を別
に図6で示す。図6には直線近似した式を表示しているので、α、βが
判明することになる。
　式(1)は積分形式なので、扱いやすくするため1階微分すると式(2)
となる。

$$\frac{dI}{dt} = \alpha I \qquad (2)$$

式(2)の変数を分離して積分すると式(3)となる。

$$\int \frac{1}{I} dI = \alpha \int dt \qquad (3)$$

式(3)の積分結果は式(4)となる。

－ 58 －

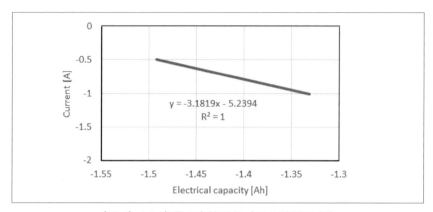

〔図6〕CC 充電の直線近似（図5破線B部）

$$\log I = \alpha t + C \tag{4}$$

式(4)から電流 I を求めると、式(5)となる。

$$I = e^{\alpha t + C} = K e^{\alpha t} \tag{5}$$

式(5)から、既知の変数である電流 I、時間 t およびグラフの傾き α を代入すると、係数 K が求まる。次に電気量を求める。式(5)の関係を用いて電流を時間積分すると式(6)となる。

$$\int I dt = K \int e^{\alpha t} dt = \frac{K}{\alpha} e^{\alpha t} + C \tag{6}$$

式(6)から、電気量は既知であり、他の既知の変数を同じく代入すると積分乗数 C が求まる。以上の関係を使って CV 充電部の時間軸に関する CV 充電電流と、電気量は図7の通りとなる。図7で示す通り、CV 充電部の充電電流と電気量は、時間軸に対して直線関係にないことが分かる。

　設定した期間の CV 充電が終了すると、電気量はゼロリセットして、次の CC 放電での電気量の積算を始めることになる。図5では、CV 充電終了後に、電気量ゼロ電流ゼロの点へ電流の軌跡が移動する。CC 放電が始まると、電流は、電気量ゼロで電流は 1C の位置へ移動する。CV 充電期間により電池に蓄積される電気量が異なるので、CV 充電期間が

◎第3章 バッテリ特性とマネジメント

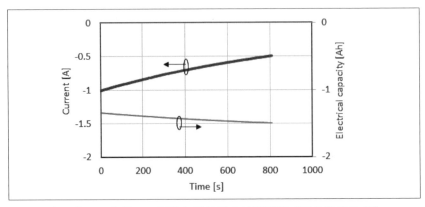

〔図7〕CC充電での電流と電気量の時間推移（図5破線B部）

長いほど、CC放電期間も長くなる。何れも放電終止電圧の3Vに達すると放電は終了し、放電電気量はゼロリセットされ、電気量ゼロ電流ゼロの点に電流の軌跡が移動する。

　図5を描くことにより、電気量を充電、放電のサイクル毎に求め、それぞれの場合の電圧、電流の推移を確認することができた。次は、充放電を通しで見た場合の、電圧、電流の推移を確認する。図8は、図2で示した充放電特性を、図5のように電気量を充電、放電サイクル毎に求め、それぞれの場合の電流、電圧を描いた場合ではなく、電気量を積算し続けた場合の電流、電圧推移となる。電気量積算の起点は、残放電後の最初の充電開始点となる。

　電圧の推移から確認すると、電気量ゼロから充電が始まり、CC充電は同一軌跡を辿り、破線Aで囲った5ケースの異なるCV充電へと続く。CV充電が終了すると、CC放電となるが、放電開始電圧はCV充電期間により多少異なるものの、放電が進むにつれで電圧は同一軌跡を辿る。なお、同図上での破線の矢印は、時間推移の方向を示す。電流の推移を確認すると、電気量ゼロから充電が始まり、0.5CのCC充電は同一軌跡を辿り、破線Bで囲った5ケースの異なるCV充電が続く。CV充電が終了すると、1CのCC放電となるが、放電開始電気量はCV充電期間により多少異なるが、1Cの同一軌跡を辿る。電流の軌跡を見ると、CV充電期間を増加すると、電池の電気量も増大するが、0分、6分、12分、

− 60 −

18分と等間隔に充電時間を設定しているにもかかわらず、電池の受け入れる電気量が次第に減少する。図8は、CVの最適な充電期間については、CV充電にかける時間と電気量で判断すべきことを示唆している。

さて、図8からOCV（Open Circuit Voltage）の位置を想定すると、充電電圧軌跡と放電電圧軌跡の間に存在すると考えられる。OCVは、電池の健康状態であるSOH（State of Health）の確認指標として使う場合もある。次節では、図8の充放電の電圧軌跡をヒントにOCVを解析的に求めてみる。

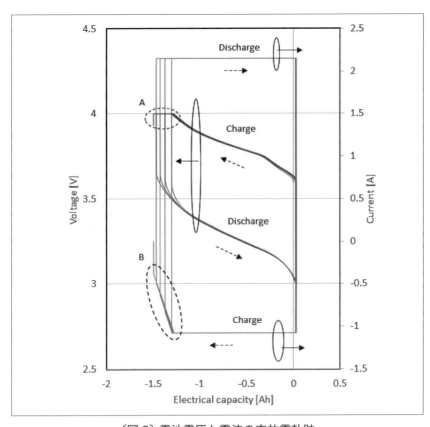

〔図8〕電池電圧と電流の充放電軌跡
（図2の充放電特性で電気量をゼロリセットなく積算した。積算の起点は残放電後の最初の充電開始点となる）

3. OCV 解析

図8の電圧軌跡からOCVを推定する。図9(a)は、図8の充電状態にあたる充電回路となる。破線で囲んだ部分は充電時の電池の等価回路を示す。同じく図9(b)は、図8の放電状態にあたる放電回路となる。破線で囲んだ部分は放電時の電池の等価回路を示す。回路上に示した記号は図9の脚注を参照されたい。

図9の回路電圧の式を求めると式(7)となる。

$$\begin{bmatrix} V_c \\ V_d \end{bmatrix} = \begin{bmatrix} E_{bc} \\ E_{bd} \end{bmatrix} + \begin{bmatrix} I_c R_{bc} \\ -I_d R_{bd} \end{bmatrix} \tag{7}$$

電池の起電力を求めると式(7)を変形し式(8)となる。

$$\begin{bmatrix} E_{bc} \\ E_{bd} \end{bmatrix} = \begin{bmatrix} V_c \\ V_d \end{bmatrix} + \begin{bmatrix} -I_c R_{bc} \\ I_d R_{bd} \end{bmatrix} \tag{8}$$

式(8)から内部抵抗を求める。内部抵抗には電流がかけてあるので、電流の項を外す操作が必要である。式(8)の電流項を行列で書くと式(9)となる。

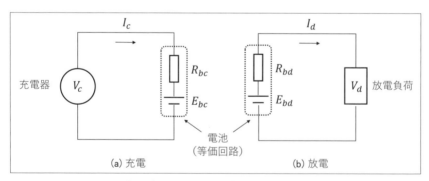

〔図9〕電池の充放電時の等価回路
(V_C は充電時に電池へ印加される充電電圧、I_C は電池に流れる充電電流、R_{bc} は充電時に電池で生ずる内部抵抗、E_{bc} は充電時に電池で発生する起電力、V_d は放電時に電池から電気負荷へ印加される放電電圧、I_d は電池から流れる放電電流、R_{bd} は放電時に電池で生ずる内部抵抗、E_{bd} は放電時に電池で発生する起電力)

$$
\begin{bmatrix} E_{bc} \\ E_{bd} \end{bmatrix} = \begin{bmatrix} V_c \\ V_d \end{bmatrix} + \begin{bmatrix} -I_c & 0 \\ 0 & I_d \end{bmatrix} \begin{bmatrix} R_{bc} \\ R_{bd} \end{bmatrix}
\tag{9}
$$

内部抵抗を求めるため、内部抵抗の行列を左辺へ移動すると、式 (10) となる。

$$
\begin{bmatrix} I_c & 0 \\ 0 & -I_d \end{bmatrix} \begin{bmatrix} R_{bc} \\ R_{bd} \end{bmatrix} = \begin{bmatrix} V_c \\ V_d \end{bmatrix} - \begin{bmatrix} E_{bc} \\ E_{bd} \end{bmatrix}
\tag{10}
$$

内部抵抗にかかる電流項を外すため電流項の逆行列を両辺へかけると式 (11) となる。

$$
\begin{bmatrix} R_{bc} \\ R_{bd} \end{bmatrix} = \begin{bmatrix} I_c & 0 \\ 0 & -I_d \end{bmatrix}^{-1} \begin{bmatrix} V_c \\ V_d \end{bmatrix} - \begin{bmatrix} I_c & 0 \\ 0 & -I_d \end{bmatrix}^{-1} \begin{bmatrix} E_{bc} \\ E_{bd} \end{bmatrix} = \begin{bmatrix} I_c & 0 \\ 0 & -I_d \end{bmatrix}^{-1} \begin{bmatrix} V_c - E_{bc} \\ V_d - E_{bd} \end{bmatrix}
\tag{11}
$$

電流項の逆行列を求める。余因子行列は式 (12) となる。

$$
C = \begin{bmatrix} -I_d & 0 \\ 0 & I_c \end{bmatrix}
\tag{12}
$$

式 (12) の転置行列は式 (13) となり、この場合は式 (12) と同一になる。

$$
C^T = \begin{bmatrix} -I_d & 0 \\ 0 & I_c \end{bmatrix}
\tag{13}
$$

以上から電流項の逆行列を求める準備ができた。電流項の逆行列を求めると式 (14) となる。

$$
\begin{bmatrix} I_c & 0 \\ 0 & -I_d \end{bmatrix}^{-1} = \frac{C^T}{\Delta} = \frac{\begin{bmatrix} -I_d & 0 \\ 0 & I_c \end{bmatrix}}{\begin{vmatrix} I_c & 0 \\ 0 & -I_d \end{vmatrix}} = -\frac{\begin{bmatrix} -I_d & 0 \\ 0 & I_c \end{bmatrix}}{I_c I_d}
\tag{14}
$$

式 (14) を式 (11) へ代入して内部抵抗を求めると式 (15) となる。

◎ 第3章　バッテリ特性とマネジメント

$$\begin{bmatrix} R_{bc} \\ R_{bd} \end{bmatrix} = -\frac{1}{I_c I_d} \begin{bmatrix} -I_d & 0 \\ 0 & I_c \end{bmatrix} \begin{bmatrix} V_c - E_{bc} \\ V_d - E_{bd} \end{bmatrix} = \begin{bmatrix} \dfrac{V_c - E_{bc}}{I_c} \\ -\dfrac{V_d - E_{bd}}{I_d} \end{bmatrix} \tag{15}$$

式 (15) の行列を外して独立式で書くと式 (16) となる。

$$R_{bc} = \frac{V_c - E_{bc}}{I_c}$$
$$R_{bd} = -\frac{V_d - E_{bd}}{I_d} \tag{16}$$

電池の内部抵抗は充電状態と放電状態では、イオンの移動方向が逆になるので異なると考えられるが、大きく変わることはないとも考えられる。そこで、式を簡単にするため内部抵抗を式 (17) とおく。

$$R_{bc} = R_{bd} = R_b \tag{17}$$

式 (16) は式 (17) の関係から式 (18) と書けることになる。

$$R_b = \frac{V_c - E_{bc}}{I_c} = -\frac{V_d - E_{bd}}{I_d} \tag{18}$$

同様に電池の起電力も充電状態と放電状態では大きく変わることはないとすると、電池の起電力を式 (19) とおく。

$$E_{bc} = E_{bd} = E_b \tag{19}$$

式 (19) の関係を式 (18) へ代入すると式 (20) となる。

$$R_b = \frac{V_c - E_b}{I_c} = -\frac{V_d - E_b}{I_d} \tag{20}$$

式 (20) の右辺 2 式の関係を整理すると式 (21) となる。

$$\frac{V_c}{I_c} + \frac{V_d}{I_d} = \left(\frac{1}{I_d} + \frac{1}{I_c} \right) E_b \tag{21}$$

－ 64 －

電池の起電力は式 (21) を変形して式 (22) の最後の式にまとまる。

$$E_b = \cfrac{1}{\cfrac{1}{I_d} + \cfrac{1}{I_c}} \left(\frac{V_c}{I_c} + \frac{V_d}{I_d} \right) = \frac{I_c I_d}{I_c + I_d} \left(\frac{V_c}{I_c} + \frac{V_d}{I_d} \right)$$

(22)

$$E_b = \frac{1}{I_c + I_d} \left(V_c I_d + V_d I_c \right)$$

最後に内部抵抗を求める。内部抵抗は式 (20) なので、式 (22) の関係を代入すると、式 (23) の通り求まる。

$$R_b = \frac{V_c - E_b}{I_c} = \frac{V_c - \cfrac{1}{I_c + I_d} \left(V_c I_d + V_d I_c \right)}{I_c} = \frac{V_c}{I_c} - \frac{I_d}{I_c + I_d} \left(\frac{V_c}{I_c} + \frac{V_d}{I_d} \right)$$

$$= \frac{V_c}{I_c} \left(1 - \frac{I_d}{I_c + I_d} \right) - \frac{V_d}{I_c + I_d} = \frac{V_c}{I_c} \left(\frac{I_c}{I_c + I_d} \right) - \frac{V_d}{I_c + I_d}$$

$$R_b = \frac{V_c - V_d}{I_c + I_d}$$

(23)

4．OCV 解析の実際

OCV 解析を実データに対して適用し結果について評価する。本節の「2. 電池の充放電特性」で示した充放電特性のデータに対して、本節の「3.OCV 解析」で求めた解析手法を適用する。図 3 で示した 4 回目の充放電データに対して OCV 解析を行う。図 10 は、電池へ印加した充電電圧を細線で示し、解析的に求めた OCV（Estimated OCV）を太線で示す。破線の矢印は、時間経過の方向での電圧推移となる。破線で囲った箇所は、CV 充電の実施部分であり、OCV 解析は充電電流が変わらない CC 充電だけではなく、充電電流が変化する CV 充電でも、特段の補正をしなくとも適用可能であることが分かる。

図 11 は、電池へ印加した放電電圧を細線で示し、解析から求めた OCV（Estimated OCV）を太線で示す。破線の矢印は、時間経過の方向で

－ 65 －

の電圧推移となる。

　図10と図11から、解析から求めたOCV（Estimated OCV）の電圧位置は充電電圧と放電電圧の中央には来ない。充放電が同じ電気量にある時のOCVの相関関係を図12に示す。

　図10より、OCVは充電電圧側にずれるが、充電電圧側から見ても、放電電圧側から見ても、OCVは同じ位置にあることが分かる。参考に、OCV位置を充電電圧と放電電圧の中央に来ると仮定した場合、電池に流れる電流による電圧ドロップ分を加味すると、図13で示す通りOCVはおかしな位置関係となる。

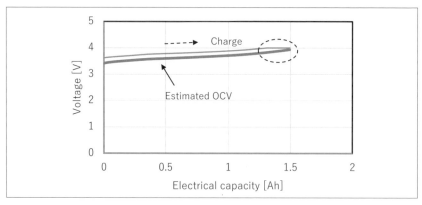

〔図10〕電池への充電電圧と解析的に求めたOCVカーブ

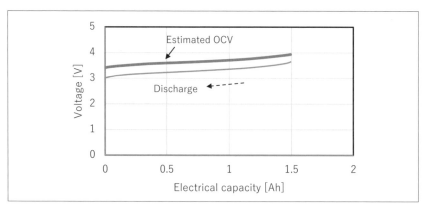

〔図11〕電池の放電電圧と解析的に求めたOCVカーブ

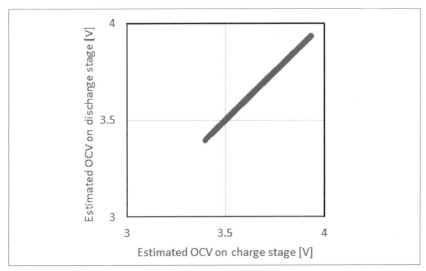

〔図12〕放電時の電圧電流から求めたOCVと充電時の電圧電流から求めたOCVとの関係

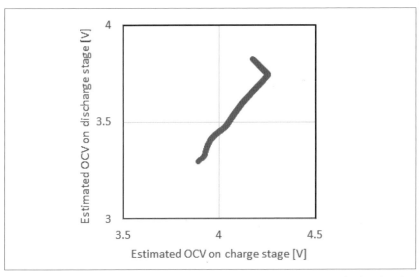

〔図13〕充電電圧と放電電圧の中間点にOCVがあるとした場合（電池へ出入りする電流による電圧ドロップ分をOCVへ加減算して得られた補正後のOCV位置）

◎ 第3章 バッテリ特性とマネジメント

　本節の「3.OCV 解析」では、OCV のほかに内部抵抗も推定できる。そこで、図 3 で示した 4 回目の充放電データに対して、同様に内部抵抗解析を行う。解析結果をまとめて、図 14 に示す。図 14(a) は OCV 解析の結果を、図 14(b) は充電電流と放電電流の合計値を示す。ただし、充放電の向きにより電流に符号がつくので、充電電流と放電電流の両者とも絶対値を取った値を合計して図 14(b) を求めている。図 14(c) は内部抵抗解析の結果である。内部抵抗解析値は、電池の電気量が中央に来る中間 SOC 前後では安定した値を示すが、充放電の開始付近や終了付近では変動が見られる。これは、電池の副反応が発生している領域に当たるので、単純に内部抵抗だけの影響で説明できないと考えられる。内部抵抗を使って電池の劣化評価をする場合は、中間 SOC の値を基本的に使うようにすれば間違いが発生しないと考える。

　図 15 は、図 2 で示した 1 回目の充放電（CV 充電なし）と、図 14 でも示した 4 回目の充放電（CV 充電 18 分）のデータを用いて、OCV 解析した結果を重ねわせた図である。太線は 1 回目の充放電であり、破線は 4 回目の充放電となる。

　図 15(a) は OCV 解析結果であるが、両者とも同じ軌跡を描いていて、CV 充電がない 1 回目は、CV 充電が 18 分ある 4 回目よりも電池の電気量が少ないため軌跡が短い。図 15(b) は充電電流と放電電流の合計値であるが、CV 充電がない 1 回目は CC 充電のまま終了し、CV 充電が 18 分ある 4 回目は CV 充電後に終了している。図 15(c) は内部抵抗解析の結果であるが、電池の電気量が中央に来る中間 SOC 前後では、CV 充電がない 1 回目と、CV 充電が 18 分ある 4 回目とも解析的に求めた内部抵抗値は近い値を示す。

　電池の内部抵抗が解析的に求まったので、求めた内部抵抗を用いて、電流値（別々に計測した充電電流の絶対値と放電電流の絶対値の合計）を使ってオーム損を求める。図 3 で示した 4 回目の充放電で生ずる実際のエネルギ損失（電池で生ずる損失）と、解析的に導いた内部抵抗から求めたオーム損（I^2R）を比較したのが図 16 である。充放電での実際のエネルギ損失は、ほぼ電池の内部抵抗で消費する損失という結果となった。実際は、電池内のエネルギ損失の他にも損失はあると考えられる。内部抵抗の推定値は実際よりも高く推定していると思われる。更なる精

－ 68 －

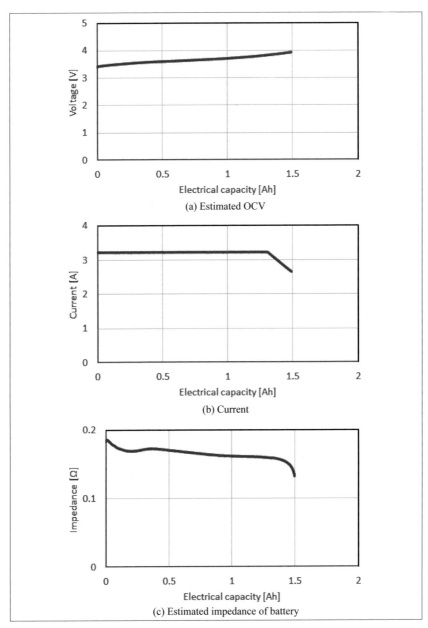

〔図14〕OCV 解析（4回目の充放電に適用）

◎第3章 バッテリ特性とマネジメント

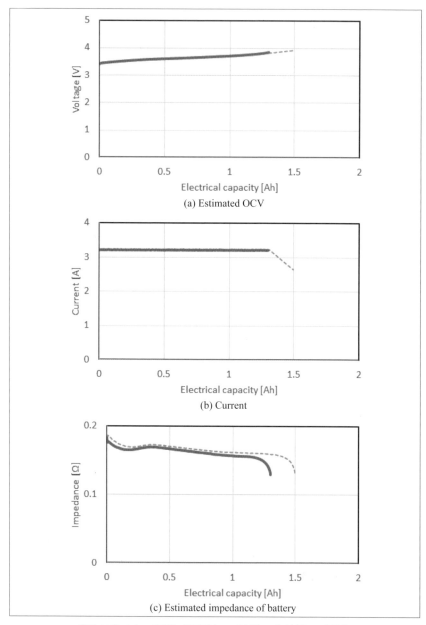

〔図15〕OCV解析（初回と4回目の充放電に適用）

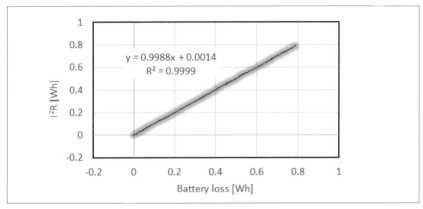

〔図16〕電池のオーム損と実際のエネルギ損
（図3で示した4回目の充放電にて損失比較）

度の向上は必要ではあるが、解析的に求めた内部抵抗値は十分実務に適用できるレベルにあることは確かといえる。

図2で説明した電池は、サイクル劣化していない電池である。サイクル劣化させた場合の電池について、解析的に求めた電池の内部抵抗で、劣化評価できるかどうか検証する。問題のない結果が得られた場合、リユース、リサイクルを視野に入れた劣化バッテリの評価手法として、直ぐにでも実務へ適用できることになる。図17は、図1で示した走行モード負荷をかけて電池をサイクル劣化させた場合の電池に対して、解析的に求めた電池の内部抵抗を適用して検証した結果である。電池は、SOC40%から60%の範囲の電気量の充放電を1サイクルとして、数百から数千サイクルの充放電を実施し劣化させた。図17(a)から、解析的に求めた電池の内部抵抗は、電池の充放電に関するエネルギ効率に対して線形関係にあり、電池の内部抵抗が上昇すると、放電に関するエネルギ効率は低下することが確認できる。

図17(b)から、電池の充放電に関する実際のエネルギ損失は、ほぼ電池の内部抵抗で消費する損失という結果となった。本節の「3.OCV解析」から解析的に求めた電池の内部抵抗は、実際の劣化電池の評価に適用できることが、実データにより検証できたことになる。

○第3章 バッテリ特性とマネジメント

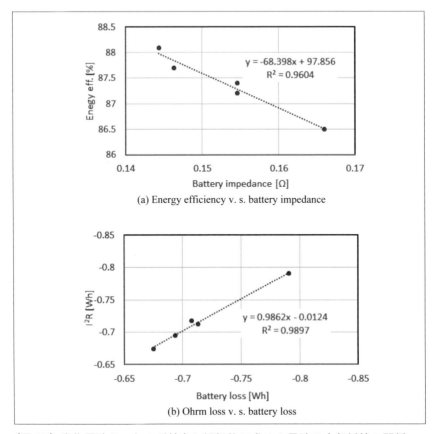

〔図17〕劣化電池のエネルギ効率と解析的に求めた電池の内部抵抗の関係、および内部抵抗によるオーム損と実電池のエネルギ損の関係

5. リユース、リサイクル電池への適用

　解析的に求めた電池の内部抵抗を用いて電池の劣化評価ができることが明らかになった。本評価手法を用いて、市場返却電池の劣化評価への適用方法について考えてみる。電動車両へ搭載されている電池は、1台につき数十セルから数百セルと考えられる。充放電データを測定するにしても、測定したデータを如何に評価するかが求められる。充放電に関しては、図15(c)で示したように、初回の充放電でも、4回目の充放電

でも、解析的に求めた電池の内部抵抗は、中間 SOC 付近だとさほど変わることはない。市場返却電池が返却前に長期放置などはなく稼働状態であったならば、電池のコンディショニングのため、充放電を繰り返す必要はないといえる。

　次のステップは、劣化モデルとなる電池と市場返却電池を比較して、良否を判断する手順を取ることになる。これは、良品を選別することになるが、電池ボックスを解体することに繋がり得策ではない。電池ボックス内の電池が、良品レベルには届かなくても、電池のセル間に大きなばらつきがない場合は、電池ボックスのままディレーティングした用途でリユースできる可能性がある。電池ボックス内の電池がバラついて玉石混交の状態であれば、電池ボックスを解体して良品と不良品を選別する必要が出てくる。この場合は、各セル電池の充放電特性をきちんと計測して、劣化モデル電池の充放電特性と比較検証する必要がある。検証手法としては、統計的手法を用いると、間違いを抑えられる。ここでは、統計的解析手法の一つであり、工場で製品品質維持管理のために使われている、マハラノビス距離解析手法について説明する。式 (24) は、計測データの平均を求める一般式である。

$$\mu_i = \frac{1}{n} \sum_{i=1}^{n} u_{i,j} \tag{24}$$

式 (25) は、計測データの分散を求める一般式である。

$$\sigma_j^{\,2} = \frac{1}{n} \sum_{i=1}^{n} \left(u_{i,j} - \mu_i \right)^2 \tag{25}$$

式 (26) は計測データを基準化している。基準化すれば無次元数として扱える一方で、全データに対する位置関係も分かるため、データとして非常に扱いやすくなる。

$$U_{i,j} = \frac{u_{i,j} - \mu_i}{\sqrt{\sigma_j^{\,2}}} \tag{26}$$

式 (27) は基準化したデータ同士の共分散を求めている。

◎ 第3章　バッテリ特性とマネジメント

$$v_{j=1,j=2} = \frac{1}{n}\sum_{i=1}^{n}\left(U_{i,j=1} - \overline{U}_{j=1}\right)\cdot\left(U_{i,j=2} - \overline{U}_{j=2}\right) \tag{27}$$

式 (27) は、電池ボックスを構成するセル電池同士を比較することもできるが、劣化モデル電池と電池ボックスを構成するセル電池との比較する場合も適用できる。式 (28) はマハラノビス距離を求める式である。k 行 m 列のデータを扱うことを想定している。例えば、100 個のセル電池で構成される電池ボックス 10 台を比較するような場合となる。

$$
\begin{aligned}
D_{k.m} =&
\begin{bmatrix}
d_{1,1} & \cdot & \cdot & \cdot & d_{1,m} \\
\cdot & d_{2,2} & & & \cdot \\
\cdot & & & & \cdot \\
\cdot & & & d_{k-1.m-1} & \cdot \\
d_{k.1} & \cdot & \cdot & \cdot & d_{k.m}
\end{bmatrix} \\[2ex]
=& \sqrt{\frac{1}{m}
\begin{bmatrix}
X_{1,1} & \cdot & \cdot & X_{1,m} \\
\cdot & & & \cdot \\
\cdot & & & \cdot \\
X_{k,1} & \cdot & \cdot & X_{k,m}
\end{bmatrix}
\begin{bmatrix}
1 & v_{1.2} & \cdot & \cdot & v_{1.m} \\
v_{1.2} & 1 & \cdot & \cdot & v_{2.m} \\
\cdot & \cdot & & & \cdot \\
\cdot & \cdot & & 1 & \cdot \\
v_{1.m} & v_{2.m} & \cdot & \cdot & 1
\end{bmatrix}^{-1}
\begin{bmatrix}
X_{1,1} & \cdot & \cdot & X_{1,m} \\
\cdot & & & \cdot \\
\cdot & & & \cdot \\
X_{k,1} & \cdot & \cdot & X_{k,m}
\end{bmatrix}}
\end{aligned}
\tag{28}
$$

しかしながら、式 (28) の右辺のルート内に逆行列があり、正方行列でないと特殊な場合を除き解を得ることができない。このため、逆行列を解析的に求めるには k 行 m 列のデータではなく、k 行 k 列のデータが必要となる。式 (29) は、k 行 k 列のデータにより求めたマハラノビス距離となる。

$$D_{k,k} = \begin{bmatrix} d_{1,1} & \cdot & \cdot & \cdot & d_{1,k} \\ \cdot & d_{2,2} & & & \cdot \\ \cdot & & \cdot & & \cdot \\ \cdot & & & d_{k-1,k-1} & \cdot \\ d_{k,1} & \cdot & \cdot & \cdot & d_{k,k} \end{bmatrix}$$

$$= \sqrt{\frac{1}{k} \begin{bmatrix} X_{1,1} & \cdot & \cdot & X_{1,k} \\ \cdot & & & \cdot \\ \cdot & & & \cdot \\ X_{k,1} & \cdot & \cdot & X_{k,k} \end{bmatrix} \begin{bmatrix} 1 & v_{1,2} & \cdot & \cdot & v_{1,k} \\ v_{1,2} & 1 & \cdot & \cdot & v_{2,k} \\ \cdot & \cdot & \cdot & & \cdot \\ \cdot & \cdot & & 1 & \cdot \\ v_{1,k} & v_{2,k} & \cdot & \cdot & 1 \end{bmatrix}^{-1} \begin{bmatrix} X_{1,1} & \cdot & \cdot & X_{1,k} \\ \cdot & & & \cdot \\ \cdot & & & \cdot \\ X_{k,1} & \cdot & \cdot & X_{k,k} \end{bmatrix}}$$

(29)

マハラノビス距離解析では、解析的に求めた内部抵抗に関して、中間SOC領域に適用して電池の劣化評価をするなどの使い方も考えられる。限定評価となるが、効率的に電池ボックスを構成するセル電池の劣化評価を行う場合は有効と考えられる。

図18は、電池の周波数特性に関してマハラノビス距離解析手法を適用した例である。マハラノビス距離解析を実施したデータを並べ、2つの曲線で差異が出ている箇所から、変化が生じている周波数帯が特定で

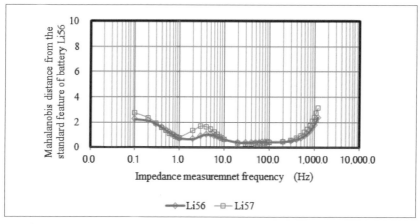

〔図18〕電池の周波数特性に関しするマハラノビス距離解析の適用例

◎ 第3章　バッテリ特性とマネジメント

きることになる。

　図18の読み方の例を簡単に説明すると、2つの曲線で差異が明確に認められる周波数が、電池のACインピーダンスカーブであるナイキスト線図上のどの位置に当たるかで、溶液抵抗が上昇して劣化が発生しているのか、電荷移動抵抗が上昇して劣化が発生しているのかが特定でき、劣化量も推定できることになる。

　図19は、OCV解析をまとめた「OCV、内部抵抗解析によるセル電池劣化診断システム図」である。図20は、マハラノビス距離解析を利用した「OCV、内部抵抗解析によるボックス内セル電池のリユース／リサイクル電池判別システム図」である。これらのシステム図は、本節で説明した電池の充放電特性に関するマネジメント技術として、直ぐにでも実用化が期待できる技術内容である。

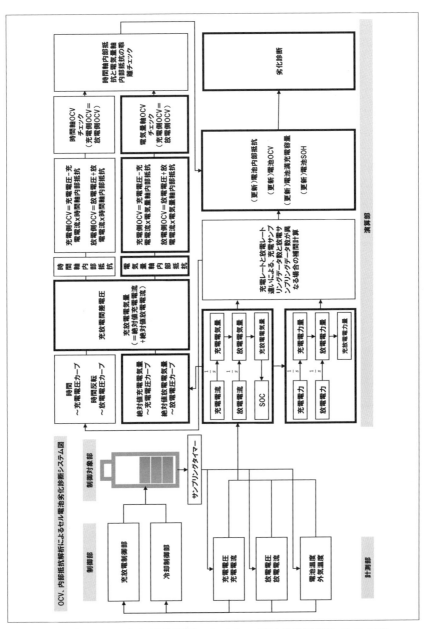

〔図19〕OCV、内部抵抗解析によるセル電池劣化診断システム図

第3章 バッテリ特性とマネジメント

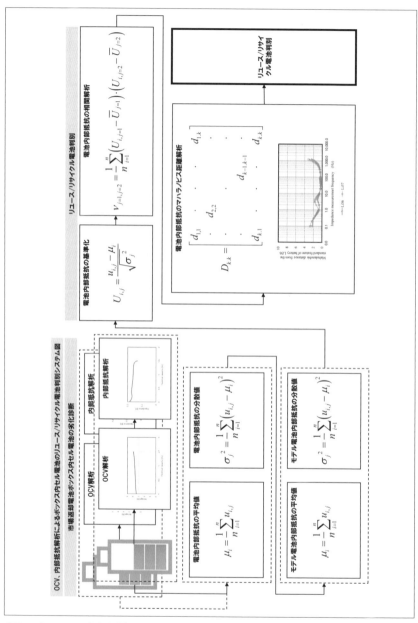

〔図20〕OCV、内部抵抗解析によるボックス内セル電池に対して、マハラノビス距離解析を用いたリユース/リサイクルのための電池判別システム図

第4章

バッテリマネジメント制御

第1節　バッテリの長寿命制御

　バッテリマネジメントは、バッテリに流れる電流、電圧をはじめ、バッテリセルの温度や SOC など電池の状態をセンシングして制御を行う。リチウムイオンバッテリが実用化を迎えたのは、バッテリだけではなくシステム全体で安全にバッテリが使えるようになったことにある。初期のバッテリマネジメントは、安全最優先の電池制御であった。リチウムイオンバッテリは、安全面の課題が解消されるにしたがい、既存の二次電池であるニッケル水素バッテリに代わり普及するようになった。バッテリマネジメント制御は、設計通りの性能・寿命が確保できることに関心が移った。本節では、バッテリが設計通りの性能・寿命が確保できるようにするためのバッテリマネジメント制御について考えていくことにする。

1．リチウムイオンバッテリのセルばらつき

　リチウムイオンバッテリは、バッテリの構成材料により多少異なるが、単セル電圧が 4.2V 程度しかなく、動力用として利用するような場合は、バッテリセルを直列に接続して、電源電圧を上げる必要がある。同じ電力を得る場合、直流電力は電圧と電流の積となるので、電圧を上げて電流を下げる方が得策である。クルマなど限られたスペースで、できるだけ軽量なステムとして搭載する場合は、高圧化を選ぶことになる。高圧化にともなう絶縁対策が取れれば、流す電流は小さくできるので、使う電線も軽量で済む。バッテリセルを直列に接続して高圧化する場合、各セルには同じ電流が流れる。特性の揃ったセルを直列接続してバッテリボックスを構成すると、バッテリセルに流れる電流は等しいので、セル間ばらつきは起こりにくいはずである。バッテリセルが収納されるボックスは、恒温槽のように均一な温度コントロールができない場合は、バッテリセル間の温度ばらつきが発生し、運用が進むにしたがいばらつきは拡大する方向となる。バッテリセルは化学反応をともなうので、温度の高いセルは反応が進みやすく、逆に温度の低いセルは反応が進みにくく

－ 81 －

なる。反応が進んだセルは劣化が進み、逆に反応が進みにくいセルは劣化が抑えられる。この傾向は充電する場合も同様となり、同じ充電電流をバッテリセルへ流しても充電されやすいセルと、充電されにくいセルが出てくる。総充放電容量が積み重なるにつれ、バッテリセル間の容量ばらつきは拡大することになる。

図1は、リチウムイオンバッテリのセル間ばらつきによる容量低下に至るイメージ図である。バッテリセルがAで示した電池のように高SOC位置にある場合は、毎回の充電により満充電付近まで充電され、容量劣化しやすくなる。バッテリセルがBで示した電池のように低SOC位置にある場合は、毎回の放電により全放電付近まで放電され、容量劣化しやすくなる。その結果、図1の下段で示したように、毎回の充放電で満充電と全放電の状態が繰り返されることで、容量劣化が急速に進展する。極端に容量低下したセルが現れると、バッテリ全体が律速されてしまい、容量低下したセルを交換する必要が出てくる。バッテリボックスがこの状態に陥ると、次々に容量低下したセルが出現する。セル交換をしたとしても、結局バッテリボックス内のセル全体を新品へ交換することになってしまう。

セル交換が必要な状態になれば、バッテリセルコントロールでは劣化

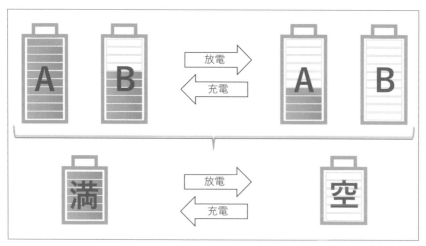

〔図1〕リチウムイオンバッテリのセル間ばらつきによる容量低下

を止めることはできない。当初からバッテリセルを均一に劣化させる制御であれば、セル交換に陥らせないことは可能である。そこで、バッテリセルが均一劣化するように、セル間の容量ばらつきを解消するシステムを考えてみる。

2．インダクタンス素子でばらつきを解消する

　EV や HEV のエネルギ源であるバッテリは、多数のセルを直列接続して構成する。充放電する場合は、どのセルも同じ電流が流れるものの、セル毎の充電受け入れ特性が、劣化するにしたがい異なってくる。これはセル間の電圧ばらつきや容量ばらつきに繋がる。ここでは、バッテリのセル間ばらつきを抑えるマネジメント制御として、コイルのインダクタンスを利用してバッテリセル間のエネルギを移動する、均等化充電回路について解説する。

　図2は、コイルのインダクタンスを利用した2バッテリセル間のエネルギ移動を説明した図である。回路の動作を説明する。最初 MOSFET ①、② は OFF 状態にあるとする。MOSFET ② は OFF 状態のまま MOSFET ① を ON にする。バッテリセル B1 の閉回路（B1 ⇒ MOSFET ① ⇒ L ⇒ B1）ができてコイルへ充電電流が流れ、コイル L はバッテリ B1 により充電される。次に、MOSFET ① を OFF にして、OFF 状態の MOSFET ② を ON にする。バッテリ B2 を充電する閉回路（L ⇒ B2 ⇒ MOSFET ② ⇒ L）ができて、コイル L に蓄積したエネルギが吐き出され、コイル L はバッテリ B2 を充電する。バッテリ B1 と B2

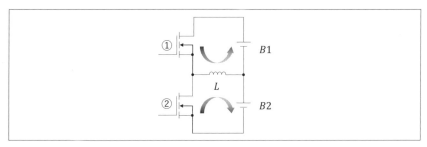

〔図2〕コイルのインダクタンスを利用した2バッテリセル間のエネルギ移動

の電圧の大小関係がB1＞B2であれば、上記の操作でバッテリセル間の均等化が進む。バッテリB1とB2の電圧の大小関係がB1＜B2となる逆の電圧関係であれば、MOSFETの点弧順序を逆にする必要がある。

図3は、コイルのインダクタンスを利用した複数バッテリセル間のエネルギ移動を説明した図である。回路の動作を説明する。図3の左図は、バッテリセルB1からB2、B3へエネルギを移動させて均等化を図る説明図である。最初MOSFET①〜⑥はOFF状態にあるとし、最上段のコイルL1にはバッテリセルB1を充電する方向へエネルギが蓄積されているとする。MOSFET①をONにすると、コイルL1のエネルギは吐き出されて、バッテリセルB1を充電する閉回路（L1 ⇒ B1 ⇒ MOSFET① ⇒ L1）が形成される。次にMOSFET①をOFFにして、OFF状態のMOSFET②をONにする。バッテリセルB1からの閉回路（B1 ⇒ MOSFET② ⇒ L2 ⇒ B1）ができてコイルL2へ充電電流が流れ、コイルL2はバッテリB1により充電される。MOSFET②をOFFにして、OFF状態のMOSFET③をONにする。コイルL2のエネルギは吐き出されてバッテリセルB2を充電する閉回路（L2 ⇒ B2 ⇒ MOSFET③ ⇒ L2）が形成される。MOSFET③をOFFにして、OFF状態のMOSFET④をONにする。バッテリセルB2からの閉回路（B2 ⇒ MOSFET④ ⇒ L3 ⇒ B2）ができてコ

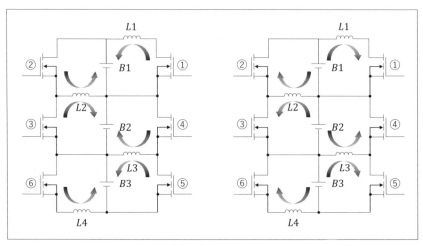

〔図3〕コイルのインダクタンスを利用した複数バッテリセル間のエネルギ移動

イル L3 へ充電電流が流れ、コイル L3 はバッテリ B2 により充電される。以下、コイル L3 の充電エネルギがバッテリセル B3 を充電する動作は、最初に説明したコイル L1 のエネルギが吐き出されてバッテリセル B1 を充電する動作と同じ動きをたどる。一連の動作では、バッテリセル B1 から B2、B3 へエネルギを移動させる場合のように、バッテリセル電圧の関係が、B1 ＞ B2 ＞ B3 のように電圧の高いセルからエネルギを取り出して、電圧の低いセルへ移し替える場合はスムーズに動作する。バッテリセル電圧が、B1 ＜ B2 ＜ B3 のように逆の電圧関係にある場合は、MOSFET の点弧の順番を見直す必要がある。

　図3の右図は、バッテリセル B3 から B2、B1 へエネルギを移動させて均等化を図る説明図である。最初 MOSFET ①〜⑥ は OFF 状態にあるとし、最下段のコイル L4 にはバッテリセル B3 を充電する方向へエネルギが蓄積されているとする。MOSFET ⑥ を ON にすると、コイル L4 のエネルギは吐き出されて、バッテリセル B3 を充電する閉回路（L4 ⇒ MOSFET ⑥⇒ B3 ⇒ L4）が形成される。次に MOSFET ⑥ を OFF にして、OFF 状態の MOSFET ⑤ を ON にする。バッテリセル B3 からの閉回路（B3 ⇒ L3 ⇒ MOSFET ⑤⇒ B3）ができてコイル L3 へ充電電流が流れ、コイル L3 はバッテリ B3 により充電される。MOSFET ⑤ を OFF にして、OFF 状態の MOSFET ④ を ON にする。コイル L3 のエネルギは吐き出されてバッテリセル B2 を充電する閉回路（L3 ⇒ MOSFET ④⇒ B2 ⇒ L3）が形成される。MOSFET ④ を OFF にして、OFF 状態の MOSFET ③ を ON にする。バッテリセル B2 からの閉回路（B2 ⇒ L2 ⇒ MOSFET ③⇒ B2）ができて充電電流が流れ、コイル L2 はバッテリ B2 により充電される。以下、コイル L2 の充電エネルギがバッテリセル B1 を充電する動作は、図3の右図で説明したコイル L4 のエネルギが吐き出されてバッテリセル B3 を充電する動作と同じ動きをたどる。一連の動作では、バッテリセル B3 から B2、B1 へエネルギを移動させる場合のように、バッテリセル電圧の関係が、B1 ＜ B2 ＜ B3 のように電圧の高いセルからエネルギを取り出して、電圧の低いセルへ移し替える場合はスムーズに動作する。

　バッテリセル電圧が、バッテリセルの並んでいる順番に B1 ＞ B2 ＞ B3 の場合や、B1 ＜ B2 ＜ B3 の場合のような電圧の大小関係にない場

合には、MOSFET ①→ MOSFET ②→ MOSFET ③→・・・→ MOSFET (N)
の順番で MOSFET を点弧させることで B1 → B2 → B3 →・・・→ BN
の順番でエネルギ移動させる。次に、MOSFET (N) →・・・→ MOSFET
③→ MOSFET ②→ MOSFET ①の順番で MOSFET を点弧させることで
BN →・・・→ B3 → B2 → B1 の順番で逆方向へエネルギを移動させる
ことでバッテリセル間のばらつきの解消を図る。いずれにしても、本回
路構成では隣り合ったバッテリセル同士でしかエネルギの受け渡しがで
きないので、順番にエネルギを受け渡す操作は複数回行う必要がある。
これは、複数回行うことで、バッテリセル間のエネルギ平準化が達成で
きるからである。

　他に特殊なエネルギのやり取りとしては、最もエネルギの高いセルか
らエネルギを取り出して、最もエネルギの低いセルを充電させる場合が
考えられる。最もエネルギの高いセルと最もエネルギの低いセルが隣接
していれば話は簡単であるが、必ずしもそうではない。この場合、最も
エネルギの高いセルの回りに位置するセルを高エネルギ群セルとしてこ
の中でエネルギを移動させて平準化を図り、最もエネルギの低いセルの
回りに位置するセルを低エネルギ群セルとしてこの中でエネルギを移動
させて平準化を図ることを行う。それぞれの高エネルギセル群と低エネ
ルギセル群の範囲を周辺へ拡大させることで、バッテリセル全体のエネ
ルギ平準化を効果的に進めることが可能となる。

3. インダクタンスとキャパシタンス素子でばらつきを解消する

　コイルのインダクタンスを利用した複数バッテリセル間のエネルギ移
動の考え方について理解できたので、インダクタンス素子とキャパシタ
ンス素子を用いたより実用的なエネルギ移動回路を考える。図4は、イ
ンダクタンスとキャパシタンスを利用した複数バッテリセル間のエネル
ギ移動回路システムを示す。均等化する対象セルの組み合わせを1セル
毎にずらしながら均等化することで全セルの均等化が可能となる。同図
でマーキングした回路部が基本の回路構成となる。複数回路全体の動作
説明をここで始めると混乱するので、基本回路部を抜き出して、バッテ
リセル間のエネルギ移動を説明する。

- 86 -

図5は、インダクタンスとキャパシタンスを利用した複数バッテリセル間のエネルギ移動に関する基本回路である。バッテリを2セル毎に均等化する回路構成となっている。対象とする均等化セル間にコンデンサを挿入してゼロ電流期間を設けることで回路動作を安定化させている。本回路は、サイクリックな動作をすることでバッテリセルの均等化充電を行う。2セル間に設けたコンデンサCを経由してバッテリセルのエネ

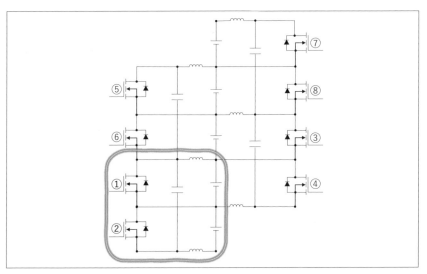

〔図4〕インダクタンスとキャパシタンスを利用した複数バッテリセル間の
　　　エネルギ移動回路システム

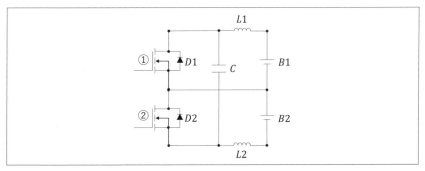

〔図5〕インダクタンスとキャパシタンスを利用した複数バッテリセル間の
　　　エネルギ移動基本回路

ルギを受け渡し、両セルを均等充電する。回路内のエネルギの受け渡しが複雑なので、動作モードを複数に分けて説明する。

図6(a)は、Mode0の回路状態を示す。MOSFET①、②はOFF状態にあり、インダクタンスL1とL2、キャパシタンスCにはエネルギの蓄積がない状態である。ここで、MOSFETの導通状態が判読しづらいので、導通していない場合はMOSFET上にハッチングをかける。

図6(b)は、Mode1の回路状態を示す。Mode1からMOSFET②を導通状態にする。この時MOSFET①はOFF状態のままである。MOSFET②は点弧（導通）状態となっているので、閉回路（B2 ⇒ MOSFET② ⇒ L2 ⇒ B2）ができコイルL2はバッテリB2により図示の白抜きの矢印の方向に電流が流れ充電される。コイルL2は図示の黒矢印の方向に誘導起電力（L2=B2）が発生する。

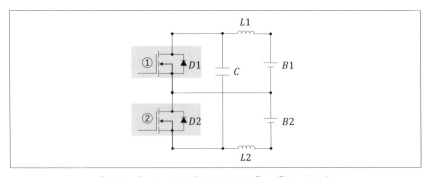

〔図6(a)〕Mode0（MOSFET①、②はOFF）

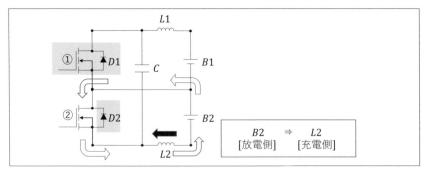

〔図6(b)〕Mode1（MOSFET①はOFF、②はON）

図6(c)は、Mode2の回路状態を示す。MOSFET②を消弧して非導通状態にする。引き続きMOSFET①はOFF状態のままである。MOSFET②を消弧すると、コイルL2の誘導起電力は図示の黒矢印の方向へ変わる。

図6(d)は、Mode3の回路状態を示す。MOSFET①、②はOFF状態のままである。Mode3は、バッテリセルB2とコイルL2のエネルギをコンデンサCへ移動するモードである。コイルL2の誘導起電力とバッテリセルB2の起電力は合算され、コンデンサCを充電する。バッテリセルB2とコイルL2からの放電エネルギは、MOSFET①と逆並列に設けたダイオードD1を通り、閉回路（L2 ⇒ B2 ⇒ D1 ⇒ C ⇒ L2）を作ってコンデンサCを充電する。この動作によりコンデンサCは電圧（B2+L2［この時L2=B2］の電圧）が印加され充電されることになる。

図6(e)は、Mode4の回路状態を示す。MOSFET①がOFF状態のまま、

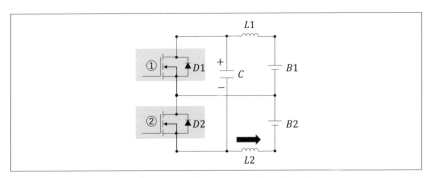

〔図6(c)〕Mode2（MOSFET①、②はOFF）

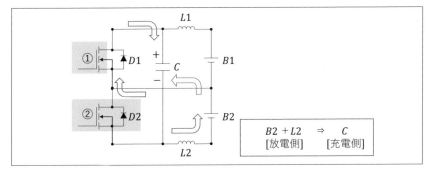

〔図6(d)〕Mode3（MOSFET①、②はOFF）

MOSFET②をON状態にする。Mode4は、コンデンサCを介してバッテリセルB2からバッテリセルB1を均等充電するモードである。コンデンサCは、バッテリセルB2の起電力とコイルL2の誘導起電力が合算された充電状態にある。この充電状態のコンデンサから電荷が放電され、閉回路（C ⇒ L1 ⇒ B1 ⇒ MOSFET② ⇒ C）を通り、バッテリセルB1とコイルL1を充電する。これは、コンデンサに蓄積されたバッテリセルB2とコイルL2の合計電圧によるエネルギが、バッテリセルB1とコイルL1を充電するという、バッテリセル間の均等充電が行われることを示す。コンデンサCに蓄積されたエネルギは電圧（B1+L1の電圧）と平衡するまで放電される。

　図6(f)は、Mode5の回路状態を示す。MOSFET①はOFF状態のまま、MOSFET②はON状態である。Mode5は、バッテリセルB2からコイル

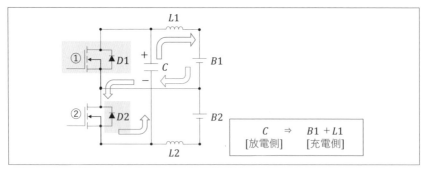

〔図6(e)〕Mode4（MOSFET①はOFF、MOSFET②はON）

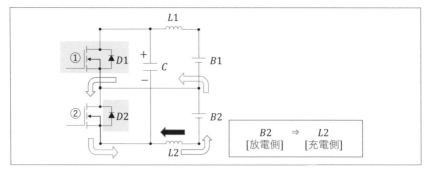

〔図6(f)〕Mode5（MOSFET①はOFF、MOSFET②はON）

L2を充電するモードである。MOSFET②は点弧（導通）状態となっているので、閉回路（B2 ⇒ MOSFET② ⇒ L2 ⇒ B2）ができ、コイルL2はバッテリB2により図示の白矢印の方向に電流が流れて充電される。コイルL2は、図示の黒矢印の方向に誘導起電力［L2=B2］が発生する。

　図6(g)は、Mode6の回路状態を示す。MOSFET①はOFF状態のまま、MOSFET②をOFF状態にする。Mode6は、MOSFET②をOFFすることにより、コイルL2で発生していた逆起電力の方向が反転し、エネルギを放出するように切り替わるモードである。コイルL2の誘導起電力は図示の黒矢印の方向へ変わる。

　図6(h)は、Mode7の回路状態を示す。MOSFET①、②ともOFF状態である。Mode7は、バッテリセルB2とコイルL2のエネルギをコンデンサCへ移動するモードである。Mode7は、コイルL2の誘導起電力と

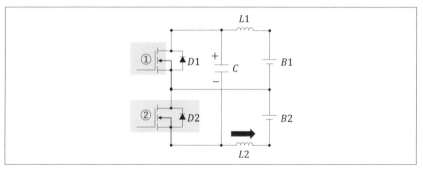

〔図6(g)〕Mode6（MOSFET①、②はOFF）

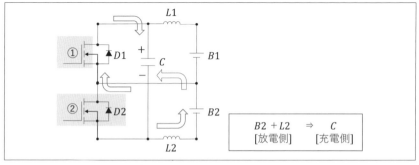

〔図6(h)〕Mode7（MOSFET①、②はOFF）

バッテリセル B2 の起電力は合算され、コンデンサ C を充電する。バッテリセル B2 とコイル L2 からの放電エネルギは、MOSFET ①と逆並列に設けたダイオード D1 を通り、閉回路（L2 ⇒ B2 ⇒ D1 ⇒ C ⇒ L2）を作ってコンデンサ C を充電する。この動作によりコンデンサ C は電圧（B2+L2［この時 L2=B2］の電圧）が印加され充電されることになる。

　図 6(i) は、Mode8 の回路状態を示す。MOSFET ①は点弧され ON 状態になり、MOSFET ②は OFF 状態のままである。Mode8 は、コンデンサ C に蓄積されていたエネルギがバッテリセル B2 とコイル L2 側へ放電される。同図の通り、コンデンサ C に蓄積されたエネルギは閉回路（C ⇒ MOSFET ① ⇒ B2 ⇒ L2 ⇒ C）を通り放電される。

　図 6(j) は、Mode9 の回路状態を示す。MOSFET ①は引き続き ON 状態で、MOSFET ②は OFF 状態のままである。Mode9 は、バッテリセル

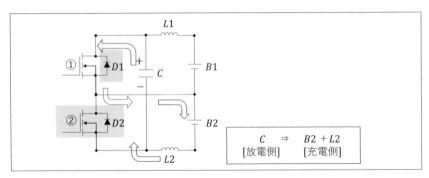

〔図 6(i)〕Mode8（MOSFET ①は ON、②は OFF）

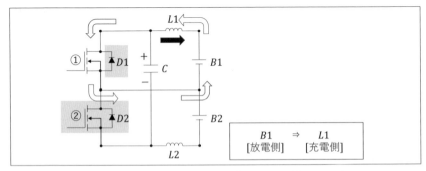

〔図 6(j)〕Mode9（MOSFET ①は ON、②は OFF）

B1からコイルL1へエネルギが蓄積されるモードである。MOSFET①は点弧（導通）状態となっているので、閉回路（B1 ⇒ L1 ⇒ MOSFET① ⇒ B1）ができコイルL1はバッテリB1により図示の白矢印の方向に電流が流れ充電される。コイルL1は図示の黒矢印の方向に誘導起電力［L1＝B1］が発生する。コンデンサCに蓄積されたエネルギはMode8で既に放電されているので、この閉回路は下段の回路と切り離された状態となる。

図6(k)は、Mode10の回路状態を示す。MOSFET①を消弧してOFF状態とし、MOSFET②は引き続きOFF状態のままである。MOSFET①を消弧すると、コイルL1の誘導起電力は図示の黒矢印の方向へ変わる。

図6(l)は、Mode11の回路状態を示す。MOSFET①、②ともOFF状態のままである。Mode11は、バッテリセルB1のエネルギをコンデン

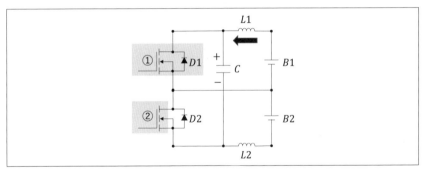

〔図6(k)〕Mode10（MOSFET①、②はOFF）

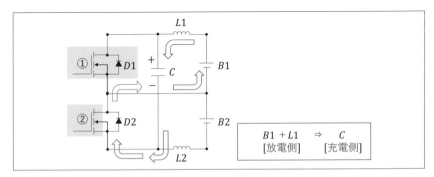

〔図6(l)〕Mode11（MOSFET①、②はOFF）

サCへ移し替えるモードである。コイルL1とバッテリセルB1のエネルギは閉回路（B1 ⇒ L1 ⇒ C ⇒ D2 ⇒ B1）を通りコンデンサCを充電する。この動作によりコンデンサCは電圧（B1+L1［この時L1=B1］の電圧）が印加され充電されることになる。

　図6(m)は、Mode12の回路状態を示す。MOSFET①を点弧してON状態にする。MOSFET②はOFF状態のままである。Mode12は、バッテリセルB1のエネルギについてコンデンサCを介してバッテリセルB2へ移し替えるモードである。コンデンサCに蓄積されたエネルギは電圧で表すとバッテリセルB1とコイルL1［この時L1=B1］の合計電圧の関係となる。コンデンサCのエネルギは閉回路（C ⇒ MOSFET① ⇒ B2 ⇒ L2 ⇒ C）を通りバッテリセルB2とコイルL2を充電する。これは、バッテリセルB1とコイルL1の合計電圧によるエネルギがバッテリセルB2とコイルL2を充電するという、バッテリセル間の均等充電が行われていることを示す。コンデンサCに蓄積されたエネルギは電圧（B2+L2の電圧）と平衡するまで放電される。

　図6(n)は、Mode13の回路状態を示す。MOSFET①はON状態で、MOSFET②はOFF状態のままである。Mode13は、バッテリセルB1のエネルギでコイルL1を充電するモードである。MOSFET①は点弧（導通）状態となっているので、閉回路（B1 ⇒ L1 ⇒ MOSFET① ⇒ B1）ができコイルL1はバッテリB1により図示の白矢印の方向に電流が流れ充電される。コイルL1は図示の黒矢印の方向に誘導起電力［L1=B1］が発生する。

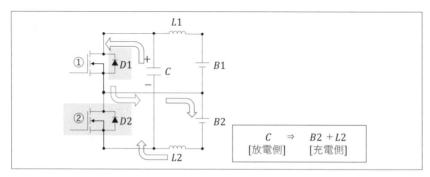

〔図6(m)〕Mode12（MOSFET①はON、②はOFF）

図6(o)は、Mode14の回路状態を示す。MOSFET①を消弧してOFF状態とし、MOSFET②は引き続きOFF状態のままである。MOSFET①を消弧すると、コイルL1の誘導起電力は図示の黒矢印の方向へ変わる。

図6(p)は、Mode15の回路状態を示す。MOSFET①、②ともOFF状態のままである。Mode15は、バッテリセルB1のエネルギをコンデンサCへ移し替えるモードである。コイルL1とバッテリセルB1のエネルギは閉回路（B1⇒L1⇒C⇒D2⇒B1）を通りコンデンサCを充電する。この動作によりコンデンサCは電圧（B1+L1［この時L1=B1］の電圧）が印加され充電されることになる。

図6(q)は、Mode16の回路状態を示す。MOSFET①はOFF状態のまま、MOSFET②はON状態にする。Mode16は、調整モードの位置付けであり、一連の均等充電サイクルの終了モードとなる。コンデンサCに蓄積さ

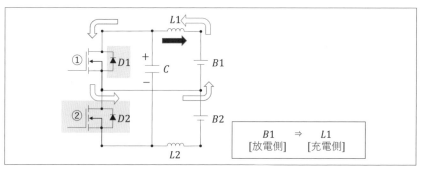

〔図6(n)〕Mode13（MOSFET①はON、②はOFF）

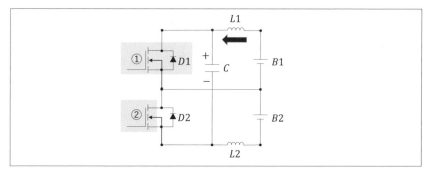

〔図6(o)〕Mode14（MOSFET①、②はOFF）

- 95 -

れたエネルギは閉回路（C ⇒ L1 ⇒ B1 ⇒ MOSFET ② ⇒ C）を通りバッテリセル B1 とコイル L1 を充電する。コンデンサ C に蓄積されたエネルギは電圧（B1+L1 の電圧）と平衡するまで放電される。

　以上で、インダクタンスとキャパシタンスを利用した2バッテリセル間のエネルギ移動基本回路による均等充電サイクルモードの1サイクル分が終了となる。コイルだけの回路へコンデンサを追加しただけで回路動作が大変複雑になることが理解できたものと考える。ここでは、基本回路の動きを説明したが、実際は複数バッテリセル間のエネルギ移動を行う必要がある。図4に示した複数バッテリセル間のエネルギ移動について動作確認するとより理解が深まるものと考える。なお、Mode16 から最初へ戻るサイクルは、Mode0 ではなくて Mode1 である。Mode16 で MOSFET ①が点弧している状態は、Mode1 の状態なのであり Mode0 ではない。

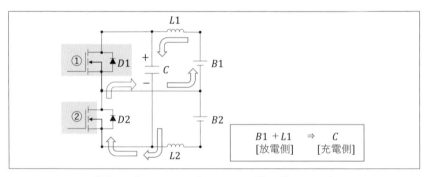

〔図6(p)〕Mode15（MOSFET ①、②は OFF）

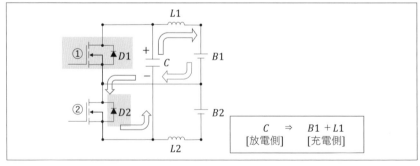

〔図6(q)〕Mode16（MOSFET ①は OFF、②は ON）

第2節　劣化バッテリの復活制御

　ハイブリッド電気自動車や電気自動車など、二次電池を搭載した車両が目覚ましい勢いで市場に浸透してきた。既に寿命を迎えた二次電池は、市場から回収されるべき状況にある。回収された二次電池は、電池セルの劣化レベルをチェックして、①クルマの動力源としての機能を満たすものは組み直して電池ボックスを構成し市場へ再投入されるもの、②クルマの動力源としての機能を満たせないものはクルマ以外のエネルギ源として有効活用を図ることができる。

　二次電池を搭載した車両の市場規模が小さかった状況では、上記の取り組みが可能であった。現在のように、二次電池を搭載したクルマの市場規模と化石燃料だけをエネルギ源とするクルマの市場規模が逆転しそうな状況では、上記の②で説明した市場へ再投入できないと判別された電池は膨大な数となる。残存寿命が少なく選別に手間がかかり、クルマ以外のエネルギ源として活用する市場ルートも整備されていないため、実質は廃棄して材料リサイクルするに止まる。クルマの動力源としての機能を満たさないと判別された電池は、再投入可能な良品として、クルマ以外のエネルギ源として利用可能な電池は使途変更の良品として、劣化電池を復活制御により再生させる取り組みは、社会資本を有効活用する道を開くことに繋がる。

　日本市場で普及しているハイブリッド車に搭載の二次電池は、ニッケル水素バッテリ（Ni-MH）とリチウムイオンバッテリ（Li-ion) である。二次電池の中でリチウムイオンバッテリは、発煙発火の危険性を内在しているため、セル毎のコントロールが必要となる。ニッケル水素バッテリは、リチウムイオンバッテリのような発煙発火の危険性はなく、劣化特性も素直であり、セル毎のコントロールまでは必要ない。複数の単セルを接続してモジュール構成のバッテリを作り、モジュール単位でバッテリコントロールを行う方法が取られ、コスト的に見ても適切と考えられている。充放電のエネルギサイクルが進むと、ニッケル水素バッテリと雖もセル毎の特性に差異が見られるようになる。バッテリセル毎のコントロール機能を持たないニッケル水素バッテリは、モジュールを構成

◯第4章　バッテリマネジメント制御

するセルが1セルでも不良になると、バッテリチェックの警報が出され、
クルマは運用停止となる。バッテリボックスの中を開けて不良セルがあ
るモジュールを特定して交換できる場合は、自動車ディーラーの整備作業
として限定される。開けられない場合は、バッテリボックスごと不良品
扱いとなり市場から戻されるが、クルマ以外のエネルギ源として活用さ
れることなく、廃棄して材料リサイクルされるに止まる。再生利用のポ
テンシャルが残っているバッテリは、セルコントロールのあるリチウム
イオンバッテリよりは、セルコントロールのないニッケル水素バッテリ
であるといえる。

1. ニッケル水素バッテリの
　モジュール内セル間ばらつきを解消する

　ニッケル水素バッテリのモジュールを見ると、単セル6個を直列に溶
接した構成で、クルマにおけるバッテリ制御もこのモジュール単位で
行っている。溶接されたセルを解体してチェックし組み直すことは現実
的ではなく、市場から回収されてきてもモジュール単位での劣化診断が
基本となる。クルマ1台分では、20本から40本のモジュール（電池セ
ルとしては、120個から240個）となる。ニッケル水素バッテリ出荷時は、
バッテリ特性が揃っている単セル6個を選別し、これらを直列に溶接し
てモジュール単位とし、モジュール単位で出荷チェックをする。ニッケ
ル水素バッテリを回収して劣化診断後に再利用する場合もモジュール単
位のまま劣化診断する。セル単位でバラついているバッテリ特性を揃え
て再利用することは、バッテリモジュールのレイアウトから見て非常に
ハードルが高い。ニッケル水素バッテリは、単セルバッテリで見るとサ
イクル経過にしたがい電解液の溶液抵抗のみが上昇し、電極の電荷移動
抵抗の上昇は殆ど見られない。非常に素直な劣化特性を持つ。この溶液
抵抗の上昇は、電極に添加してある固着剤が電解液へ少しずつ溶出する
ことが原因である。正極と負極の間を仕切るイオンセパレータへ電極添
加剤がトラップされていることがX線回折の画像データからも確認で
きている。ニッケル水素バッテリは素直な劣化特性のため、セル単位で
はなくモジュール単位の充放電管理システムを持つ。市場では外部環境

- 98 -

因子の影響が大きく、充放電を重ねるにしたがいバッテリモジュール内で生ずるセル間ばらつきは避けられないことが分かってきた。モジュール単位の充放電管理システムは、モジュールを構成するセル間のばらつきを解消させることができない。市場からの返却バッテリは、再利用する場合でも、モジュール単位でセル間ばらつきを解消させる必要がある。そこで、モジュールを解体することなく、簡単な充電装置をモジュールに接続することで、セル間ばらつきを解消させる均等充電するシステムを提案して説明する。

図1は、単セルにバラすことなくモジュールのままセル間のばらつきを解消するニッケル水素バッテリの均等充電回路を示す。バッテリモ

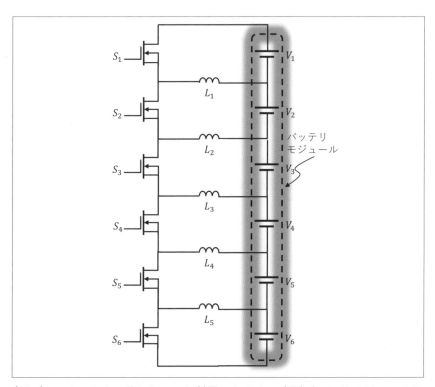

〔図1〕コイルのインダクタンスを利用した6セル直列バッテリモジュールの均等充電回路（$S_1 \sim S_6$：半導体スイッチング素子、$L_1 \sim L_5$：インダクタンス素子、$V_1 \sim V_6$：バッテリセル）

ジュールは６セル直列構成となっており、同図上へ当該部を点線でマークしている。ニッケル水素バッテリのエネルギ均等化は、コイルのインダクタンスを利用する。バッテリセルのエネルギをセル間に設けたコイルへ一時的に移動させてから、バッテリセルへ戻す操作を繰り返すことで均等化する方法を取る。コイルは各バッテリセル間に設けるレイアウトであるが、コイルを挟んだ両サイドのバッテリセル間に限定してバッテリエネルギを受け渡すわけではない。図１のとおりバッテリセルと同数の半導体スイッチング素子をコイル挟んで設けるシンプルなレイアウトではある。半導体スイッチング素子を制御するモードにより、複雑な動作を行うことができるようになっている。コイルはあるバッテリセルからエネルギの移動を受け、他のセルへエネルギを渡すだけではない。コイルは複数のバッテリセルからエネルギの移動を受け、エネルギの移動を受けたセルとは異なる複数のセルへエネルギを渡すことができる。言い換えると、コイルは複数のバッテリセルから充電され、充電に関与したセルとは異なるセルをコイルは充電することで均等充電を行うシステムとなる。

　バッテリモジュールは，不良品というジャッジを受けて，市場から戻ってきた既存の製品となる。現況有姿のモジュール構造のままセルを個別充電して復活させ，市場へ再投入できるようにするには，充電回路はできるだけシンプルで個別充電に必要な回路素子は少ない方が，追加コストを考えた場合の優位性は高い。また，制御は単純な方が好ましい。このためバッテリセルのエネルギを受け渡す回路素子はインダクタンス素子のみとし，キャパシタンス素子などは回路から除いた。スイッチング素子はバッテリセルの個数分必要となるが，スイッチング自体は単純な動作で済ませられるようにした。動作をしないスイッチング素子を設け，動作をしないスイッチング素子を順次切り替えることで，コイルは複数のバッテリセルから充電されるようにし，反対にコイルがバッテリセルを充電する場合には，コイルの充電に関与したセルとは異なるセルを充電するという均等充電方法を取ることにした。バッテリセルとコイル間のエネルギの受け渡しは，スイッチング素子を導通させて行う。はじめに，一つだけ導通させないスイッチング素子を指定し残りの素子は導通させ，次に導通させないスイッチング素子と導通させる素子を順次切り

替えることで、一連のスイッチング素子の切り替えを動作モードとして
設定した。このスイッチング素子のサイクリックな切り替え動作を通し
て、連続的にバッテリセルとコイル間で異なるエネルギの受け渡しがで
きるようにした。

　図2は、6セル直列バッテリモジュール均等充電回路の動作説明をす
るにあたり、準備モードに当たるMode0でのバッテリセルからコイル
へ印加される電圧状態を示す。最初、半導体スイッチング素子（S_1～
S_6）は全てOFFにあり、コイルにはエネルギが溜まっていない状態から
動作をスタートさせる。半導体スイッチング素子S_6を除き、S_1～S_5は
全てONにする。各コイルには図2(a)に示した誘起電圧が発生する。コ
イルL_1には、バッテリセルV_1から半導体スイッチング素子S_1、コイル
L_1、バッテリセルV_1へ至る閉回路が形成され電流I_{L1}が流れて、図2(b)
で示した方向へ逆起電力V_1が発生する。コイルL_2には、バッテリセル
V_1、V_2から半導体スイッチング素子S_1、S_2、コイルL_2、バッテリセル
V_1、V_2へ至る閉回路が形成され電流I_{L2}が流れて、図2(c)で示した方向
へ逆起電力V_1+V_2が発生する。コイルL_3には、バッテリセルV_1、V_2、
V_3から半導体スイッチング素子S_1、S_2、S_3、コイルL_3、バッテリセル
V_1、V_2、V_3へ至る閉回路が形成され電流I_{L3}が流れて、図2(d)で示した
方向へ逆起電力$V_1+V_2+V_3$が発生する。コイルL_4には、バッテリセル
V_1、V_2、V_3、V_4から半導体スイッチング素子S_1、S_2、S_3、S_4、コイルL_4、
バッテリセルV_1、V_2、V_3、V_4へ至る閉回路が形成され電流I_{L4}が流れて、
図2(e)で示した方向へ逆起電力$V_1+V_2+V_3+V_4$が発生する。コイルL_5に
は、バッテリセルV_1、V_2、V_3、V_4、V_5から半導体スイッチング素子S_1、
S_2、S_3、S_4、S_5、コイルL_5、バッテリセルV_1、V_2、V_3、V_4、V_5へ至る閉
回路が形成され電流I_{L5}が流れて、図2(f)で示した方向へ逆起電力
$V_1+V_2+V_3+V_4+V_5$が発生する。以上が準備モードでのバッテリセルから
コイルへ印加された電圧によりコイルが誘起する逆起電力の状態とな
る。

　図3は、モジュール均等充電回路の次の動作であるMode1aでのコイ
ルがバッテリセルへ印加する電圧状態を示す。半導体スイッチング素子
S_1をOFF状態としその他の半導体スイッチング素子S_2～S_6は全てON
状態とする。各コイルには図3(a)に示した図2(a)とは逆方向への誘起

◎第4章 バッテリマネジメント制御

電圧が発生する。コイル L_1 からは図2(b)から反転した誘起電圧 V_1 により、バッテリセル V_2 から V_6 を充電する電流 I_{L1} が図3(b)で示した方向へ流れ、半導体スイッチング素子 S_6 から S_2 を経由してコイル L_1 へ至る

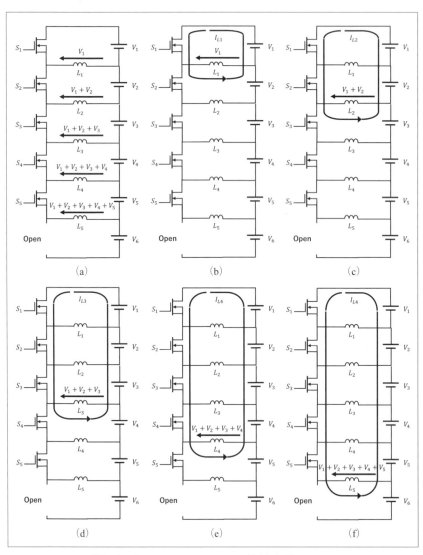

〔図2〕バッテリモジュールの均等充電 Mode0
（半導体スイッチ S_6 は OFF、その他は ON）

閉回路が形成される。コイルL_2からは図2(c)から反転した誘起電圧V_1+V_2により、バッテリセルV_3からV_6を充電する電流I_{L2}が図3(c)で示した方向へ流れ、半導体スイッチング素子S_6からS_3を経由してコイ

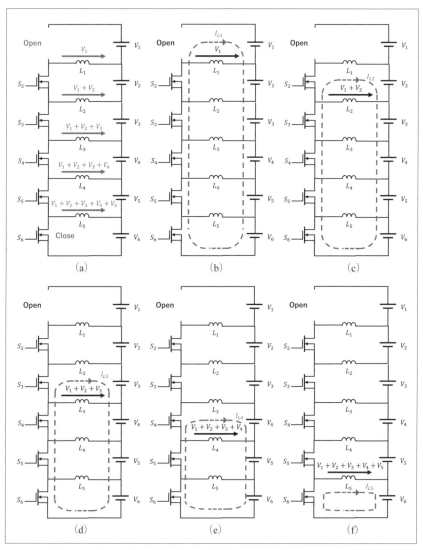

〔図3〕バッテリモジュールの均等充電 Mode1a
（半導体スイッチS_1は OFF、その他は ON）

◎第4章　バッテリマネジメント制御

ル L_2 へ至る閉回路が形成される。コイル L_3 からは図 2(d) から反転した
誘起電圧 $V_1+V_2+V_3$ により、バッテリセル V_4 から V_6 を充電する電流 I_{L3}
が図 3(d) で示した方向へ流れ、半導体スイッチング素子 S_6 から S_4 を経
由してコイル L_3 へ至る閉回路が形成される。コイル L_4 からは図 2(e) か
ら反転した誘起電圧 $V_1+V_2+V_3+V_4$ により、バッテリセル V_5 から V_6 を
充電する電流 I_{L4} が図 3(e) で示した方向へ流れ、半導体スイッチング素
子 S_6 から S_5 を経由してコイル L_4 へ至る閉回路が形成される。コイル L_5
からは図 2(f) から反転した誘起電圧 $V_1+V_2+V_3+V_4+V_5$ により、バッ
テリセル V_6 を充電する電流 I_{L5} が図 3(f) で示した方向へ流れ、半導体スイッ
チング素子 S_6 を経由してコイル L_5 へ至る閉回路が形成される。以上が
Modela での、図 2(a) に示したコイルへ印加された電圧が、図 3(a) に示
した反転したコイル電圧となり、バッテリセルが充電される回路の動作
となる。

　図 4 は、図 3(b) から図 3(f) で示した通り、コイルがバッテリセルを
充電するエネルギを吐き出し終えてから、バッテリセルがコイルを充電
する回路動作を示す。半導体スイッチング素子は、素子 S_1 は OFF 状態で、
その他の半導体スイッチング素子 S_2 ～ S_6 は全て ON 状態なので、引き
続き Modela と同じ動作状態となる。このため、同じモードと分類し
Modelb として末尾のアルファベットで Modela と区別した。図 4(a) は、
バッテリセルからコイルへ充電電流が流れることでコイル側に誘起され
る電圧の大きさと方向を示し、この状態が Modelb となる。

　コイル L_1 には、バッテリセル V_2 ～ V_6 からコイル L_1、半導体スイッチ
ング素子 S_2 ～ S_6、バッテリセル V_2 ～ V_6 へ至る閉回路が形成され、電流
$-I_{L1}$ が流れて、図 4(b) で示した方向へ逆起電力 $V_2+V_3+V_4+V_5+V_6$ が発
生する。ここで、電流をマイナスとしたのは、バッテリへ回生される電
流の方向をプラスとしたことによる。コイル L_2 には、バッテリセル V_3
～ V_6 からコイル L_2、半導体スイッチング素子 S_3 ～ S_6、バッテリセル V_3
～ V_6 へ至る閉回路が形成され、電流 $-I_{L2}$ が流れて、図 4(c) で示した方
向へ逆起電力 $V_3+V_4+V_5+V_6$ が発生する。コイル L_3 には、バッテリセル
V_4 ～ V_6 からコイル L_3、半導体スイッチング素子 S_4 ～ S_6、バッテリセル
V_4 ～ V_6 へ至る閉回路が形成され、電流 $-I_{L3}$ が流れて、図 4(d) で示した
方向へ逆起電力 $V_4+V_5+V_6$ が発生する。

コイル L_4 には、バッテリセル V_5〜V_6 からコイル L_4、半導体スイッチング素子 S_5〜S_6、バッテリセル V_5〜V_6 へ至る閉回路が形成され、電流 $-I_{L4}$ が流れて、図 4(e) で示した方向へ逆起電力 V_5+V_6 が発生する。コ

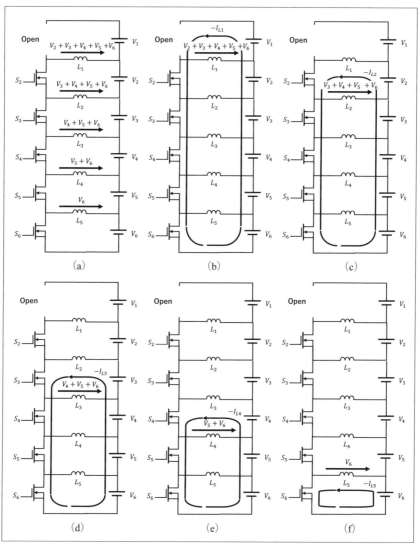

〔図 4〕バッテリモジュールの均等充電 Mode1b
（半導体スイッチ S_1 は OFF、その他は ON）

◯第4章 バッテリマネジメント制御

イル L_5 には、バッテリセル V_6 からコイル L_5、半導体スイッチング素子 S_6、バッテリセル V_6 へ至る閉回路が形成され、電流 $-I_{L5}$ が流れて、図4(f) で示した方向へ逆起電力 V_6 が発生する。以上が Mode1b でのバッテリセルからコイルへ印加された電圧によりコイルが誘起する逆起電力の状態となる。

　図5は、次の動作モードである Mode2a の説明図である。半導体スイッチング素子 S_1 は OFF から ON 状態へ、半導体スイッチング素子 S_2 は ON から OFF 状態へ、その他の半導体スイッチング素子 S_3〜S_6 は引き続き ON 状態とするモードである。図5(a) の通りコイル L_1 には図4(a) に示した方向とは逆方向の誘起電圧が発生する。コイル L_1 からは図示の誘起電圧 $V_2+V_3+V_4+V_5+V_6$ により、バッテリセル V_1 を充電する電流 I_{L1} が流れる。充電電流は、コイル L_1 →半導体スイッチング素子 S_1 →バッテリセル V_1 →コイル L_1 の閉回路を形成する。コイル L_2〜L_5 については、図4(a) で示したコイル電圧の方向と、図5(a) で示したコイル電圧の方向とに変化がないので、コイルからバッテリセルを充電する動作は行わ

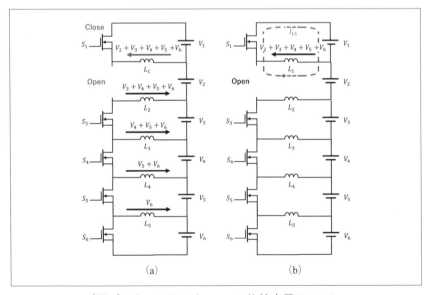

〔図5〕バッテリモジュールの均等充電 Mode2a
　　　（半導体スイッチ S_2 は OFF、その他は ON）

れない。

　図6は、次の動作モードであるMode2bの説明図である。図5(b)の通りコイルL_1がバッテリセルV_1を充電するエネルギを吐き出し終えてか

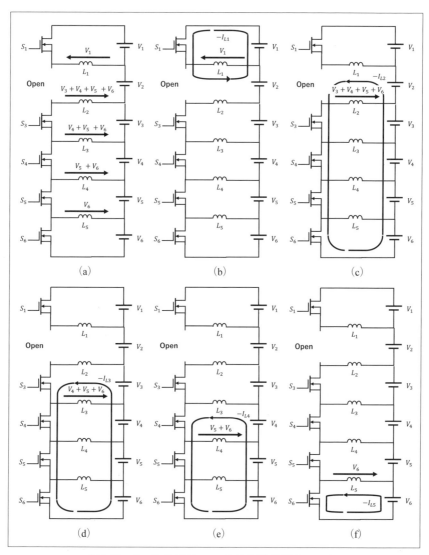

〔図6〕バッテリモジュールの均等充電Mode2b
（半導体スイッチS_2はOFF、その他はON）

◎第4章　バッテリマネジメント制御

らの回路動作を示す。半導体スイッチング素子は、引き続き Mode2a と同じ動作状態にある。図 6(a) の通りコイル L_1～L_6 に誘起電圧を発生する。図 6(b) はコイル L_1 の回路動作を示す。バッテリセル V_1 から充電電流 $-I_{L1}$ が流れる。充電電流は、バッテリセル V_1→半導体スイッチング素子 S_1→コイル L_1→バッテリセル V_1 の閉回路を形成する。コイル L_1 は逆起電力 V_1 を発生する。図 6(c) はコイル L_2 の回路動作を示す。バッテリセル V_3～V_6 から充電電流 $-I_{L2}$ が流れる。充電電流は、バッテリセル V_3～V_6→コイル L_2→半導体スイッチング素子 S_3～S_6→バッテリセル V_3～V_6 の閉回路を形成する。コイル L_2 は逆起電力 $V_3+V_4+V_5+V_6$ を発生する。図 6(d) はコイル L_3 の回路動作を示す。バッテリセル V_4～V_6 から充電電流 $-I_{L3}$ が流れる。充電電流は、バッテリセル V_4～V_6→コイル L_3→半導体スイッチング素子 S_4～S_6→バッテリセル V_4～V_6 の閉回路を形成する。コイル L_3 は逆起電力 $V_4+V_5+V_6$ を発生する。図 6(e) はコイル L_4 の回路動作を示す。バッテリセル V_5～V_6 から充電電流 $-I_{L4}$ が流れる。充電電流は、バッテリセル V_5～V_6→コイル L_4→半導体スイッチング素子 S_5～S_6→バッテリセル V_5～V_6 の閉回路を形成する。コイル L_4 は逆起電力 V_5+V_6 を発生する。図 6(f) はコイル L_5 の回路動作を示す。バッテリセル V_6 から充電電流 $-I_{L5}$ が流れる。充電電流は、バッテリセル V_6→コイル L_5→半導体スイッチング素子 S_6→バッテリセル V_6 の閉回路を形成する。コイル L_5 は逆起電力 V_6 を発生する。

　図 7 は、次の動作モードである Mode3a の説明図である。半導体スイッチング素子 S_2 は OFF から ON 状態へ、半導体スイッチング素子 S_3 は ON から OFF 状態へ、その他の半導体スイッチング素子 S_1 と S_4～S_6 は引き続き ON 状態とするモードである。図 7(a) の通りコイル L_2 には図 6(a) に示した方向とは逆方向の誘起電圧が発生する。コイル L_2 からは図示の誘起電圧 $V_3+V_4+V_5+V_6$ により、バッテリセル V_1～V_2 を充電する電流 I_{L2} が流れる。充電電流は、コイル L_2→半導体スイッチング素子 S_1～S_2→バッテリセル V_1～V_2→コイル L_2 の閉回路を形成する。コイル L_1 と L_3～L_5 については、図 6(a) で示したコイル電圧の方向と、図 7(a) で示したコイル電圧の方向とに変化がないので、コイルからバッテリセルを充電する動作は行われない。

　図 8 は、次の動作モードである Mode3b の説明図である。図 7(b) の通

－ 108 －

りコイル L_2 がバッテリセル $V_1 \sim V_2$ を充電するエネルギを吐き出し終えてからの回路動作を示す。半導体スイッチング素子は、引き続き Mode3a と同じ動作状態にある。図 8(a) の通りコイル $L_1 \sim L_6$ に誘起電圧を発生する。図 8(b) はコイル L_1 の回路動作を示す。バッテリセル V_1 から充電電流 $-I_{L1}$ が流れる。充電電流は、バッテリセル V_1 →半導体スイッチング素子 S_1 →コイル L_1 →バッテリセル V_1 の閉回路を形成する。コイル L_1 は逆起電力 V_1 を発生する。図 8(c) はコイル L_2 の回路動作を示す。バッテリセル $V_1 \sim V_2$ から充電電流 $-I_{L2}$ が流れる。充電電流は、バッテリセル $V_1 \sim V_2$ →半導体スイッチング素子 $S_1 \sim S_2$ →コイル L_2 →バッテリセル $V_1 \sim V_2$ の閉回路を形成する。コイル L_2 は逆起電力 V_1+V_2 を発生する。

図 8(d) はコイル L_3 の回路動作を示す。バッテリセル $V_4 \sim V_6$ から充電電流 $-I_{L3}$ が流れる。充電電流は、バッテリセル $V_4 \sim V_6$ →コイル L_3 →半導体スイッチング素子 $S_4 \sim S_6$ →バッテリセル $V_4 \sim V_6$ の閉回路を形成する。コイル L_3 は逆起電力 $V_4+V_5+V_6$ を発生する。図 8(e) はコイル L_4

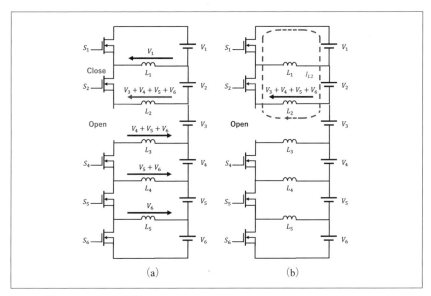

〔図7〕バッテリモジュールの均等充電 Mode3a
（半導体スイッチ S_3 は OFF、その他は ON）

○第4章 バッテリマネジメント制御

の回路動作を示す。バッテリセル $V_5 \sim V_6$ から充電電流 $-I_{L4}$ が流れる。充電電流は、バッテリセル $V_5 \sim V_6$ →コイル L_4 →半導体スイッチング素子 $S_5 \sim S_6$ →バッテリセル $V_5 \sim V_6$ の閉回路を形成する。コイル L_4 は逆

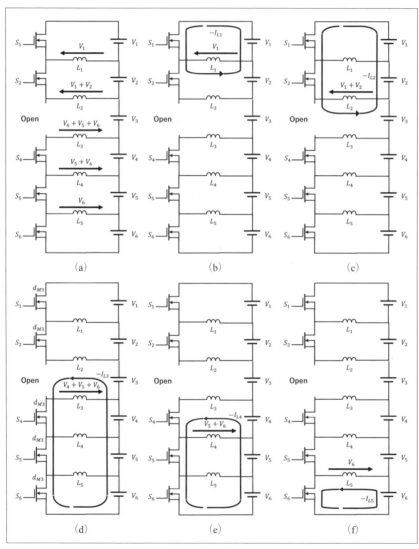

〔図8〕バッテリモジュールの均等充電 Mode3b
（半導体スイッチ S_3 は OFF、その他は ON）

起電力 V_5+V_6 を発生する。図8(f) はコイル L_5 の回路動作を示す。バッテリセル V_6 から充電電流 $-I_{L5}$ が流れる。充電電流は、バッテリセル V_6 →コイル L_5 →半導体スイッチング素子 S_6 →バッテリセル V_6 の閉回路を形成する。コイル L_5 は逆起電力 V_6 を発生する。

図9は、次の動作モードである Mode4a の説明図である。半導体スイッチング素子 S_3 は OFF から ON 状態へ、半導体スイッチング素子 S_4 は ON から OFF 状態へ、その他の半導体スイッチング素子 S_1〜S_2 と S_5〜S_6 は引き続き ON 状態とするモードである。図9(a) の通りコイル L_3 には図8(a) に示した方向とは逆方向の誘起電圧が発生する。コイル L_3 からは図示の誘起電圧 $V_4+V_5+V_6$ により、バッテリセル V_1〜V_3 を充電する電流 I_{L3} が流れる。充電電流は、コイル L_3 →半導体スイッチング素子 S_1〜S_3 →バッテリセル V_1〜V_3 →コイル L_3 の閉回路を形成する。コイル L_1〜L_2 と L_4〜L_5 については、図8(a) で示したコイル電圧の方向と、図9(a) で示したコイル電圧の方向とに変化がないので、コイルからバッテリセルを充電する動作は行われない。

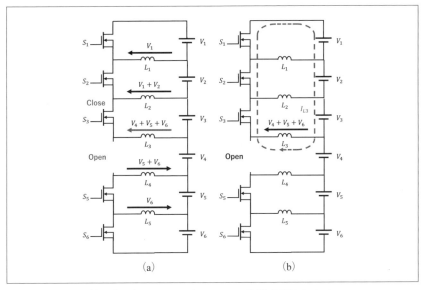

〔図9〕バッテリモジュールの均等充電 Mode4a
　　　（半導体スイッチ S_4 は OFF、その他は ON）

◯第4章　バッテリマネジメント制御

　図10は、次の動作モードであるMode4bの説明図である。図9(b)の通りコイルL_3がバッテリセル$V_1 \sim V_3$を充電するエネルギを吐き出し終えてからの回路動作を示す。半導体スイッチング素子は、引き続き

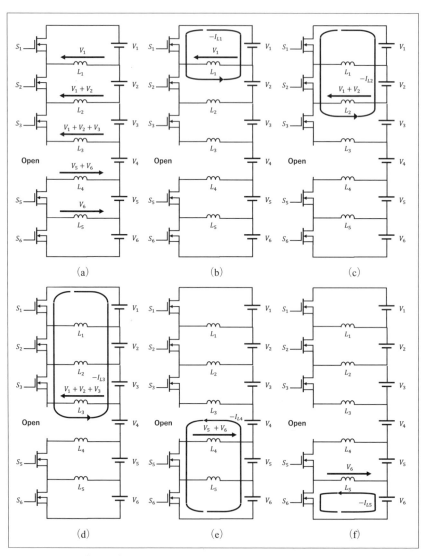

〔図10〕バッテリモジュールの均等充電Mode4b
（半導体スイッチS_4はOFF、その他はON）

Mode4a と同じ動作状態にある。図 10(a) の通りコイル $L_1 \sim L_6$ に誘起電圧を発生する。図 10(b) はコイル L_1 の回路動作を示す。バッテリセル V_1 から充電電流 $-I_{L1}$ が流れる。充電電流は、バッテリセル $V_1 \rightarrow$ 半導体スイッチング素子 $S_1 \rightarrow$ コイル $L_1 \rightarrow$ バッテリセル V_1 の閉回路を形成する。コイル L_1 は逆起電力 V_1 を発生する。図 10(c) はコイル L_2 の回路動作を示す。バッテリセル $V_1 \sim V_2$ から充電電流 $-I_{L2}$ が流れる。充電電流は、バッテリセル $V_1 \sim V_2 \rightarrow$ 半導体スイッチング素子 $S_1 \sim S_2 \rightarrow$ コイル $L_2 \rightarrow$ バッテリセル $V_1 \sim V_2$ の閉回路を形成する。コイル L_2 は逆起電力 V_1+V_2 を発生する。

図 10(d) はコイル L_3 の回路動作を示す。バッテリセル $V_1 \sim V_3$ から充電電流 $-I_{L3}$ が流れる。充電電流は、バッテリセル $V_1 \sim V_3 \rightarrow$ 半導体スイッチング素子 $S_1 \sim S_3 \rightarrow$ コイル $L_3 \rightarrow$ バッテリセル $V_1 \sim V_3$ の閉回路を形成する。コイル L_3 は逆起電力 $V_1+V_2+V_3$ を発生する。図 10(e) はコイル L_4 の回路動作を示す。バッテリセル $V_5 \sim V_6$ から充電電流 $-I_{L4}$ が流れる。充電電流は、バッテリセル $V_5 \sim V_6 \rightarrow$ コイル $L_4 \rightarrow$ 半導体スイッチング素子 $S_5 \sim S_6 \rightarrow$ バッテリセル $V_5 \sim V_6$ の閉回路を形成する。コイル L_4 は逆起電力 V_5+V_6 を発生する。図 10(f) はコイル L_5 の回路動作を示す。バッテリセル V_6 から充電電流 $-I_{L5}$ が流れる。充電電流は、バッテリセル $V_6 \rightarrow$ コイル $L_5 \rightarrow$ 半導体スイッチング素子 $S_6 \rightarrow$ バッテリセル V_6 の閉回路を形成する。コイル L_5 は逆起電力 V_6 を発生する。

図 11 は、次の動作モードである Mode5a の説明図である。半導体スイッチング素子 S_4 は OFF から ON 状態へ、半導体スイッチング素子 S_5 は ON から OFF 状態へ、その他の半導体スイッチング素子 $S_1 \sim S_3$ と S_6 は引き続き ON 状態とするモードである。図 11(a) の通りコイル L_4 には図 10(a) に示した方向とは逆方向の誘起電圧が発生する。コイル L_4 からは図示の誘起電圧 V_5+V_6 により、バッテリセル $V_1 \sim V_4$ を充電する電流 I_{L4} が流れる。充電電流は、コイル $L_4 \rightarrow$ 半導体スイッチング素子 $S_1 \sim S_4 \rightarrow$ バッテリセル $V_1 \sim V_4 \rightarrow$ コイル L_4 の閉回路を形成する。コイル $L_1 \sim L_3$ と L_5 については、図 10(a) で示したコイル電圧の方向と、図 11(a) で示したコイル電圧の方向とに変化がないので、コイルからバッテリセルを充電する動作は行われない。

図 12 は、次の動作モードである Mode5b の説明図である。図 11(b) の

◎第4章 バッテリマネジメント制御

通りコイル L_4 がバッテリセル $V_1 \sim V_4$ を充電するエネルギを吐き出し終えてからの回路動作を示す。半導体スイッチング素子は、引き続き Mode5a と同じ動作状態にある。図 12(a) の通りコイル $L_1 \sim L_6$ に誘起電圧を発生する。図 12(b) はコイル L_1 の回路動作を示す。バッテリセル V_1 から充電電流 $-I_{L1}$ が流れる。充電電流は、バッテリセル V_1 →半導体スイッチング素子 S_1 →コイル L_1 →バッテリセル V_1 の閉回路を形成する。コイル L_1 は逆起電力 V_1 を発生する。図 12(c) はコイル L_2 の回路動作を示す。バッテリセル $V_1 \sim V_2$ から充電電流 $-I_{L2}$ が流れる。充電電流は、バッテリセル $V_1 \sim V_2$ →半導体スイッチング素子 $S_1 \sim S_2$ →コイル L_2 →バッテリセル $V_1 \sim V_2$ の閉回路を形成する。コイル L_2 は逆起電力 V_1+V_2 を発生する。

図 12(d) はコイル L_3 の回路動作を示す。バッテリセル $V_1 \sim V_3$ から充電電流 $-I_{L3}$ が流れる。充電電流は、バッテリセル $V_1 \sim V_3$ →半導体スイッチング素子 $S_1 \sim S_3$ →コイル L_3 →バッテリセル $V_1 \sim V_3$ の閉回路を形成する。コイル L_3 は逆起電力 $V_1+V_2+V_3$ を発生する。図 12(e) はコイル L_4

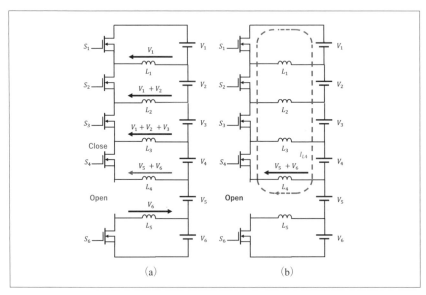

〔図 11〕バッテリモジュールの均等充電 Mode5a
（半導体スイッチ S_5 は OFF、その他は ON）

の回路動作を示す。バッテリセル $V_1 \sim V_4$ から充電電流 $-I_{L4}$ が流れる。充電電流は、バッテリセル $V_1 \sim V_4$ →半導体スイッチング素子 $S_1 \sim S_4$ →コイル L_4 →バッテリセル $V_1 \sim V_4$ の閉回路を形成する。コイル L_4 は逆

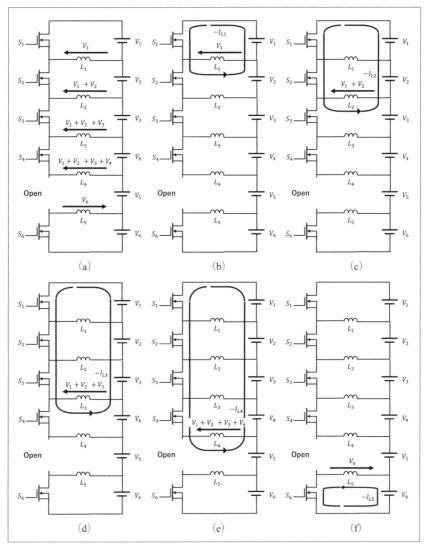

〔図12〕バッテリモジュールの均等充電 Mode5b
（半導体スイッチ S_5 は OFF、その他は ON）

◎第4章 バッテリマネジメント制御

起電力 $V_1+V_2+V_3+V_4$ を発生する。図12(f)はコイル L_5 の回路動作を示す。バッテリセル V_6 から充電電流 $-I_{L5}$ が流れる。充電電流は、バッテリセル V_6 →コイル L_5 →半導体スイッチング素子 S_6 →バッテリセル V_6 の閉回路を形成する。コイル L_5 は逆起電力 V_6 を発生する。

図13は、次の動作モードであるMode6aの説明図である。半導体スイッチング素子 S_5 はOFFからON状態へ、半導体スイッチング素子 S_6 はONからOFF状態へ、その他の半導体スイッチング素子 S_1〜S_4 は引き続きON状態とするモードである。図13(a)の通りコイル L_5 には図12(a)に示した方向とは逆方向の誘起電圧が発生する。コイル L_5 からは図示の誘起電圧 V_6 により、バッテリセル V_1〜V_5 を充電する電流 I_{L5} が流れる。充電電流は、コイル L_5 →半導体スイッチング素子 S_1〜S_5 →バッテリセル V_1〜V_5 →コイル L_5 の閉回路を形成する。コイル L_1〜L_4 については、図12(a)で示したコイル電圧の方向と、図13(a)で示したコイル電圧の方向とに変化がないので、コイルからバッテリセルを充電する動作は行われない。

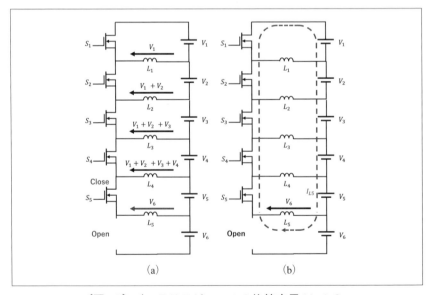

〔図13〕バッテリモジュールの均等充電Mode6a
（半導体スイッチ S_6 はOFF、その他はON）

図14は、次の動作モードであるMode6bの説明図である。図13(b)の通りコイルL_5がバッテリセル$V_1 \sim V_5$を充電するエネルギを吐き出し終えてからの回路動作を示す。半導体スイッチング素子は、引き続き

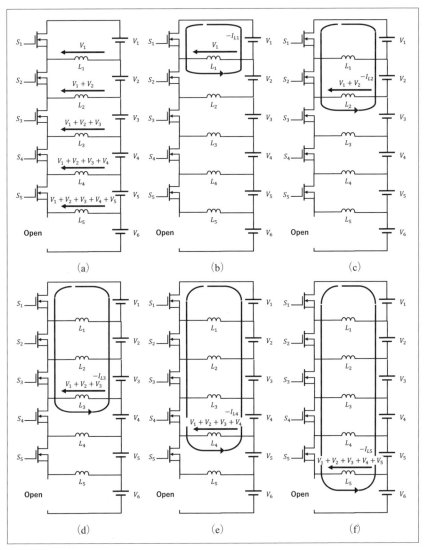

〔図14〕バッテリモジュールの均等充電 Mode6b
（半導体スイッチS_6はOFF、その他はON）

Mode6a と同じ動作状態にある。図 14(a) の通りコイル L_1〜L_6 に誘起電圧を発生する。図 14(b) はコイル L_1 の回路動作を示す。バッテリセル V_1 から充電電流 $-I_{L1}$ が流れる。充電電流は、バッテリセル V_1 →半導体スイッチング素子 S_1 →コイル L_1 →バッテリセル V_1 の閉回路を形成する。コイル L_1 は逆起電力 V_1 を発生する。図 14(c) はコイル L_2 の回路動作を示す。バッテリセル V_1〜V_2 から充電電流 $-I_{L2}$ が流れる。充電電流は、バッテリセル V_1〜V_2 →半導体スイッチング素子 S_1〜S_2 →コイル L_2 →バッテリセル V_1〜V_2 の閉回路を形成する。コイル L_2 は逆起電力 V_1+V_2 を発生する。

図 14(d) はコイル L_3 の回路動作を示す。バッテリセル V_1〜V_3 から充電電流 $-I_{L3}$ が流れる。充電電流は、バッテリセル V_1〜V_3 →半導体スイッチング素子 S_1〜S_3 →コイル L_3 →バッテリセル V_1〜V_3 の閉回路を形成する。コイル L_3 は逆起電力 $V_1+V_2+V_3$ を発生する。図 14(e) はコイル L_4 の回路動作を示す。バッテリセル V_1〜V_4 から充電電流 $-I_{L4}$ が流れる。充電電流は、バッテリセル V_1〜V_4 →半導体スイッチング素子 S_1〜S_4 →コイル L_4 →バッテリセル V_1〜V_4 の閉回路を形成する。コイル L_4 は逆起電力 $V_1+V_2+V_3+V_4$ を発生する。図14(f) はコイル L_5 の回路動作を示す。バッテリセル V_1〜V_5 から充電電流 $-I_{L5}$ が流れる。充電電流は、バッテリセル V_1〜V_5 →半導体スイッチング素子 S_1〜S_5 →コイル L_5 →バッテリセル V_1〜V_5 の閉回路を形成する。コイル L_5 は逆起電力 $V_1+V_2+V_3+V_4+V_5$ を発生する。

図 1 で示したバッテリモジュールについて、図 2 から図 14 で動作モード別（Mode1〜Mode6）で表したバッテリセル（V_1〜V_6）からコイル（L_1〜L_5）へ印加される電圧と、コイルが誘起する電圧でバッテリセルを回生充電する関係を表 1 にまとめた。

表 2 は、表 1 でモード別に示したバッテリセル（V_1〜V_6）とコイル（L_1〜L_5）の関係について、全モードとしてまとめ、1 サイクルの均等化充電モードとしてまとめたものである。セル間バラつきを解消するには均等化充電モードを繰り返すことになるが、繰り返すにしたがいセル間バラつきが収束していくことになる。

- 118 -

〔表1〕モード別に表したバッテリセルからコイルへ印加される電圧とコイルが誘起する電圧でバッテリセルを回生充電する関係

		V_1	V_2	V_3	V_4	V_5	V_6
Mode1	L_1		$\dfrac{V_1}{(5)}$	$\dfrac{V_1}{(5)}$	$\dfrac{V_1}{(5)}$	$\dfrac{V_1}{(5)}$	$\dfrac{V_1}{(5)}$
	L_2			$\dfrac{1}{(4)}\displaystyle\sum_{n=1}^{2}V_n$	$\dfrac{1}{(4)}\displaystyle\sum_{n=1}^{2}V_n$	$\dfrac{1}{(4)}\displaystyle\sum_{n=1}^{2}V_n$	$\dfrac{1}{(4)}\displaystyle\sum_{n=1}^{2}V_n$
	L_3				$\dfrac{1}{(3)}\displaystyle\sum_{n=1}^{3}V_n$	$\dfrac{1}{(3)}\displaystyle\sum_{n=1}^{3}V_n$	$\dfrac{1}{(3)}\displaystyle\sum_{n=1}^{3}V_n$
	L_4					$\dfrac{1}{(2)}\displaystyle\sum_{n=1}^{4}V_n$	$\dfrac{1}{(2)}\displaystyle\sum_{n=1}^{4}V_n$
	L_5						$\displaystyle\sum_{n=1}^{5}V_n$
Mode2	L_1	$\displaystyle\sum_{n=2}^{6}V_n$					
Mode3	L_2	$\dfrac{1}{(2)}\displaystyle\sum_{n=3}^{6}V_n$	$\dfrac{1}{(2)}\displaystyle\sum_{n=3}^{6}V_n$				
Mode4	L_3	$\dfrac{1}{(3)}\displaystyle\sum_{n=4}^{6}V_n$	$\dfrac{1}{(3)}\displaystyle\sum_{n=4}^{6}V_n$	$\dfrac{1}{(3)}\displaystyle\sum_{n=4}^{6}V_n$			
Mode5	L_4	$\dfrac{1}{(4)}\displaystyle\sum_{n=5}^{6}V_n$	$\dfrac{1}{(4)}\displaystyle\sum_{n=5}^{6}V_n$	$\dfrac{1}{(4)}\displaystyle\sum_{n=5}^{6}V_n$	$\dfrac{1}{(4)}\displaystyle\sum_{n=5}^{6}V_n$		
Mode6	L_5	$\dfrac{V_6}{(5)}$	$\dfrac{V_6}{(5)}$	$\dfrac{V_6}{(5)}$	$\dfrac{V_6}{(5)}$	$\dfrac{V_6}{(5)}$	

〔表2〕全モードをまとめたバッテリセルからコイルへ印加される電圧とコイルが誘起する電圧でバッテリセルを回生充電する関係

		V_1	V_2	V_3	V_4	V_5	V_6
Mode1〜Mode6	L_1	$\displaystyle\sum_{n=2}^{6}V_n$	$\dfrac{V_1}{(5)}$	$\dfrac{V_1}{(5)}$	$\dfrac{V_1}{(5)}$	$\dfrac{V_1}{(5)}$	$\dfrac{V_1}{(5)}$
	L_2	$\dfrac{1}{(2)}\displaystyle\sum_{n=3}^{6}V_n$	$\dfrac{1}{(2)}\displaystyle\sum_{n=3}^{6}V_n$	$\dfrac{1}{(4)}\displaystyle\sum_{n=1}^{2}V_n$	$\dfrac{1}{(4)}\displaystyle\sum_{n=1}^{2}V_n$	$\dfrac{1}{(4)}\displaystyle\sum_{n=1}^{2}V_n$	$\dfrac{1}{(4)}\displaystyle\sum_{n=1}^{2}V_n$
	L_3	$\dfrac{1}{(3)}\displaystyle\sum_{n=4}^{6}V_n$	$\dfrac{1}{(3)}\displaystyle\sum_{n=4}^{6}V_n$	$\dfrac{1}{(3)}\displaystyle\sum_{n=4}^{6}V_n$	$\dfrac{1}{(3)}\displaystyle\sum_{n=1}^{3}V_n$	$\dfrac{1}{(3)}\displaystyle\sum_{n=1}^{3}V_n$	$\dfrac{1}{(3)}\displaystyle\sum_{n=1}^{3}V_n$
	L_4	$\dfrac{1}{(4)}\displaystyle\sum_{n=5}^{6}V_n$	$\dfrac{1}{(4)}\displaystyle\sum_{n=5}^{6}V_n$	$\dfrac{1}{(4)}\displaystyle\sum_{n=5}^{6}V_n$	$\dfrac{1}{(4)}\displaystyle\sum_{n=5}^{6}V_n$	$\dfrac{1}{(2)}\displaystyle\sum_{n=1}^{4}V_n$	$\dfrac{1}{(2)}\displaystyle\sum_{n=1}^{4}V_n$
	L_5	$\dfrac{V_6}{(5)}$	$\dfrac{V_6}{(5)}$	$\dfrac{V_6}{(5)}$	$\dfrac{V_6}{(5)}$	$\dfrac{V_6}{(5)}$	$\displaystyle\sum_{n=1}^{5}V_n$

2. リチウムイオンバッテリのセル間ばらつきを解消する

　ハイブリッド自動車や電気自動車でリチウムイオン電池を用いたエネルギ・マネジメントを考えると、既に取り組まれ実用化されている技術は多く存在する。自動車は、同じ交通物流機械に属する船舶や航空機と違い、1台当たりにかけられるコスト面で厳しい制限が存在する。エネルギ・マネジメントを考えた場合、優れた技術であっても、従来のシステムに対して大幅なコスト上昇が認められる場合は、残念ながら実用化を見合わせざるを得なくなる。ある意味、自動車技術者は、実用化の側面で考えた場合、コストから見て目途が立ちそうにない技術は、最初から取り組むことを断念する。実用化が難しい技術は、技術動向は注目するものの、時間をかけて検討するような関わり方はしない。本節で取り上げるのは、リチウムイオン電池のセル間ばらつきを解消するシステムである。リチウムイオン電池は各セルにセルコントロール機能が搭載されているため、セル間ばらつきが発生しても、セル毎にエネルギを放電させて均等化レベルに引き下げる方法が一般的である。エネルギ過剰のセルからはエネルギを捨て去ることになるが、システムコスト面で考えた場合、この方法が正解となる。エネルギ過剰のセルからのエネルギを捨て去るのではなく、エネルギが不足しているセルを充電するために使うことも考えられるが、ハードウエアのコスト面でのハードルがある。進め方としては、エネルギを移動させるシステムの考え方やシステム構成を含め、これらを特許化する程度に留まっているように見える。本節では、システムコスト面で十分な実用化の目途が立っていないため、自動車技術者が検討に時間を取ることができないリチウムイオン電池のセル間ばらつきを解消するシステムを取り上げて、システム解析を行った。システム解析結果を用いて簡単なシミュレーションを行い、解析結果の妥当性を確認した。解析にはシステム変数を状態変数化して、解析解の一般性を担保できるようにした。ここでは、簡単な解析例として3セル間でのばらつき解消の解析を行ったが、さらに多数のセル間でのばらつき解消問題への足掛かりになるものと考える。

2.1 リチウムイオンバッテリの3セル間ばらつき

　図15は、リチウムイオン電池のセル間ばらつき発生と解消イメージを示す。電池のセル間ばらつきの発生状態を左図に、解消状態を右図に示す。

　同図の上段は、2セルの場合のセル間ばらつき発生と解消イメージを示す。2セルの場合は、お互いのエネルギを移動させて均等化するので、2セルを単純につなげば均等化するであろうことは容易に想像できる。動力源として使う電池は、多数のセルを直列に接続するレイアウトになるので、多数のセルでのエネルギ移動が必要となる。そこで、図15の下段に示した3セルの場合を取り上げて、3セル間のエネルギ移動が、初期エネルギ（充電）がどのような状態であっても、均等化するのかどうかを、理論上確認する。

2.2 3セル間ばらつき解消の一般解析

　図16は、3セル間でのばらつきの解消を解析するための均等化充電回路を示す。各セルは、外部電源から（図16では太陽電池などを想定している）個別に充電エネルギを貰っている状態で、3セルを均等化するために並列接続した状態の回路図である。

　電池の各セルの電圧は、$v_1(t)$ から $v_3(t)$ で示す。外部の定電流電源（太

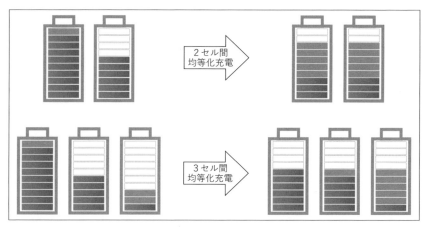

〔図15〕リチウムイオン電池のセル間ばらつき発生と解消イメージ

陽電池は定電流源として扱う) から電池の各セルを充電する電流は、$i_1(t)$ から $i_3(t)$ で示す。均等化するために接続した場合の各セルの電圧の時間変化を考える。式 (1) は、セル電圧 $v_1(t)$ で示した上段セルの電圧変化である。ここで、α はセル電圧 $v_1(t)$ で示した上段セルの電圧変化に関する特性係数であり、k_{12} はセル電圧 $v_1(t)$ で示した上段セルとセル電圧 $v_2(t)$ で示した中段セル間の関係係数であり、両者間のインピーダンスに関係する。

$$\alpha \frac{dv_1(t)}{dt} = i_1(t) - k_{12}\{v_1(t) - v_2(t)\} \tag{1}$$

セル電圧 $v_2(t)$ で示した中段セルの電圧変化は式 (2) となる。ここで、β はセル電圧 $v_2(t)$ で示した中段セルの電圧変化に関する特性係数であり、k_{23} はセル電圧 $v_2(t)$ で示した中段セルとセル電圧 $v_3(t)$ で示した下段セル間の関係係数であり、両者間のインピーダンスに関係する。

$$\beta \frac{dv_2(t)}{dt} = i_2(t) + k_{12}\{v_1(t) - v_2(t)\} - k_{23}\{v_2(t) - v_3(t)\} \tag{2}$$

セル電圧 $v_3(t)$ で示した下段セルの電圧変化は式 (3) となる。ここで、γ

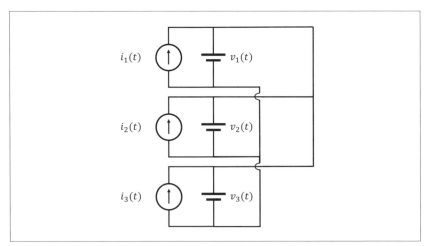

〔図16〕リチウムイオン電池の均等化 (3 セル均等化充電回路部)

はセル電圧 $v_3(t)$ で示した下段セルの電圧変化に関する特性係数である。

$$\gamma \frac{dv_3(t)}{dt} = i_3(t) + k_{23}\{v_2(t) - v_3(t)\} \tag{3}$$

一般に状態方程式は式 (4) の形となる。

$$\dot{x} = Ax + Bu \tag{4}$$

式 (3) から x は状態変数であり各セルの電圧に相当する。u はシステムへの入力であり各セルを充電する電流に相当する。これらの関係をまとめて示すと式 (5) の形となる。

$$x_1(t) = v_1(t), \quad x_2(t) = v_2(t), \quad x_3(t) = v_3(t)$$
$$u_1(t) = i_1(t), \quad u_2(t) = i_2(t), \quad u_3(t) = i_3(t) \tag{5}$$

式 (1) から (3) を式 (5) の関係を使って式 (4) で示した状態方程式の形に書換える。これらの関係をまとめて示すと式 (6) の形となる。

$$\frac{dx_1(t)}{dt} = -\frac{k_{12}}{\alpha}\{x_1(t) - x_2(t)\} + \frac{1}{\alpha}u_1(t)$$

$$\frac{dx_2(t)}{dt} = \frac{k_{12}}{\beta}\{x_1(t) - x_2(t)\} - \frac{k_{23}}{\beta}\{x_2(t) - x_3(t)\} + \frac{1}{\beta}u_2(t) \tag{6}$$

$$\frac{dx_3(t)}{dt} = \frac{k_{23}}{\gamma}\{x_2(t) - x_3(t)\} + \frac{1}{\gamma}u_3(t)$$

式 (6) は行列を使って書換えると式 (7) となる。

$$\begin{bmatrix} \dot{x}_1 \\ \dot{x}_2 \\ \dot{x}_3 \end{bmatrix} = \begin{bmatrix} -\dfrac{k_{12}}{\alpha} & \dfrac{k_{12}}{\alpha} & 0 \\ \dfrac{k_{12}}{\beta} & -\dfrac{k_{12}}{\beta} - \dfrac{k_{23}}{\beta} & \dfrac{k_{23}}{\beta} \\ 0 & \dfrac{k_{23}}{\gamma} & -\dfrac{k_{23}}{\gamma} \end{bmatrix} \begin{bmatrix} x_1 \\ x_2 \\ x_3 \end{bmatrix} + \begin{bmatrix} \dfrac{1}{\alpha} & 0 & 0 \\ 0 & \dfrac{1}{\beta} & 0 \\ 0 & 0 & \dfrac{1}{\gamma} \end{bmatrix} \begin{bmatrix} u_1 \\ u_2 \\ u_3 \end{bmatrix} \tag{7}$$

式 (7) を解いてみる。式 (7) をラプラス変換すると式 (8) となる。ここで、

◎第4章　バッテリマネジメント制御

$x_1(0)$ から $x_3(0)$ は各セル電圧の初期値となる。

$$
\begin{bmatrix} sX_1(s)-x_1(0) \\ sX_2(s)-x_2(0) \\ sX_3(s)-x_3(0) \end{bmatrix} = \begin{bmatrix} -\dfrac{k_{12}}{\alpha} & \dfrac{k_{12}}{\alpha} & 0 \\ \dfrac{k_{12}}{\beta} & -\dfrac{k_{12}}{\beta}-\dfrac{k_{23}}{\beta} & \dfrac{k_{23}}{\beta} \\ 0 & \dfrac{k_{23}}{\gamma} & -\dfrac{k_{23}}{\gamma} \end{bmatrix} \begin{bmatrix} X_1(s) \\ X_2(s) \\ X_3(s) \end{bmatrix} + \begin{bmatrix} \dfrac{1}{\alpha} & 0 & 0 \\ 0 & \dfrac{1}{\beta} & 0 \\ 0 & 0 & \dfrac{1}{\gamma} \end{bmatrix} \begin{bmatrix} U_1(s) \\ U_2(s) \\ U_3(s) \end{bmatrix}
$$

(8)

状態変数を左辺にまとめる。各セル電圧の初期値を右辺へ移項すると式 (9) となる。

$$
s\begin{bmatrix} X_1(s) \\ X_2(s) \\ X_3(s) \end{bmatrix} - \begin{bmatrix} -\dfrac{k_{12}}{\alpha} & \dfrac{k_{12}}{\alpha} & 0 \\ \dfrac{k_{12}}{\beta} & -\dfrac{k_{12}}{\beta}-\dfrac{k_{23}}{\beta} & \dfrac{k_{23}}{\beta} \\ 0 & \dfrac{k_{23}}{\gamma} & -\dfrac{k_{23}}{\gamma} \end{bmatrix} \begin{bmatrix} X_1(s) \\ X_2(s) \\ X_3(s) \end{bmatrix} = \begin{bmatrix} x_1(0) \\ x_2(0) \\ x_3(0) \end{bmatrix} + \begin{bmatrix} \dfrac{1}{\alpha} & 0 & 0 \\ 0 & \dfrac{1}{\beta} & 0 \\ 0 & 0 & \dfrac{1}{\gamma} \end{bmatrix} \begin{bmatrix} U_1(s) \\ U_2(s) \\ U_3(s) \end{bmatrix}
$$

(9)

ラプラス演算子を示す s の項はスカラー量ではなくベクトル量なので、式 (9) をベクトル量として書換えると式 (10) の形となる。

$$
\left\{ s\begin{bmatrix} 1 & 0 & 0 \\ 0 & 1 & 0 \\ 0 & 0 & 1 \end{bmatrix} - \begin{bmatrix} -\dfrac{k_{12}}{\alpha} & \dfrac{k_{12}}{\alpha} & 0 \\ \dfrac{k_{12}}{\beta} & -\dfrac{k_{12}}{\beta}-\dfrac{k_{23}}{\beta} & \dfrac{k_{23}}{\beta} \\ 0 & \dfrac{k_{23}}{\gamma} & -\dfrac{k_{23}}{\gamma} \end{bmatrix} \right\} \begin{bmatrix} X_1(s) \\ X_2(s) \\ X_3(s) \end{bmatrix} = \begin{bmatrix} x_1(0) \\ x_2(0) \\ x_3(0) \end{bmatrix} + \begin{bmatrix} \dfrac{1}{\alpha} & 0 & 0 \\ 0 & \dfrac{1}{\beta} & 0 \\ 0 & 0 & \dfrac{1}{\gamma} \end{bmatrix} \begin{bmatrix} U_1(s) \\ U_2(s) \\ U_3(s) \end{bmatrix}
$$

(10)

式 (10) の左辺を整理すると式 (11) の形となる。

$$
\begin{bmatrix}
s+\dfrac{k_{12}}{\alpha} & -\dfrac{k_{12}}{\alpha} & 0 \\[2mm]
-\dfrac{k_{12}}{\beta} & s+\dfrac{k_{12}}{\beta}+\dfrac{k_{23}}{\beta} & -\dfrac{k_{23}}{\beta} \\[2mm]
0 & -\dfrac{k_{23}}{\gamma} & s+\dfrac{k_{23}}{\gamma}
\end{bmatrix}
\begin{bmatrix} X_1(s) \\ X_2(s) \\ X_3(s) \end{bmatrix}
=
\begin{bmatrix} x_1(0) \\ x_2(0) \\ x_3(0) \end{bmatrix}
+
\begin{bmatrix}
\dfrac{1}{\alpha} & 0 & 0 \\[2mm]
0 & \dfrac{1}{\beta} & 0 \\[2mm]
0 & 0 & \dfrac{1}{\gamma}
\end{bmatrix}
\begin{bmatrix} U_1(s) \\ U_2(s) \\ U_3(s) \end{bmatrix}
$$

(11)

状態変数を求める。式 (11) の左辺において、状態変数 X にかかっている行列の逆行列を両辺にかけると式 (12) の形となる。

$$
\begin{bmatrix} X_1(s) \\ X_2(s) \\ X_3(s) \end{bmatrix}
=
\begin{bmatrix}
s+\dfrac{k_{12}}{\alpha} & -\dfrac{k_{12}}{\alpha} & 0 \\[2mm]
-\dfrac{k_{12}}{\beta} & s+\dfrac{k_{12}}{\beta}+\dfrac{k_{23}}{\beta} & -\dfrac{k_{23}}{\beta} \\[2mm]
0 & -\dfrac{k_{23}}{\gamma} & s+\dfrac{k_{23}}{\gamma}
\end{bmatrix}^{-1}
\begin{bmatrix} x_1(0) \\ x_2(0) \\ x_3(0) \end{bmatrix}
+
\begin{bmatrix}
s+\dfrac{k_{12}}{\alpha} & -\dfrac{k_{12}}{\alpha} & 0 \\[2mm]
-\dfrac{k_{12}}{\beta} & s+\dfrac{k_{12}}{\beta}+\dfrac{k_{23}}{\beta} & -\dfrac{k_{23}}{\beta} \\[2mm]
0 & -\dfrac{k_{23}}{\gamma} & s+\dfrac{k_{23}}{\gamma}
\end{bmatrix}^{-1}
\begin{bmatrix}
\dfrac{1}{\alpha} & 0 & 0 \\[2mm]
0 & \dfrac{1}{\beta} & 0 \\[2mm]
0 & 0 & \dfrac{1}{\gamma}
\end{bmatrix}
\begin{bmatrix} U_1(s) \\ U_2(s) \\ U_3(s) \end{bmatrix}
$$

(12)

式 (12) で示した逆行列部は、余因子行列 C の転置行列 C^T と、グラフデターミネント Δ（逆行列の行列式）を用いると式 (13) の関係となる。

$$
\begin{bmatrix}
s+\dfrac{k_{12}}{\alpha} & -\dfrac{k_{12}}{\alpha} & 0 \\[2mm]
-\dfrac{k_{12}}{\beta} & s+\dfrac{k_{12}}{\beta}+\dfrac{k_{23}}{\beta} & -\dfrac{k_{23}}{\beta} \\[2mm]
0 & -\dfrac{k_{23}}{\gamma} & s+\dfrac{k_{23}}{\gamma}
\end{bmatrix}^{-1}
=\dfrac{C^T}{\Delta}
$$

(13)

グラフデターミネント Δ を式展開すると式 (14) となる。

◯第4章　バッテリマネジメント制御

$$
\Delta = \begin{vmatrix}
s + \dfrac{k_{12}}{\alpha} & -\dfrac{k_{12}}{\alpha} & 0 \\[2mm]
-\dfrac{k_{12}}{\beta} & s + \dfrac{k_{12}}{\beta} + \dfrac{k_{23}}{\beta} & -\dfrac{k_{23}}{\beta} \\[2mm]
0 & -\dfrac{k_{23}}{\gamma} & s + \dfrac{k_{23}}{\gamma}
\end{vmatrix}
$$

$$
= \left(s + \frac{k_{12}}{\alpha} \right)\left(s + \frac{k_{12}}{\beta} + \frac{k_{23}}{\beta} \right)\left(s + \frac{k_{23}}{\gamma} \right) - \left(s + \frac{k_{12}}{\alpha} \right)\left(-\frac{k_{23}}{\beta} \right)\left(-\frac{k_{23}}{\gamma} \right) - \left(s + \frac{k_{23}}{\gamma} \right)\left(-\frac{k_{12}}{\alpha} \right)\left(-\frac{k_{12}}{\beta} \right)
$$

$$\tag{14}$$

式 (13) で示した逆行列の余因子行列 C を求めると式 (15) となる。

$$
C = \begin{bmatrix}
\left(s + \dfrac{k_{12}}{\beta} + \dfrac{k_{23}}{\beta} \right)\left(s + \dfrac{k_{23}}{\gamma} \right) - \dfrac{k_{23}}{\beta}\dfrac{k_{23}}{\gamma} & \dfrac{k_{12}}{\beta}\left(s + \dfrac{k_{23}}{\gamma} \right) & \dfrac{k_{12}}{\beta}\dfrac{k_{23}}{\gamma} \\[3mm]
\dfrac{k_{12}}{\alpha}\left(s + \dfrac{k_{23}}{\gamma} \right) & \left(s + \dfrac{k_{12}}{\alpha} \right)\left(s + \dfrac{k_{23}}{\gamma} \right) & \dfrac{k_{23}}{\gamma}\left(s + \dfrac{k_{12}}{\alpha} \right) \\[3mm]
\dfrac{k_{12}}{\alpha}\dfrac{k_{23}}{\beta} & \dfrac{k_{23}}{\beta}\left(s + \dfrac{k_{12}}{\alpha} \right) & \left(s + \dfrac{k_{12}}{\alpha} \right)\left(s + \dfrac{k_{12}}{\beta} + \dfrac{k_{23}}{\beta} \right) - \dfrac{k_{12}}{\alpha}\dfrac{k_{12}}{\beta}
\end{bmatrix}
$$

$$\tag{15}$$

式 (15) の転置行列を求めると式 (16) となる。

$$
C^T = \begin{bmatrix}
\left(s + \dfrac{k_{12}}{\beta} + \dfrac{k_{23}}{\beta} \right)\left(s + \dfrac{k_{23}}{\gamma} \right) - \dfrac{k_{23}}{\beta}\dfrac{k_{23}}{\gamma} & \dfrac{k_{12}}{\alpha}\left(s + \dfrac{k_{23}}{\gamma} \right) & \dfrac{k_{12}}{\alpha}\dfrac{k_{23}}{\beta} \\[3mm]
\dfrac{k_{12}}{\beta}\left(s + \dfrac{k_{23}}{\gamma} \right) & \left(s + \dfrac{k_{12}}{\alpha} \right)\left(s + \dfrac{k_{23}}{\gamma} \right) & \dfrac{k_{23}}{\beta}\left(s + \dfrac{k_{12}}{\alpha} \right) \\[3mm]
\dfrac{k_{12}}{\beta}\dfrac{k_{23}}{\gamma} & \dfrac{k_{23}}{\gamma}\left(s + \dfrac{k_{12}}{\alpha} \right) & \left(s + \dfrac{k_{12}}{\alpha} \right)\left(s + \dfrac{k_{12}}{\beta} + \dfrac{k_{23}}{\beta} \right) - \dfrac{k_{12}}{\alpha}\dfrac{k_{12}}{\beta}
\end{bmatrix}
$$

$$\tag{16}$$

式 (13) で示した逆行列は式 (17) と求まる。

$$\frac{C^T}{\Delta}=\frac{\left[\begin{array}{ccc}\left(s+\dfrac{k_{12}}{\beta}+\dfrac{k_{23}}{\beta}\right)\left(s+\dfrac{k_{23}}{\gamma}\right)-\dfrac{k_{23}}{\beta}\dfrac{k_{23}}{\gamma} & \dfrac{k_{12}}{\alpha}\left(s+\dfrac{k_{23}}{\gamma}\right) & \dfrac{k_{12}}{\alpha}\dfrac{k_{23}}{\beta}\\[3mm]\dfrac{k_{12}}{\beta}\left(s+\dfrac{k_{23}}{\gamma}\right) & \left(s+\dfrac{k_{12}}{\alpha}\right)\left(s+\dfrac{k_{23}}{\gamma}\right) & \dfrac{k_{23}}{\beta}\left(s+\dfrac{k_{12}}{\alpha}\right)\\[3mm]\dfrac{k_{12}}{\beta}\dfrac{k_{23}}{\gamma} & \dfrac{k_{23}}{\gamma}\left(s+\dfrac{k_{12}}{\alpha}\right) & \left(s+\dfrac{k_{12}}{\alpha}\right)\left(s+\dfrac{k_{12}}{\beta}+\dfrac{k_{23}}{\beta}\right)-\dfrac{k_{12}}{\alpha}\dfrac{k_{12}}{\beta}\end{array}\right]}{\left(s+\dfrac{k_{12}}{\alpha}\right)\left(s+\dfrac{k_{12}}{\beta}+\dfrac{k_{23}}{\beta}\right)\left(s+\dfrac{k_{23}}{\gamma}\right)-\left(s+\dfrac{k_{12}}{\alpha}\right)\left(\dfrac{k_{23}}{\beta}\right)\left(\dfrac{k_{23}}{\gamma}\right)-\left(s+\dfrac{k_{23}}{\gamma}\right)\left(\dfrac{k_{12}}{\alpha}\right)\left(\dfrac{k_{12}}{\beta}\right)}$$

(17)

式 (17) で求めた逆行列を式 (12) へ代入すると、状態変数 X は式 (18) となる。

$$
\begin{bmatrix}X_1(s)\\X_2(s)\\X_3(s)\end{bmatrix}=\frac{\left[\begin{array}{ccc}\left(s+\dfrac{k_{12}}{\beta}+\dfrac{k_{23}}{\beta}\right)\left(s+\dfrac{k_{23}}{\gamma}\right)-\dfrac{k_{23}}{\beta}\dfrac{k_{23}}{\gamma} & \dfrac{k_{12}}{\alpha}\left(s+\dfrac{k_{23}}{\gamma}\right) & \dfrac{k_{12}}{\alpha}\dfrac{k_{23}}{\beta}\\[3mm]\dfrac{k_{12}}{\beta}\left(s+\dfrac{k_{23}}{\gamma}\right) & \left(s+\dfrac{k_{12}}{\alpha}\right)\left(s+\dfrac{k_{23}}{\gamma}\right) & \dfrac{k_{23}}{\beta}\left(s+\dfrac{k_{12}}{\alpha}\right)\\[3mm]\dfrac{k_{12}}{\beta}\dfrac{k_{23}}{\gamma} & \dfrac{k_{23}}{\gamma}\left(s+\dfrac{k_{12}}{\alpha}\right) & \left(s+\dfrac{k_{12}}{\alpha}\right)\left(s+\dfrac{k_{12}}{\beta}+\dfrac{k_{23}}{\beta}\right)-\dfrac{k_{12}}{\alpha}\dfrac{k_{12}}{\beta}\end{array}\right]}{\left(s+\dfrac{k_{12}}{\alpha}\right)\left(s+\dfrac{k_{12}}{\beta}+\dfrac{k_{23}}{\beta}\right)\left(s+\dfrac{k_{23}}{\gamma}\right)-\left(s+\dfrac{k_{12}}{\alpha}\right)\left(\dfrac{k_{23}}{\beta}\right)\left(\dfrac{k_{23}}{\gamma}\right)-\left(s+\dfrac{k_{23}}{\gamma}\right)\left(\dfrac{k_{12}}{\alpha}\right)\left(\dfrac{k_{12}}{\beta}\right)}\begin{bmatrix}x_1(0)\\x_2(0)\\x_3(0)\end{bmatrix}
$$

$$
+\frac{\left[\begin{array}{ccc}\left(s+\dfrac{k_{12}}{\beta}+\dfrac{k_{23}}{\beta}\right)\left(s+\dfrac{k_{23}}{\gamma}\right)-\dfrac{k_{23}}{\beta}\dfrac{k_{23}}{\gamma} & \dfrac{k_{12}}{\alpha}\left(s+\dfrac{k_{23}}{\gamma}\right) & \dfrac{k_{12}}{\alpha}\dfrac{k_{23}}{\beta}\\[3mm]\dfrac{k_{12}}{\beta}\left(s+\dfrac{k_{23}}{\gamma}\right) & \left(s+\dfrac{k_{12}}{\alpha}\right)\left(s+\dfrac{k_{23}}{\gamma}\right) & \dfrac{k_{23}}{\beta}\left(s+\dfrac{k_{12}}{\alpha}\right)\\[3mm]\dfrac{k_{12}}{\beta}\dfrac{k_{23}}{\gamma} & \dfrac{k_{23}}{\gamma}\left(s+\dfrac{k_{12}}{\alpha}\right) & \left(s+\dfrac{k_{12}}{\alpha}\right)\left(s+\dfrac{k_{12}}{\beta}+\dfrac{k_{23}}{\beta}\right)-\dfrac{k_{12}}{\alpha}\dfrac{k_{12}}{\beta}\end{array}\right]}{\left(s+\dfrac{k_{12}}{\alpha}\right)\left(s+\dfrac{k_{12}}{\beta}+\dfrac{k_{23}}{\beta}\right)\left(s+\dfrac{k_{23}}{\gamma}\right)-\left(s+\dfrac{k_{12}}{\alpha}\right)\left(\dfrac{k_{23}}{\beta}\right)\left(\dfrac{k_{23}}{\gamma}\right)-\left(s+\dfrac{k_{23}}{\gamma}\right)\left(\dfrac{k_{12}}{\alpha}\right)\left(\dfrac{k_{12}}{\beta}\right)}\begin{bmatrix}\dfrac{1}{\alpha}&0&0\\[2mm]0&\dfrac{1}{\beta}&0\\[2mm]0&0&\dfrac{1}{\gamma}\end{bmatrix}\begin{bmatrix}U_1(s)\\U_2(s)\\U_3(s)\end{bmatrix}
$$

(18)

式 (18) の入力部の行列をまとめると状態変数 X は式 (19) となる。

◎ 第4章　バッテリマネジメント制御

$$
\begin{bmatrix} X_1(s) \\ X_2(s) \\ X_3(s) \end{bmatrix} = \cfrac{\begin{bmatrix} \left(s+\frac{k_{12}}{\beta}+\frac{k_{23}}{\beta}\right)\left(s+\frac{k_{23}}{\gamma}\right)-\frac{k_{23}}{\beta}\frac{k_{23}}{\gamma} & \frac{k_{12}}{\alpha}\left(s+\frac{k_{23}}{\gamma}\right) & \frac{k_{12}}{\alpha}\frac{k_{23}}{\beta} \\ \frac{k_{12}}{\beta}\left(s+\frac{k_{23}}{\gamma}\right) & \left(s+\frac{k_{12}}{\alpha}\right)\left(s+\frac{k_{23}}{\gamma}\right) & \frac{k_{23}}{\beta}\left(s+\frac{k_{12}}{\alpha}\right) \\ \frac{k_{12}}{\beta}\frac{k_{23}}{\gamma} & \frac{k_{23}}{\gamma}\left(s+\frac{k_{12}}{\alpha}\right) & \left(s+\frac{k_{12}}{\alpha}\right)\left(s+\frac{k_{12}}{\beta}+\frac{k_{23}}{\beta}\right)-\frac{k_{12}}{\alpha}\frac{k_{12}}{\beta} \end{bmatrix} \begin{bmatrix} x_1(0) \\ x_2(0) \\ x_3(0) \end{bmatrix}}{\left(s+\frac{k_{12}}{\alpha}\right)\left(s+\frac{k_{12}}{\beta}+\frac{k_{23}}{\beta}\right)\left(s+\frac{k_{23}}{\gamma}\right)-\left(s+\frac{k_{12}}{\alpha}\right)\left(\frac{k_{23}}{\beta}\right)\left(\frac{k_{23}}{\gamma}\right)-\left(s+\frac{k_{23}}{\gamma}\right)\left(\frac{k_{12}}{\alpha}\right)\left(\frac{k_{12}}{\beta}\right)}
$$

$$
+\cfrac{\begin{bmatrix} \left(s+\frac{k_{12}}{\beta}+\frac{k_{23}}{\beta}\right)\left(s+\frac{k_{23}}{\gamma}\right)-\frac{k_{23}}{\beta}\frac{k_{23}}{\gamma} & \frac{k_{12}}{\alpha}\left(s+\frac{k_{23}}{\gamma}\right) & \frac{k_{12}}{\alpha}\frac{k_{23}}{\beta} \\ \frac{k_{12}}{\beta}\left(s+\frac{k_{23}}{\gamma}\right) & \left(s+\frac{k_{12}}{\alpha}\right)\left(s+\frac{k_{23}}{\gamma}\right) & \frac{k_{23}}{\beta}\left(s+\frac{k_{12}}{\alpha}\right) \\ \frac{k_{12}}{\beta}\frac{k_{23}}{\gamma} & \frac{k_{23}}{\gamma}\left(s+\frac{k_{12}}{\alpha}\right) & \left(s+\frac{k_{12}}{\alpha}\right)\left(s+\frac{k_{12}}{\beta}+\frac{k_{23}}{\beta}\right)-\frac{k_{12}}{\alpha}\frac{k_{12}}{\beta} \end{bmatrix} \begin{bmatrix} \frac{U_1(s)}{\alpha} \\ \frac{U_2(s)}{\beta} \\ \frac{U_3(s)}{\gamma} \end{bmatrix}}{\left(s+\frac{k_{12}}{\alpha}\right)\left(s+\frac{k_{12}}{\beta}+\frac{k_{23}}{\beta}\right)\left(s+\frac{k_{23}}{\gamma}\right)-\left(s+\frac{k_{12}}{\alpha}\right)\left(\frac{k_{23}}{\beta}\right)\left(\frac{k_{23}}{\gamma}\right)-\left(s+\frac{k_{23}}{\gamma}\right)\left(\frac{k_{12}}{\alpha}\right)\left(\frac{k_{12}}{\beta}\right)}
$$

$$(19)$$

式 (19) は初期解 $X_I(s)$ と強制解 $X_F(s)$ の構成となり式 (20) の形である。

$$\mathbf{X(s)} = \mathbf{X_I(s)} + \mathbf{X_F(s)} \tag{20}$$

初期解 $X_I(s)$ は、式 (19) から式 (21) となる。

$$
\mathbf{X_I(s)} = \begin{bmatrix} X_{I1}(s) \\ X_{I2}(s) \\ X_{I3}(s) \end{bmatrix} = \cfrac{\begin{bmatrix} \left(s+\frac{k_{12}}{\beta}+\frac{k_{23}}{\beta}\right)\left(s+\frac{k_{23}}{\gamma}\right)-\frac{k_{23}}{\beta}\frac{k_{23}}{\gamma} & \frac{k_{12}}{\alpha}\left(s+\frac{k_{23}}{\gamma}\right) & \frac{k_{12}}{\alpha}\frac{k_{23}}{\beta} \\ \frac{k_{12}}{\beta}\left(s+\frac{k_{23}}{\gamma}\right) & \left(s+\frac{k_{12}}{\alpha}\right)\left(s+\frac{k_{23}}{\gamma}\right) & \frac{k_{23}}{\beta}\left(s+\frac{k_{12}}{\alpha}\right) \\ \frac{k_{12}}{\beta}\frac{k_{23}}{\gamma} & \frac{k_{23}}{\gamma}\left(s+\frac{k_{12}}{\alpha}\right) & \left(s+\frac{k_{12}}{\alpha}\right)\left(s+\frac{k_{12}}{\beta}+\frac{k_{23}}{\beta}\right)-\frac{k_{12}}{\alpha}\frac{k_{12}}{\beta} \end{bmatrix} \begin{bmatrix} x_1(0) \\ x_2(0) \\ x_3(0) \end{bmatrix}}{\left(s+\frac{k_{12}}{\alpha}\right)\left(s+\frac{k_{12}}{\beta}+\frac{k_{23}}{\beta}\right)\left(s+\frac{k_{23}}{\gamma}\right)-\left(s+\frac{k_{12}}{\alpha}\right)\left(\frac{k_{23}}{\beta}\right)\left(\frac{k_{23}}{\gamma}\right)-\left(s+\frac{k_{23}}{\gamma}\right)\left(\frac{k_{12}}{\alpha}\right)\left(\frac{k_{12}}{\beta}\right)}
$$

$$(21)$$

強制解 $X_F(s)$ は、同様に式 (19) から式 (22) となる。

– 128 –

$$\mathbf{X}_F(s) = \begin{bmatrix} X_{F1}(s) \\ X_{F2}(s) \\ X_{F3}(s) \end{bmatrix} = \frac{\begin{bmatrix} \left(s+\dfrac{k_{12}}{\beta}+\dfrac{k_{23}}{\beta}\right)\left(s+\dfrac{k_{23}}{\gamma}\right)-\dfrac{k_{23}}{\beta}\dfrac{k_{23}}{\gamma} & \dfrac{k_{12}}{\alpha}\left(s+\dfrac{k_{23}}{\gamma}\right) & \dfrac{k_{12}}{\alpha}\dfrac{k_{23}}{\beta} \\[3mm] \dfrac{k_{12}}{\beta}\left(s+\dfrac{k_{23}}{\gamma}\right) & \left(s+\dfrac{k_{23}}{\alpha}\right)\left(s+\dfrac{k_{23}}{\gamma}\right) & \dfrac{k_{23}}{\gamma}\left(s+\dfrac{k_{12}}{\alpha}\right) \\[3mm] \dfrac{k_{12}}{\beta}\dfrac{k_{23}}{\gamma} & \dfrac{k_{23}}{\alpha}\left(s+\dfrac{k_{12}}{\beta}\right) & \left(s+\dfrac{k_{12}}{\alpha}\right)\left(s+\dfrac{k_{12}}{\beta}+\dfrac{k_{23}}{\beta}\right)-\dfrac{k_{12}}{\alpha}\dfrac{k_{12}}{\beta} \end{bmatrix}}{\left(s+\dfrac{k_{12}}{\alpha}\right)\left(s+\dfrac{k_{12}}{\beta}+\dfrac{k_{23}}{\beta}\right)\left(s+\dfrac{k_{23}}{\gamma}\right)-\left(s+\dfrac{k_{12}}{\alpha}\right)\left(\dfrac{k_{23}}{\beta}\right)\left(\dfrac{k_{23}}{\gamma}\right)-\left(s+\dfrac{k_{23}}{\gamma}\right)\left(\dfrac{k_{12}}{\alpha}\right)\left(\dfrac{k_{12}}{\beta}\right)}\begin{bmatrix} \dfrac{U_1(s)}{\alpha} \\[3mm] \dfrac{U_2(s)}{\beta} \\[3mm] \dfrac{U_3(s)}{\gamma} \end{bmatrix}$$

$$(22)$$

2.3 3セル間ばらつき解消の実データ解析 (外部電源なし)

初期状態でのばらつき解消シミュレーションを行う。簡単なシミュレーションとするためシステム定数を式 (23) にまとめて設定した。

$$k_{12}=\frac{1}{1000},\qquad k_{23}=\frac{1}{1000}$$
$$\alpha=\frac{1}{1000},\qquad \beta=\frac{1}{1000},\qquad \gamma=\frac{1}{1000}$$
$$x_1(0)=3.3,\quad x_2(0)=3.5,\quad x_3(0)=3.7 \qquad (23)$$
$$u_1(t)=\frac{4}{1000}t,\quad u_2(t)=\frac{4}{1000}t,\quad u_3(t)=\frac{4}{1000}t$$

式 (21) で示した初期解 $X_I(s)$ は、式 (23) のシステム定数を代入すると式 (24) となる。

$$\begin{bmatrix} X_{1I}(s) \\ X_{2I}(s) \\ X_{3I}(s) \end{bmatrix} = \frac{\begin{bmatrix} (s+2)(s+1)-1 & s+1 & 1 \\ s+1 & (s+1)^2 & s+1 \\ 1 & s+1 & (s+1)(s+2)-1 \end{bmatrix}}{(s+1)^2(s+2)-2(s+1)}\begin{bmatrix} x_1(0) \\ x_2(0) \\ x_3(0) \end{bmatrix}$$

$$(24)$$

ここで、式 (24) の右辺の分母であるグラフデターミネント Δ 部を計算すると、式 (25) の通りまとめることができる。

$$(s+1)^2(s+2)-2(s+1)=(s+1)(s^2+3s)=s(s+1)(s+3) \qquad (25)$$

◎第4章　バッテリマネジメント制御

式 (25) を式 (24) に代入して行列因子を整理すると式 (26) となる。

$$
\begin{bmatrix} X_{1I}(s) \\ X_{2I}(s) \\ X_{3I}(s) \end{bmatrix} = \begin{bmatrix} \dfrac{(s+2)(s+1)-1}{s(s+1)(s+3)} & \dfrac{s+1}{s(s+1)(s+3)} & \dfrac{1}{s(s+1)(s+3)} \\[3mm] \dfrac{s+1}{s(s+1)(s+3)} & \dfrac{(s+1)^2}{s(s+1)(s+3)} & \dfrac{s+1}{s(s+1)(s+3)} \\[3mm] \dfrac{1}{s(s+1)(s+3)} & \dfrac{s+1}{s(s+1)(s+3)} & \dfrac{(s+1)(s+2)-1}{s(s+1)(s+3)} \end{bmatrix} \begin{bmatrix} x_1(0) \\ x_2(0) \\ \dot{x}_3(0) \end{bmatrix}
$$

$$(26)$$

式 (26) を部分分数に展開すると式 (27) となる。

$$
\begin{bmatrix} X_{1I}(s) \\ X_{2I}(s) \\ X_{3I}(s) \end{bmatrix} = \begin{bmatrix} \dfrac{1}{s+3}+\dfrac{2}{s(s+3)}-\dfrac{1}{s(s+1)(s+3)} & \dfrac{1}{s(s+3)} & \dfrac{1}{s(s+1)(s+3)} \\[3mm] \dfrac{1}{s(s+3)} & \dfrac{1}{s+3}+\dfrac{1}{s(s+3)} & \dfrac{1}{s(s+3)} \\[3mm] \dfrac{1}{s(s+1)(s+3)} & \dfrac{1}{s(s+3)} & \dfrac{1}{s+3}+\dfrac{2}{s(s+3)}-\dfrac{1}{s(s+1)(s+3)} \end{bmatrix} \begin{bmatrix} x_1(0) \\ x_2(0) \\ x_3(0) \end{bmatrix}
$$

$$(27)$$

式 (27) は、そのまま逆ラプラス変換できる項もあるものの、更に部分分数に展開しないと逆ラプラス変換できない項もある。このため、全ての項が逆ラプラス変換できるようにするため、部分分数にした場合の係数を求める。式 (28) は、式 (27) の右辺第 1 項の行列で更に部分分数に展開しないと逆ラプラス変換できない項である。

$$
\frac{1}{s(s+1)(s+3)} = \frac{A}{s} + \frac{B}{s+1} + \frac{C}{s+3} \tag{28}
$$

式 (28) の係数 A から C を求めた過程を含め式 (29) にまとめる。

- 130 -

$$\left[\frac{1}{\cancel{s}(s+1)(s+3)}\cancel{s}\right]_{S=0} = \frac{A}{\cancel{s}}\cancel{s} + \left[\frac{B}{s+1}s + \frac{C}{s+3}s\right]_{S=0}$$

$$\frac{1}{3} = A + [0+0]$$

$$A = \frac{1}{3}$$

$$\left[\frac{1}{s\cancel{(s+1)}(s+3)}\cancel{(s+1)}\right]_{S=-1} = \left[\frac{A}{s}(s+1)\right]_{S=-1} + \frac{B}{\cancel{s+1}}\cancel{(s+1)} + \left[\frac{C}{s+3}(s+1)\right]_{S=-1}$$

$$-\frac{1}{2} = [0] + B + [0]$$

$$B = -\frac{1}{2}$$

$$\left[\frac{1}{s(s+1)\cancel{(s+3)}}\cancel{(s+3)}\right]_{S=-3} = \left[\frac{A}{s}(s+3) + \frac{B}{s+1}(s+3)\right]_{S=-3} + \frac{C}{\cancel{s+3}}\cancel{(s+3)}$$

$$\frac{1}{6} = [0] + C$$

$$C = \frac{1}{6}$$

$$\text{(29)}$$

$$\frac{1}{s(s+1)(s+3)} = \frac{\dfrac{1}{3}}{s} + \frac{-\dfrac{1}{2}}{s+1} + \frac{\dfrac{1}{6}}{s+3}$$

式 (30) は同じく更に部分分数に展開しないとラプラス逆変換できない、式 (27) で示した右辺第 1 項の行列の他の項である。

$$\frac{1}{s(s+3)} = \frac{A}{s} + \frac{B}{s+3} \tag{30}$$

式 (30) の係数 A から B を求めた過程を含め式 (31) にまとめる。

◎第4章　バッテリマネジメント制御

$$\left[\frac{1}{\cancel{s}(s+3)}\cancel{s}\right]_{S=0}=\frac{A}{\cancel{s}}\cancel{s}+\left[\frac{B}{s+3}s\right]_{S=0}$$

$$\frac{1}{3}=A+[0]$$

$$A=\frac{1}{3}$$

$$\left[\frac{1}{s\cancel{(s+3)}}\cancel{(s+3)}\right]_{S=-3}=\left[\frac{A}{s}(s+3)\right]_{S=-3}+\frac{B}{\cancel{s+3}}\cancel{(s+3)}\bigg]_{S=-3}$$

$$-\frac{1}{3}=[0]+B$$

$$B=-\frac{1}{3}$$

$$\frac{1}{s(s+3)}=\frac{\dfrac{1}{3}}{s}+\frac{-\dfrac{1}{3}}{s+3} \tag{31}$$

式 (31) の結果を受けて、式 (27) で示した係数違いの項は式 (32) となる。

$$\frac{2}{s(s+3)}=\frac{\dfrac{2}{3}}{s}+\frac{-\dfrac{2}{3}}{s+3} \tag{32}$$

式 (27) で示した初期解 $X_I(s)$ の式へ、式 (29)、式 (31) および式 (32) で求めた結果の式を代入すると式 (33) となる。

$$\begin{bmatrix}X_{1I}(s)\\X_{2I}(s)\\X_{3I}(s)\end{bmatrix}=\begin{bmatrix}\dfrac{1}{s+3}+\dfrac{\frac{2}{3}}{s}+\dfrac{-\frac{2}{3}}{s+3}-\left(\dfrac{\frac{1}{3}}{s}+\dfrac{-\frac{1}{2}}{s+1}+\dfrac{\frac{1}{6}}{s+3}\right) & \dfrac{\frac{1}{3}}{s}+\dfrac{-\frac{1}{3}}{s+3} & \dfrac{\frac{1}{3}}{s}+\dfrac{-\frac{1}{2}}{s+1}+\dfrac{\frac{1}{6}}{s+3}\\[20pt] \dfrac{\frac{1}{3}}{s}+\dfrac{-\frac{1}{3}}{s+3} & \dfrac{1}{s+3}+\dfrac{\frac{1}{3}}{s}+\dfrac{-\frac{1}{3}}{s+3} & \dfrac{\frac{1}{3}}{s}+\dfrac{-\frac{1}{3}}{s+3}\\[20pt] \dfrac{\frac{1}{3}}{s}+\dfrac{-\frac{1}{2}}{s+1}+\dfrac{\frac{1}{6}}{s+3} & \dfrac{\frac{1}{3}}{s}+\dfrac{-\frac{1}{3}}{s+3} & \dfrac{1}{s+3}+\dfrac{\frac{2}{3}}{s}+\dfrac{-\frac{2}{3}}{s+3}-\left(\dfrac{\frac{1}{3}}{s}+\dfrac{-\frac{1}{2}}{s+1}+\dfrac{\frac{1}{6}}{s+3}\right)\end{bmatrix}\begin{bmatrix}x_1(0)\\x_2(0)\\x_3(0)\end{bmatrix}$$

$$\tag{33}$$

－ 132 －

式 (33) の部分分数を整理すると式 (34) となる。

$$
\begin{bmatrix} X_{1I}(s) \\ X_{2I}(s) \\ X_{3I}(s) \end{bmatrix} =
\begin{bmatrix}
\dfrac{\frac{1}{3}}{s}+\dfrac{\frac{1}{2}}{s+1}+\dfrac{\frac{1}{6}}{s+3} & \dfrac{\frac{1}{3}}{s}+\dfrac{-\frac{1}{3}}{s+3} & \dfrac{\frac{1}{3}}{s}+\dfrac{-\frac{1}{2}}{s+1}+\dfrac{\frac{1}{6}}{s+3} \\[4mm]
\dfrac{\frac{1}{3}}{s}+\dfrac{-\frac{1}{3}}{s+3} & \dfrac{\frac{1}{3}}{s}+\dfrac{\frac{2}{3}}{s+3} & \dfrac{\frac{1}{3}}{s}+\dfrac{-\frac{1}{3}}{s+3} \\[4mm]
\dfrac{\frac{1}{3}}{s}+\dfrac{-\frac{1}{2}}{s+1}+\dfrac{\frac{1}{6}}{s+3} & \dfrac{\frac{1}{3}}{s}+\dfrac{-\frac{1}{3}}{s+3} & \dfrac{\frac{1}{3}}{s}+\dfrac{\frac{1}{2}}{s+1}+\dfrac{\frac{1}{6}}{s+3}
\end{bmatrix}
\begin{bmatrix} x_1(0) \\ x_2(0) \\ x_3(0) \end{bmatrix}
\tag{34}
$$

式 (23) で設定した各セル電圧の初期値 $x_1(0)$ から $x_3(0)$ を式 (34) へ代入すると式 (35) となる。

$$
\begin{bmatrix} X_{1I}(s) \\ X_{2I}(s) \\ X_{3I}(s) \end{bmatrix} =
\begin{bmatrix}
\dfrac{\frac{1}{3}}{s}+\dfrac{\frac{1}{2}}{s+1}+\dfrac{\frac{1}{6}}{s+3} & \dfrac{\frac{1}{3}}{s}+\dfrac{-\frac{1}{3}}{s+3} & \dfrac{\frac{1}{3}}{s}+\dfrac{-\frac{1}{2}}{s+1}+\dfrac{\frac{1}{6}}{s+3} \\[4mm]
\dfrac{\frac{1}{3}}{s}+\dfrac{-\frac{1}{3}}{s+3} & \dfrac{\frac{1}{3}}{s}+\dfrac{\frac{2}{3}}{s+3} & \dfrac{\frac{1}{3}}{s}+\dfrac{-\frac{1}{3}}{s+3} \\[4mm]
\dfrac{\frac{1}{3}}{s}+\dfrac{-\frac{1}{2}}{s+1}+\dfrac{\frac{1}{6}}{s+3} & \dfrac{\frac{1}{3}}{s}+\dfrac{-\frac{1}{3}}{s+3} & \dfrac{\frac{1}{3}}{s}+\dfrac{\frac{1}{2}}{s+1}+\dfrac{\frac{1}{6}}{s+3}
\end{bmatrix}
\begin{bmatrix} 3.3 \\ 3.5 \\ 3.7 \end{bmatrix}
\tag{35}
$$

やっと逆ラプラス変換できる形まで導出できた。式 (35) を逆ラプラス変換して式 (36) を得る。

$$
\begin{bmatrix} x_{1I}(t) \\ x_{2I}(t) \\ x_{3I}(t) \end{bmatrix} =
\begin{bmatrix}
\frac{1}{3}+\frac{1}{2}e^{-t}+\frac{1}{6}e^{-3t} & \frac{1}{3}-\frac{1}{3}e^{-3t} & \frac{1}{3}-\frac{1}{2}e^{-t}+\frac{1}{6}e^{-3t} \\[2mm]
\frac{1}{3}-\frac{1}{3}e^{-3t} & \frac{1}{3}+\frac{2}{3}e^{-3t} & \frac{1}{3}-\frac{1}{3}e^{-3t} \\[2mm]
\frac{1}{3}-\frac{1}{2}e^{-t}+\frac{1}{6}e^{-3t} & \frac{1}{3}-\frac{1}{3}e^{-3t} & \frac{1}{3}+\frac{1}{2}e^{-t}+\frac{1}{6}e^{-3t}
\end{bmatrix}
\begin{bmatrix} 3.3 \\ 3.5 \\ 3.7 \end{bmatrix}
\tag{36}
$$

－ 133 －

2.4 3セル間ばらつき解消シミュレーション（外部電源なし）

2.3節で導出した式(36)を用いて初期状態でのばらつき解消シミュレーションを行う。図17は電池セルの初期電圧を式(23)に設定した場合のシミュレーション結果である。5秒も経たない内に3セル間での初期状態ばらつきが綺麗に解消されていることが分かる。

図18は、セル3の初期電圧を3.7Vから4Vへ上昇させて同じくシミュレーションした結果である。同様に5秒も経たない内に3セル間での初

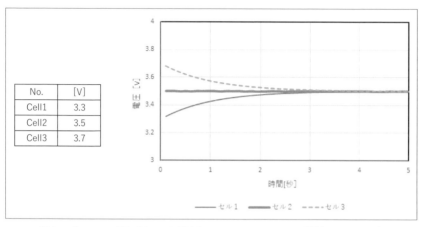

〔図17〕3セル間ばらつき解消シミュレーション（外部電源なし）

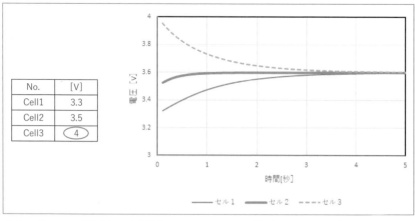

〔図18〕3セル間ばらつき解消シミュレーション（外部電源なし／初期電圧違い）

期状態ばらつきが綺麗に解消されている。セル3の初期電圧を上げたため、3セル間の電圧収束値も上昇していることが確認できる。

　以上より、3セル間での初期状態ばらつき解消シミュレーション結果から、セル間を接続することで、セル間のばらつきが解消されることが確認できた。図16で示した通り、本システムは外部電源から各セルが充電されている、この場合、式(24)で示した強制解 $X_F(s)$ を合わせて求め、定常状態の解析を行う必要がある。次節では初期解に引き続き強制解を求める。

2.5　3セル間ばらつき解消の実データ解析 （外部電源あり）

　強制解を求めるにあたり式(23)で示したシステム入力 $u_1(t) \sim u_3(t)$ について、ラプラス変換しておく必要がある。式(37)はラプラス変換値となる。

$$U_1(s) = \frac{4}{1000s^2}, \quad U_2(s) = \frac{4}{1000s^2}, \quad U_3(s) = \frac{4}{1000s^2} \tag{37}$$

式(22)で示した強制解 $X_F(s)$ は、式(23)のシステム定数を代入すると式(38)となる。

$$\begin{bmatrix} X_{1F}(s) \\ X_{2F}(s) \\ X_{3F}(s) \end{bmatrix} = \frac{\begin{bmatrix} (s+2)(s+1)-1 & s+1 & 1 \\ s+1 & (s+1)^2 & s+1 \\ 1 & s+1 & (s+1)(s+2)-1 \end{bmatrix}}{(s+1)^2(s+2)-2(s+1)} \begin{bmatrix} \dfrac{4}{1000s^2} \\ \dfrac{4}{1000s^2} \\ \dfrac{4}{1000s^2} \end{bmatrix}$$

$$\tag{38}$$

ここで、式(38)の右辺の分母であるグラフデターミネント Δ 部は、前掲の式(25)の通りまとめることができる。式(25)を式(38)に代入して行列因子を整理すると式(39)となる。

◎第4章　バッテリマネジメント制御

$$\begin{bmatrix} X_{1F}(s) \\ X_{2F}(s) \\ X_{3F}(s) \end{bmatrix} = \begin{bmatrix} \dfrac{1}{s+3}+\dfrac{2}{s(s+3)}-\dfrac{1}{s(s+1)(s+3)} & \dfrac{1}{s(s+3)} & \dfrac{1}{s(s+1)(s+3)} \\[3mm] \dfrac{1}{s(s+3)} & \dfrac{1}{s+3}+\dfrac{1}{s(s+3)} & \dfrac{1}{s(s+3)} \\[3mm] \dfrac{1}{s(s+1)(s+3)} & \dfrac{1}{s(s+3)} & \dfrac{1}{s+3}+\dfrac{2}{s(s+3)}-\dfrac{1}{s(s+1)(s+3)} \end{bmatrix} \begin{bmatrix} \dfrac{4}{1000s^2} \\[3mm] \dfrac{4}{1000s^2} \\[3mm] \dfrac{4}{1000s^2} \end{bmatrix}$$

(39)

式 (39) を部分分数に展開すると式 (40) となる。

$$\begin{bmatrix} X_{1F}(s) \\ X_{2F}(s) \\ X_{3F}(s) \end{bmatrix} = \begin{bmatrix} \dfrac{1}{s^2(s+3)}+\dfrac{2}{s^3(s+3)}-\dfrac{1}{s^3(s+1)(s+3)} & \dfrac{1}{s^3(s+3)} & \dfrac{1}{s^3(s+1)(s+3)} \\[3mm] \dfrac{1}{s^3(s+3)} & \dfrac{1}{s^2(s+3)}+\dfrac{1}{s^3(s+3)} & \dfrac{1}{s^3(s+3)} \\[3mm] \dfrac{1}{s^3(s+1)(s+3)} & \dfrac{1}{s^3(s+3)} & \dfrac{1}{s^2(s+3)}+\dfrac{2}{s^3(s+3)}-\dfrac{1}{s^3(s+1)(s+3)} \end{bmatrix} \begin{bmatrix} \dfrac{4}{1000} \\[3mm] \dfrac{4}{1000} \\[3mm] \dfrac{4}{1000} \end{bmatrix}$$

(40)

式 (40) は、更に部分分数に展開しないと逆ラプラス変換できない。全ての項が逆ラプラス変換できるようにするため、部分分数にした場合の係数を求める。式 (41) は、式 (40) の右辺第 1 項の行列で更に部分分数に展開しないと逆ラプラス変換できない項である。

$$\frac{1}{s^2(s+3)}=\frac{A}{s^2}+\frac{B}{s}+\frac{C}{s+3}$$

(41)

式 (41) の係数 A から C を求めた過程を含め式 (42) にまとめる。

− 136 −

$$\left[\frac{1}{s^2(s+3)}s^2\right]_{S=0} = \frac{A}{s^2}s^2 + \left[\frac{B}{s}s^2 + \frac{C}{s+3}s^2\right]_{S=0}$$

$$\frac{1}{3} = A + [0+0]$$

$$A = \frac{1}{3}$$

$$\frac{1}{s^2(s+3)} - \frac{\frac{1}{3}}{s^2} = \frac{B}{s} + \frac{C}{s+3}$$

$$\frac{1}{s^2(s+3)} - \frac{\frac{1}{3}}{s^2} = \frac{1-\frac{1}{3}(s+3)}{s^2(s+3)} = \frac{-\frac{1}{3}s}{s^2(s+3)}$$

$$\frac{-\frac{1}{3}}{s(s+3)} = \frac{B}{s} + \frac{C}{s+3}$$

$$\left[\frac{-\frac{1}{3}}{s(s+3)}s\right]_{S=0} = \frac{B}{s}s + \left[\frac{C}{s+3}s\right]_{S=0}$$

$$-\frac{1}{9} = B + [0]$$

$$B = -\frac{1}{9}$$

$$\left[\frac{-\frac{1}{3}}{s(s+3)}(s+3)\right]_{S=-3} = \left[\frac{B}{s}(s+3)\right]_{S=-3} + \frac{C}{s+3}(s+3)$$

$$\frac{1}{9} = [0] + C$$

$$C = \frac{1}{9}$$

$$\frac{1}{s^2(s+3)} = \frac{\frac{1}{3}}{s^2} + \frac{-\frac{1}{9}}{s} + \frac{\frac{1}{9}}{s+3} \tag{42}$$

◎ 第4章　バッテリマネジメント制御

式 (43) は同じく更に部分分数に展開しないとラプラス逆変換できない、式 (40) で示した右辺第 1 項の行列の他の項である。

$$\frac{2}{s^3\left(s+3\right)} = \frac{A}{s^3} + \frac{B}{s^2} + \frac{C}{s} + \frac{D}{s+3} \tag{43}$$

式 (43) の係数 A から D を求めた過程を含め式 (44) にまとめる。

$$\left[\frac{2}{s^3(s+3)}s^3\right]_{S=0} = \frac{A}{s^3}s^3 + \left[\frac{B}{s^2}s^3 + \frac{C}{s}s^2 + \frac{D}{s+3}s^3\right]_{S=0}$$

$$\frac{2}{3} = A + [0+0+0]$$

$$A = \frac{2}{3}$$

$$\frac{2}{s^3(s+3)} - \frac{\frac{2}{3}}{s^3} = \frac{2\left\{1-\frac{1}{3}(s+3)\right\}}{s^3(s+3)} = \frac{-\frac{2}{3}}{s^2(s+3)}$$

$$\left[\frac{-\frac{2}{3}}{s^2(s+3)}s^2\right]_{S=0} = \frac{B}{s^2}s^2 + \left[\frac{C}{s}s + \frac{D}{s+3}s^2\right]_{S=0}$$

$$-\frac{2}{9} = B + [0+0]$$

$$B = -\frac{2}{9}$$

$$\frac{-\frac{2}{3}}{s^2(s+3)} - \frac{-\frac{2}{9}}{s^2} = \frac{-\frac{2}{3}\left\{1-\frac{1}{3}(s+3)\right\}}{s^2(s+3)} = \frac{\frac{2}{9}}{s(s+3)}$$

$$\frac{\frac{2}{9}}{s(s+3)} = \frac{C}{s} + \frac{D}{s+3}$$

$$\left[\frac{\frac{2}{9}}{s(s+3)}s\right]_{S=0} = \frac{C}{s}s + \left[\frac{D}{s+3}s\right]_{S=0}$$

$$\frac{2}{27} = C + [0]$$

$$C = \frac{2}{27}$$

$$\left[\frac{\frac{2}{9}}{s(s+3)}(s+3)\right]_{S=-3} = \left[\frac{C}{s}(s+3)\right]_{S=-3} + \frac{D}{s+3}(s+3)$$

$$-\frac{2}{27} = [0] + D$$

$$D = -\frac{2}{27}$$

$$\frac{2}{s^3(s+3)} = \frac{\frac{2}{3}}{s^3} + \frac{-\frac{2}{9}}{s^2} + \frac{\frac{2}{27}}{s} + \frac{-\frac{2}{27}}{s+3}$$

(44)

◎第4章　バッテリマネジメント制御

式 (44) の結果を受けて、式 (40) で示した係数違いの項は式 (45) となる。

$$\frac{1}{s^3(s+3)} = \frac{\frac{1}{3}}{s^3} + \frac{-\frac{1}{9}}{s^2} + \frac{\frac{1}{27}}{s} + \frac{-\frac{1}{27}}{s+3} \tag{45}$$

式 (46) は同じく更に部分分数に展開しないとラプラス逆変換できない、式 (40) で示した右辺第 1 項の行列の項である。

$$\frac{1}{s^3(s+1)(s+3)} = \frac{A}{s^3} + \frac{B}{s^2} + \frac{C}{s} + \frac{D}{s+1} + \frac{E}{s+3} \tag{46}$$

式 (46) の係数 A から E を求めた過程を含め式 (47) にまとめる。

$$\left[\frac{1}{s^3(s+1)(s+3)}s^3\right]_{S=0} = \frac{A}{s^3}s^3 + \left[\frac{B}{s^2}s^3 + \frac{C}{s}s^3 + \frac{D}{s+1}s^3 + \frac{E}{s+3}s^3\right]_{S=0}$$

$$\frac{1}{3} = A + [0+0+0+0]$$

$$A = \frac{1}{3}$$

$$\frac{1}{s^3(s+1)(s+3)} - \frac{\frac{1}{3}}{s^3} = \frac{1-\frac{1}{3}(s+1)(s+3)}{s^3(s+1)(s+3)} = \frac{1-\frac{1}{3}(s^2+4s+3)}{s^3(s+1)(s+3)} = \frac{-\frac{1}{3}(s+4)}{s^2(s+1)(s+3)}$$

$$\frac{-\frac{1}{3}(s+4)}{s^2(s+1)(s+3)} = \frac{B}{s^2} + \frac{C}{s} + \frac{D}{s+1} + \frac{E}{s+3}$$

$$\left[\frac{-\frac{1}{3}(s+4)}{s^2(s+1)(s+3)}s^2\right]_{S=0} = \frac{B}{s^2}s^2 + \left[\frac{C}{s}s^2 + \frac{D}{s+1}s^2 + \frac{E}{s+3}s^2\right]_{S=0}$$

$$-\frac{4}{9} = B + [0+0+0]$$

$$B = -\frac{4}{9}$$

$$\frac{-\frac{1}{3}(s+4)}{s^2(s+1)(s+3)} - \frac{-\frac{4}{9}}{s^2} = \frac{-\frac{1}{3}\left\{(s+4)-\frac{4}{3}(s^2+4s+3)\right\}}{s^2(s+1)(s+3)} = \frac{-\frac{1}{3}s\left\{1-\frac{4}{3}(s+4)\right\}}{s^2(s+1)(s+3)} = \frac{-\frac{1}{3}\left(-\frac{4}{3}s-\frac{13}{3}\right)}{s(s+1)(s+3)} = \frac{\frac{1}{9}(4s+13)}{s(s+1)(s+3)}$$

$$\frac{\frac{1}{9}(4s+13)}{s(s+1)(s+3)} = \frac{C}{s} + \frac{D}{s+1} + \frac{E}{s+3}$$

$$\left[\frac{\frac{1}{9}(4s+13)}{s(s+1)(s+3)}s\right]_{S=0} = \frac{C}{s}s + \left[\frac{D}{s+1}s + \frac{E}{s+3}s\right]_{S=0}$$

$$\frac{13}{27} = C + [0+0]$$

$$C = \frac{13}{27}$$

$$\left[\frac{\frac{1}{9}(4s+13)}{s(s+1)(s+3)}(s+1)\right]_{S=-1} = \left[\frac{C}{s}(s+1)\right]_{S=-1} + \frac{D}{s+1}(s+1) + \left[\frac{E}{s+3}(s+1)\right]_{S=-1}$$

$$-\frac{1}{2} = [0] + D + [0]$$

$$D = -\frac{1}{2}$$

$$\left[\frac{\frac{1}{9}(4s+13)}{s(s+1)(s+3)}(s+3)\right]_{S=-3} = \left[\frac{C}{s}(s+3) + \frac{D}{s+1}(s+3)\right]_{S=-3} + \frac{E}{s+3}(s+3)$$

$$\frac{1}{54} = [0+0] + E$$

$$E = \frac{1}{54}$$

$$\frac{1}{s^3(s+1)(s+3)} = \frac{\frac{1}{3}}{s^3} + \frac{-\frac{4}{9}}{s^2} + \frac{\frac{13}{27}}{s} + \frac{-\frac{1}{2}}{s+1} + \frac{\frac{1}{54}}{s+3}$$

(47)

第4章　バッテリマネジメント制御

式 (40) で示した強制解 $X_F(s)$ の式へ、式 (42)、式 (44)、式 (45) および式 (47) で求めた結果の式を代入すると式 (48) となる。

$$
\begin{bmatrix} X_{1F}(s) \\ X_{2F}(s) \\ X_{3F}(s) \end{bmatrix} =
\begin{bmatrix}
\dfrac{1}{3}\dfrac{1}{s^2}+\dfrac{-1}{9}\dfrac{1}{s}+\dfrac{1}{9}\dfrac{2}{s^3}+\dfrac{-2}{s}+\dfrac{2}{27}\dfrac{1}{s}+\dfrac{-2}{27}\dfrac{1}{s+3} \\[-1mm] -\left(\dfrac{1}{3}\dfrac{1}{s^3}+\dfrac{-4}{9}\dfrac{1}{s^2}+\dfrac{13}{27}\dfrac{1}{s}+\dfrac{-1}{2}\dfrac{1}{s+1}+\dfrac{1}{54}\dfrac{1}{s+3}\right)
& \dfrac{1}{3}\dfrac{1}{s^3}+\dfrac{-1}{9}\dfrac{1}{s^2}+\dfrac{1}{27}\dfrac{1}{s}+\dfrac{-1}{27}\dfrac{1}{s+3}
& \dfrac{1}{3}\dfrac{1}{s^3}+\dfrac{-4}{9}\dfrac{1}{s^2}+\dfrac{13}{27}\dfrac{1}{s}+\dfrac{-1}{2}\dfrac{1}{s+1}+\dfrac{1}{54}\dfrac{1}{s+3} \\[4mm]
\dfrac{1}{3}\dfrac{1}{s^3}+\dfrac{-1}{9}\dfrac{1}{s^2}+\dfrac{1}{27}\dfrac{1}{s}+\dfrac{-1}{27}\dfrac{1}{s+3}
& \dfrac{1}{3}\dfrac{1}{s^2}+\dfrac{-1}{9}\dfrac{1}{s}+\dfrac{1}{9}+\dfrac{1}{27}\dfrac{1}{s}+\dfrac{-1}{27}\dfrac{1}{s+3}
& \dfrac{1}{3}\dfrac{1}{s^3}+\dfrac{-1}{9}\dfrac{1}{s^2}+\dfrac{1}{27}\dfrac{1}{s}+\dfrac{-1}{27}\dfrac{1}{s+3} \\[4mm]
\dfrac{1}{3}\dfrac{1}{s^3}+\dfrac{-4}{9}\dfrac{1}{s^2}+\dfrac{13}{27}\dfrac{1}{s}+\dfrac{-1}{2}\dfrac{1}{s+1}+\dfrac{1}{54}\dfrac{1}{s+3}
& \dfrac{1}{3}\dfrac{1}{s^3}+\dfrac{-1}{9}\dfrac{1}{s^2}+\dfrac{1}{27}\dfrac{1}{s}+\dfrac{-1}{27}\dfrac{1}{s+3}
& \dfrac{1}{3}\dfrac{1}{s^2}+\dfrac{-1}{9}\dfrac{1}{s}+\dfrac{1}{9}\dfrac{2}{s^3}+\dfrac{-2}{s}+\dfrac{2}{27}\dfrac{1}{s}+\dfrac{-2}{27}\dfrac{1}{s+3} \\[-1mm] & & -\left(\dfrac{1}{3}\dfrac{1}{s^3}+\dfrac{-4}{9}\dfrac{1}{s^2}+\dfrac{13}{27}\dfrac{1}{s}+\dfrac{-1}{2}\dfrac{1}{s+1}+\dfrac{1}{54}\dfrac{1}{s+3}\right)
\end{bmatrix}
\begin{bmatrix} \dfrac{4}{1000} \\[2mm] \dfrac{4}{1000} \\[2mm] \dfrac{4}{1000} \end{bmatrix}
\tag{48}
$$

式 (48) の部分分数を整理すると式 (49) となる。

$$
\begin{bmatrix} X_{1F}(s) \\ X_{2F}(s) \\ X_{3F}(s) \end{bmatrix} =
\begin{bmatrix}
\dfrac{1}{3}\dfrac{1}{s^3}+\dfrac{5}{9}\dfrac{1}{s^2}+\dfrac{-14}{27}\dfrac{1}{s}+\dfrac{1}{2}\dfrac{1}{s+1}+\dfrac{1}{54}\dfrac{1}{s+3}
& \dfrac{1}{3}\dfrac{1}{s^3}+\dfrac{-1}{9}\dfrac{1}{s^2}+\dfrac{1}{27}\dfrac{1}{s}+\dfrac{-1}{27}\dfrac{1}{s+3}
& \dfrac{1}{3}\dfrac{1}{s^3}+\dfrac{-4}{9}\dfrac{1}{s^2}+\dfrac{13}{27}\dfrac{1}{s}+\dfrac{-1}{2}\dfrac{1}{s+1}+\dfrac{1}{54}\dfrac{1}{s+3} \\[4mm]
\dfrac{1}{3}\dfrac{1}{s^3}+\dfrac{-1}{9}\dfrac{1}{s^2}+\dfrac{1}{27}\dfrac{1}{s}+\dfrac{-1}{27}\dfrac{1}{s+3}
& \dfrac{1}{3}\dfrac{1}{s^3}+\dfrac{2}{9}\dfrac{1}{s^2}+\dfrac{-2}{27}\dfrac{1}{s}+\dfrac{2}{27}\dfrac{1}{s+3}
& \dfrac{1}{3}\dfrac{1}{s^3}+\dfrac{-1}{9}\dfrac{1}{s^2}+\dfrac{1}{27}\dfrac{1}{s}+\dfrac{-1}{27}\dfrac{1}{s+3} \\[4mm]
\dfrac{1}{3}\dfrac{1}{s^3}+\dfrac{-4}{9}\dfrac{1}{s^2}+\dfrac{13}{27}\dfrac{1}{s}+\dfrac{-1}{2}\dfrac{1}{s+1}+\dfrac{1}{54}\dfrac{1}{s+3}
& \dfrac{1}{3}\dfrac{1}{s^3}+\dfrac{-1}{9}\dfrac{1}{s^2}+\dfrac{1}{27}\dfrac{1}{s}+\dfrac{-1}{27}\dfrac{1}{s+3}
& \dfrac{1}{3}\dfrac{1}{s^3}+\dfrac{5}{9}\dfrac{1}{s^2}+\dfrac{-14}{27}\dfrac{1}{s}+\dfrac{1}{2}\dfrac{1}{s+1}+\dfrac{1}{54}\dfrac{1}{s+3}
\end{bmatrix}
\begin{bmatrix} \dfrac{4}{1000} \\[2mm] \dfrac{4}{1000} \\[2mm] \dfrac{4}{1000} \end{bmatrix}
\tag{49}
$$

式 (49) を基本式通りに逆ラプラス変換すると式 (50) を得る。

$$
\begin{bmatrix} X_{1F}(s) \\ X_{2F}(s) \\ X_{3F}(s) \end{bmatrix} =
\begin{bmatrix}
\dfrac{1}{3}\dfrac{t^2}{2!}+\dfrac{5}{9}\dfrac{t^1}{1!}-\dfrac{14}{27}\dfrac{t^0}{0!}+\dfrac{1}{2}e^{-t}+\dfrac{1}{54}e^{-3t}
& \dfrac{1}{3}\dfrac{t^2}{2!}-\dfrac{1}{9}\dfrac{t^1}{1!}+\dfrac{1}{27}\dfrac{t^0}{0!}-\dfrac{1}{27}e^{-3t}
& \dfrac{1}{3}\dfrac{t^2}{2!}-\dfrac{4}{9}\dfrac{t^1}{1!}+\dfrac{13}{27}\dfrac{t^0}{0!}-\dfrac{1}{2}e^{-t}+\dfrac{1}{54}e^{-3t} \\[4mm]
\dfrac{1}{3}\dfrac{t^2}{2!}-\dfrac{1}{9}\dfrac{t^1}{1!}+\dfrac{1}{27}\dfrac{t^0}{0!}-\dfrac{1}{27}e^{-3t}
& \dfrac{1}{3}\dfrac{t^2}{2!}+\dfrac{2}{9}\dfrac{t^1}{1!}-\dfrac{2}{27}\dfrac{t^0}{0!}+\dfrac{2}{27}e^{-3t}
& \dfrac{1}{3}\dfrac{t^2}{2!}-\dfrac{1}{9}\dfrac{t^1}{1!}+\dfrac{1}{27}\dfrac{t^0}{0!}-\dfrac{1}{27}e^{-3t} \\[4mm]
\dfrac{1}{3}\dfrac{t^2}{2!}-\dfrac{4}{9}\dfrac{t^1}{1!}+\dfrac{13}{27}\dfrac{t^0}{0!}-\dfrac{1}{2}e^{-t}+\dfrac{1}{54}e^{-3t}
& \dfrac{1}{3}\dfrac{t^2}{2!}-\dfrac{1}{9}\dfrac{t^1}{1!}+\dfrac{1}{27}\dfrac{t^0}{0!}-\dfrac{1}{27}e^{-3t}
& \dfrac{1}{3}\dfrac{t^2}{2!}+\dfrac{5}{9}\dfrac{t^1}{1!}-\dfrac{14}{27}\dfrac{t^0}{0!}+\dfrac{1}{2}e^{-t}+\dfrac{1}{54}e^{-3t}
\end{bmatrix}
\begin{bmatrix} \dfrac{4}{1000} \\[2mm] \dfrac{4}{1000} \\[2mm] \dfrac{4}{1000} \end{bmatrix}
\tag{50}
$$

式 (50) を整理して式 (51) を得る。

$$\begin{bmatrix} X_{1F}(s) \\ X_{2F}(s) \\ X_{3F}(s) \end{bmatrix} = \begin{bmatrix} \frac{1}{6}t^2 + \frac{5}{9}t - \frac{14}{27} + \frac{1}{2}e^{-t} + \frac{1}{54}e^{-3t} & \frac{1}{6}t^2 - \frac{1}{9}t + \frac{1}{27} - \frac{1}{27}e^{-3t} & \frac{1}{6}t^2 - \frac{4}{9}t + \frac{13}{27} - \frac{1}{2}e^{-t} + \frac{1}{54}e^{-3t} \\ \frac{1}{6}t^2 - \frac{1}{9}t + \frac{1}{27} - \frac{1}{27}e^{-3t} & \frac{1}{6}t^2 + \frac{2}{9}t - \frac{2}{27} + \frac{2}{27}e^{-3t} & \frac{1}{6}t^2 - \frac{1}{9}t + \frac{1}{27} - \frac{1}{27}e^{-3t} \\ \frac{1}{6}t^2 - \frac{4}{9}t + \frac{13}{27} - \frac{1}{2}e^{-t} + \frac{1}{54}e^{-3t} & \frac{1}{6}t^2 - \frac{1}{9}t + \frac{1}{27} - \frac{1}{27}e^{-3t} & \frac{1}{6}t^2 + \frac{5}{9}t - \frac{14}{27} + \frac{1}{2}e^{-t} + \frac{1}{54}e^{-3t} \end{bmatrix} \begin{bmatrix} \frac{4}{1000} \\ \frac{4}{1000} \\ \frac{4}{1000} \end{bmatrix}$$

(51)

2.6 3セル間ばらつき解消シミュレーション（外部電源あり）

図17で示したバラつき解消の結果は、外部電源の影響を考慮していない。各セル電圧の推移は、状態変数の初期解のみで求めている。図19は、さらに外部電源の影響を考慮している。各セル電圧の推移は、状態変数の初期解に加え前項で解析した強制解を加えて求めている。外部電源の影響を考慮すると、セル間バラつきが解消されてからも、外部電源からの充電エネルギを受け取り、各セルの電圧は同様に上昇することが確認できる。この領域は、定常運転状態となるので、バッテリから負荷へエネルギが供給されるため、実際は電圧が上がりっぱなしになる訳ではない。

図20は、図18で示した各セルのバラつき電圧状態から外部電源からのエネルギ供給分を考慮したシミュレーション結果を示す。セル3の初

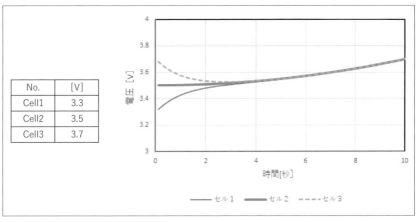

〔図19〕3セル間ばらつき解消シミュレーション（外部電源あり）

○第4章　バッテリマネジメント制御

期電圧のみを図17の初期電圧状態から上昇させたため全体の電圧収束値は上昇しており、外部電源からの充電エネルギを受け取ると、各セルの電圧は図18に比べてさらに上昇することが確認できる。

　バッテリマネジメントの一環としてバッテリエネルギの均等化に関する解析を行い、解析結果を用いてシミュレーションを行った。3セル間での初期状態にバラつきが出ていても、セル間を接続することで、セル間のばらつきが解消されることが、シミュレーションにより確認できた。図15の上段に示した2セルしかいない電池構成であれば、お互いのセルを接続すれば均等化することは容易に想像がつく。更にセルを増やした場合も同様に均等化するのかどうか、確信を持って応えるには、きちんとシステム解析を行う必要がある。システム解析ができれば、システム定数を変更することで、様々なシステム状態についてシミュレートすることができ利便性が大幅に向上する。複数のバッテリでシステムを構成する場合、セル間のエネルギを均等化することでバラつきが少なくなる。ばらつきを考慮しないと正常稼働できなかったシステムが、バラつき分を考慮しなくて済むことになり、システムのダイナミックレンジが大幅に向上することになる。

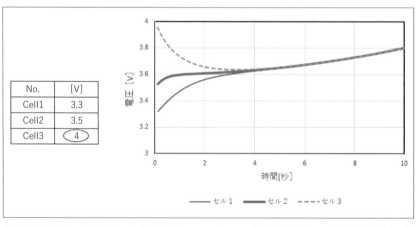

〔図20〕3セル間ばらつき解消シミュレーション（外部電源あり／初期電圧違い）

第3節　バッテリの状態変数と
バッテリマネジメント制御

　ハイブリッド車や電気自動車の駆動用バッテリについて適切なマネジメントを考えた場合、まず目標とするところは、設計寿命通り制御できることにある。バッテリは電気化学製品であり、使っていなくても常に劣化の進行という問題が介在する。バッテリは高負荷で運用すれば、指数関数的に寿命が進行することは反応論から理解できるものの、通常負荷運転していても設計寿命に届かないことは珍しいことではない。初期にできるだけ特性が揃ったバッテリセル同士を選別してバッテリボックスを組んでも、運用が進むにつれてバッテリセル間のばらつきが増大して、一番弱いセルが全体を律速する。律速セルの交換が必要になると、交換しても次に弱い律速セルが出現し、次々と弱くなったセルを交換し続けなければならない。この状況にバッテリボックスを構成するバッテリセル群が陥ると、定期点検や車検のチェックで対応できる問題ではなくなり、使う側のユーザにとっても、メンテナンスを担当する側のディーラーにとっても大変煩わしい状況となる。言うまでもなくバッテリを自動車の動力源として用いる場合は、複数のバッテリセルを直列接続して電圧を高め、負荷電流を抑える方法を取る。各バッテリセルへ流れる電流は同一ではあるものの、運用を通じて各バッテリセルの充放電特性が異なってくるため、何らかの手を加えなければ各バッテリセル間で発生したばらつきを収束させることはできない。現在は、自動車駆動用の二次電池はリチウムイオンバッテリがスタンダードとなり、リチウムイオンバッテリの発煙発火の問題に対してバッテリセルコントロールもスタンダードとなる。セル間に発生したばらつきをバッテリセルコントロールで安価に収束させるには、各バッテリセルに小さな抵抗を設けて、エネルギを抵抗放電させることで、セル間バラつきを抑える方法を取る。安価という点では評価できるものの、バッテリセルのエネルギを放電で捨てることになるため改善が求められる。本節では、バッテリセルのエネルギを捨てることなく移動することで、バッテリセルの容量平準化を行う手法について説明する。セル容量の平準化は、インダクタンス素子

で構成した均等充電回路を利用する。最初に回路動作の説明を行い、続けて回路解析の説明を行う。回路解析では、回路方程式を立てて、これを状態方程式の形に構成し直し、ラプラス変換により解法に至るまでの過程を説明する。状態方程式は簡単な形で得られるので、ここでの解法としては、シグナルフローグラフを描くことで、Masonの利得則にしたがい解を求める方法について説明する。

1. リチウムイオンバッテリのエネルギを均等化する

図1にリチウムイオンバッテリのエネルギ均等化の回路例を示す。均等充電回路は、コイルのインダクタンスを利用し、図は二つのバッテリセル間の均等充電回路部を抜き出したものである。上段にあるバッテリセルのエネルギを下段にあるバッテリセルへ移動させる回路動作について説明する。エネルギの移動は、一度インダクタンス素子へ放電セル側のバッテリエネルギを移してから、充電側のセルへ移動させる方法を取る。各バッテリセルと並列に、ソーラパネルなどの外部からも充電エネ

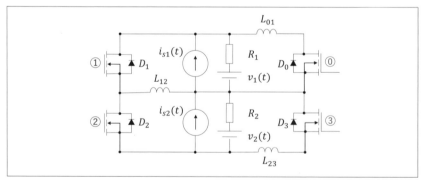

〔図1〕コイルのインダクタンスを利用した2バッテリセル間の均等充電回路
（⓪〜③：MOSFET半導体スイッチング素子、$D_0 \sim D_3$：ダイオード、$i_{s1}(t), i_{s2}(t)$：定電流電源、R_1, R_2：回路抵抗、$v_1(t), v_2(t)$：バッテリセル電圧、$L_{01} \sim L_{23}$：インダクタンス素子。ただし、インダクタンス素子の末尾に示した添え字は、どのバッテリセル間でのエネルギの受け渡しに介在しているかを示す。例えば、L_{12}はバッテリセル電圧で示した$v_1(t)$と$v_2(t)$間のエネルギを受け渡すインダクタンス素子であることを示す）

ルギが利用できる回路構成とした。ソーラパネルは定電流電源として置き換えることができるため、同図では定電流電源として描いている。図1の回路構成は、上段のバッテリセルから下段のバッテリセルへエネルギを移動させることができるが、図のレイアウトを見て貰うと分かる通り、下段のバッテリセルから上段のバッテリセルへエネルギを移動させて均等化を図ることもできる。

　ここで図1の回路の動作についてモード別に分けて説明する。均等充電は、上段のバッテリセルから下段のバッテリセルへエネルギ移動させる場合とする。複数バッテリセルの均等充電回路を抜き出したのが図1なので、コイル L_{01} にはさらに上部にあるバッテリセルから、図1の上段のバッテリセルを均等充電するためのエネルギが蓄積されている状態とする。コイル L_{01} が、上段のバッテリセルを充電している状態から説明する。この状態をMode1とする。図2(a)は、Mode1の回路状態を示す。コイル L_{01} には黒矢印方向に誘起電圧が発生しており、白抜きの矢印の方向へ上段のバッテリセルを充電する閉回路が形成される。

　コイル L_{01} に蓄積されていたエネルギが吐き出され、図2(a)の上段のバッテリセルの、さらに上部にあるバッテリセルとの均等充電が終了すると、次のMode2へ回路動作が移動する。図2(b)は、Mode2の回路状態を示す。MOSFET半導体スイッチング素子①が点弧して導通状態となり、上段のバッテリセルのエネルギでコイル L_{12} は充電される。白抜きの矢印の方向へ上段のバッテリセルからコイル L_{12} を充電する電流に

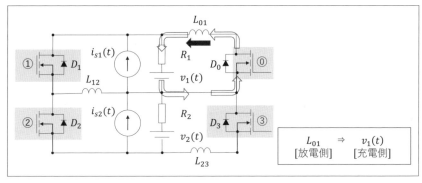

〔図2(a)〕Mode 1（MOSFETは全てOFF）

よる閉回路が形成される。コイル L_{12} には黒矢印方向に誘起電圧が発生する。ここで、MOSFET 半導体スイッチング素子、MOSFET 半導体スイッチング素子と逆並列に接続されるダイオード素子について、導通状態はそのまま描き、非導通状態はグレーのハッチングをかけて明示した。

図 2(c) は、Mode3 の回路状態を示す。MOSFET 半導体スイッチング素子①を消弧して非導通状態とする。上段のバッテリセルのエネルギで充電されているコイル L_{12} は黒矢印方向に誘起電圧の方向を反転させる。コイル L_{12} は、白抜きの矢印の方向へエネルギを吐き出して下段のバッテリセルを充電する閉回路を形成する。

コイル L_{12} に蓄積されていたエネルギが吐き出され、コイル L_{12} を介した上段のバッテリセルと下段のバッテリセルとの均等充電が終了する

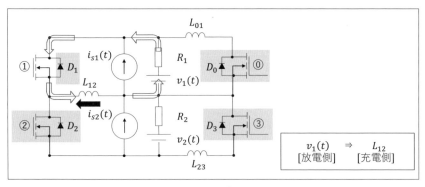

〔図 2(b)〕Mode 2（MOSFET ①を ON、その他は OFF）

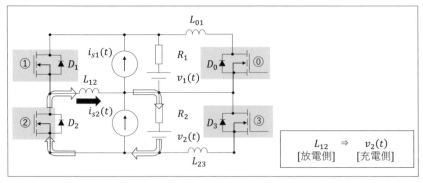

〔図 2(c)〕Mode 3（MOSFET ①を OFF、その他も OFF）

と、次の Mode4 へ回路動作が移動する。図 2(d) は、Mode4 の回路状態を示す。MOSFET 半導体スイッチング素子③が点弧して導通状態となり、下段のバッテリセルのエネルギでコイル L_{23} は充電される。白抜きの矢印の方向へ下段のバッテリセルからコイル L_{23} を充電する閉回路が形成される。コイル L_{23} には黒矢印方向に誘起電圧が発生する。

　以上で、上段のバッテリセルから下段のバッテリセルへエネルギを移動させる均等充電の作動説明は終わる。説明では、MOSFET 半導体スイッチング素子⓪と②は動くことがなかったので不要となる。上部に位置するバッテリセルの電圧が、下部のバッテリセル電圧よりも高い場合は上から下へのエネルギ移動は問題ないものの、上部のバッテリセル電圧が、下部のバッテリセル電圧よりも低い場合は、Mode1 から Mode4 の動作をさせてもエネルギは移動しない。上部のバッテリセル電圧が、下部のバッテリセル電圧よりも高い場合の均等充電に引き続いて、上部のバッテリセル電圧が、下部のバッテリセル電圧よりも低い場合の均等充電操作を行い、バッテリセル全体の均等化を図る必要がある。

　次は下段のバッテリセルから上段のバッテリセルへエネルギを移動させる均等充電動作について説明する。複数バッテリセルの均等充電回路を抜き出しているので、コイル L_{23} にはさらに下部にあるバッテリセルから、上部のバッテリセルを均等充電するためのエネルギが蓄積されている状態から説明する。この状態を Mode5 とする。図 2(e) は、Mode5 の回路状態を示す。コイル L_{23} には黒矢印方向に誘起電圧が発生してお

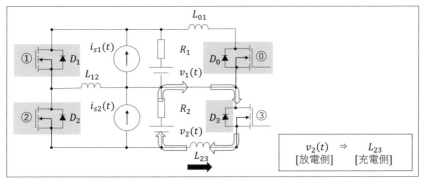

〔図 2(d)〕Mode 4 (MOSFET ③を ON、その他は OFF)

り，白抜きの矢印の方向へ図 2(e) の下段のバッテリセルを充電する閉回路が形成されている。

コイル L_{23} に蓄積されていたエネルギが吐き出され図 2(e) の下段のバッテリセルの均等充電が終了すると，次の Mode6 へ回路動作が移動する。図 2(f) は，Mode6 の回路状態を示す。MOSFET 半導体スイッチング素子②が点弧して導通状態となり，下段のバッテリセルのエネルギでコイル L_{12} は充電される。白抜きの矢印の方向へ下段のバッテリセルからコイル L_{12} を充電する閉回路が形成される。コイル L_{12} には黒矢印方向に誘起電圧が発生する。

図 2(g) は，Mode7 の回路状態を示す。MOSFET 半導体スイッチング素子②を消弧して非導通状態とする。下段のバッテリセルのエネルギで

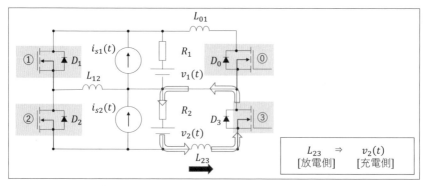

〔図 2(e)〕Mode 5（MOSFET は全て OFF）

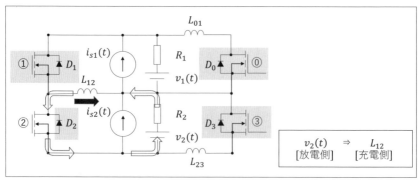

〔図 2(f)〕Mode 6（MOSFET ②を ON、その他は OFF）

充電されているコイル L_{12} は黒矢印方向に誘起電圧の方向を反転させる。コイル L_{12} は、白抜きの矢印の方向へエネルギを吐き出して上段のバッテリセルを充電する閉回路を形成する。

コイル L_{12} に蓄積されていたエネルギが吐き出され図 2(g) の上段のバッテリセルの均等充電が終了すると、次の Mode8 へ回路動作が移動する。図 2(h) は、Mode8 の回路状態を示す。MOSFET 半導体スイッチング素子⓪が点弧して導通状態となり、上段のバッテリセルのエネルギでコイル L_{01} は充電される。白抜きの矢印の方向へ上段のバッテリセルからコイル L_{01} を充電する閉回路が形成される。コイル L_{01} には黒矢印方向に誘起電圧が発生する。

以上で、下段のバッテリセルから上段のバッテリセルへエネルギを移

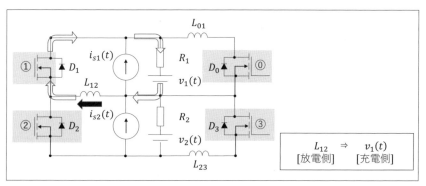

〔図 2(g)〕Mode 7（MOSFET は全て OFF）

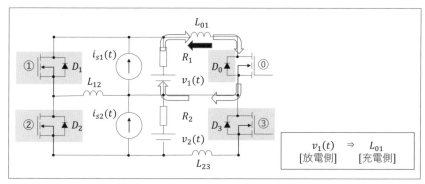

〔図 2(h)〕Mode 8（MOSFET ⓪を ON、その他は OFF）

◎ 第4章　バッテリマネジメント制御

動させる均等充電の動作説明は終わる。バッテリボックスを構成する全
セルの均等化充電には、上記で説明した均等化充電操作を全セルへ展開
する必要がある。バッテリボックス内では、隣り合うセルの電圧の大小
関係は様々である。上段セルから下段セルへのエネルギ移動と、下段セ
ルから上段セルへのエネルギ移動である Mode1 から Mode8 の均等化充
電操作を、1サイクル行うと、全セルが均等化する訳ではない。Mode1
から Mode8 の均等化充電サイクルを、繰り返し実施することで、バッ
テリセルのバラつきは、確実に収束していくことになる。

2．状態変数を使ってエネルギ均等化を可視化する

　図1と図2では、コイルのインダクタンスを利用した二つのバッテリ
セル間の均等充電回路動作について、動作モードに分けて説明した。動
作モードは、上段のバッテリセルから下段のバッテリセルへエネルギを
移動させるモード（Mode1 から Mode4）と、下段のバッテリセルから上
段のバッテリセルへエネルギを移動させるモード（Mode5 から Mode8）
があることを述べた。ここでは、状態変数を用いてバッテリセル間のエ
ネルギ均等化の可視化を試みる。動作モードは、上段のバッテリセルか
ら下段のバッテリセルへエネルギを移動させるモード（Mode1 から
Mode4）部を取り上げて説明する。図2(a)で示した Mode1 の動作状態は、
コイル L_{01} に蓄積されていたエネルギが吐き出され上段のバッテリセル
の均等充電を行うモードである。この時の白抜きの矢印で示した閉回路
に流れる電流は i_0、充電時の上段のバッテリセル電圧は v_{1c} とした。
Mode1 の回路方程式は式 (1) となる。

$$L_{01} \frac{di_0(t)}{dt} - v_{1c}(t) - \{i_0(t) + i_{s1}(t)\} R_1 = 0 \tag{1}$$

Mode2 の動作状態を図2(b)で示した。Mode2 は、MOSFET 半導体スイッ
チング素子①が点弧して導通状態となり、上段のバッテリセルのエネル
ギでコイル L_{12} が充電されるモードである。この時の白抜きの矢印で示
した閉回路に流れる電流を i_1、放電時の上段のバッテリセル電圧を v_{1d}
とした。Mode2 の回路方程式は式 (2) となる。

－ 152 －

$$v_{1d}(t) = L_{12}\frac{di_1(t)}{dt} + \{i_1(t) - i_{s1}(t)\}R_1 \tag{2}$$

Mode3 の動作状態を図 2(c) で示した。Mode3 は、MOSFET 半導体スイッチング素子①を消弧して上段のバッテリセルのエネルギで充電されているコイル L_{12} は黒矢印方向に誘起電圧の方向を反転させると、コイル L_{12} は、白抜きの矢印の方向へエネルギを吐き出して下段のバッテリセルを充電するモードである。この時の白抜きの矢印で示した閉回路に流れる電流を i_2、充電時の下段のバッテリセル電圧を v_{2c} とした。Mode3 の回路方程式は式 (3) となる。

$$L_{12}\frac{di_2(t)}{dt} - v_{2c}(t) - \{i_2(t) + i_{s2}(t)\}R_2 = 0 \tag{3}$$

Mode4 の動作状態を図 2(d) で示した。Mode4 は、MOSFET 半導体スイッチング素子③が点弧して導通状態となり、下段のバッテリセルのエネルギでコイル L_{23} が充電されるモードである。この時の白抜きの矢印で示した閉回路に流れる電流を i_3、充電時の下段のバッテリセル電圧を v_{2d} とした。Mode4 の回路方程式は式 (4) となる。

$$v_{2d}(t) = L_{23}\frac{di_3(t)}{dt} + \{i_3(t) - i_{s2}(t)\}R_2 \tag{4}$$

式 (1) から式 (4) について状態方程式の形へ変形する。1 階微分の項を左辺へ移行し、その他を右辺へ移行する。式 (5) は、式 (1) から式 (4) を順番に一括整理した式となる。

$$
\begin{aligned}
\frac{di_0(t)}{dt} &= \frac{1}{L_{01}}\Big[v_{1c}(t) + \{i_0(t) + i_{s1}(t)\}R_1\Big] \\
\frac{di_1(t)}{dt} &= \frac{1}{L_{12}}\Big[v_{1d}(t) - \{i_1(t) - i_{s1}(t)\}R_1\Big] \\
\frac{di_2(t)}{dt} &= \frac{1}{L_{12}}\Big[v_{2c}(t) + \{i_2(t) + i_{s2}(t)\}R_2\Big] \\
\frac{di_3(t)}{dt} &= \frac{1}{L_{23}}\Big[v_{2d}(t) - \{i_3(t) - i_{s2}(t)\}R_2\Big]
\end{aligned}
\tag{5}
$$

◯第4章　バッテリマネジメント制御

式 (6) の通り、回路電流をシステムの状態変数（x で示した）とし、バッテリセル電圧と外部電源からの充電電流をシステム入力（u で示した）とする。

$$x_1 = i_0(t)$$
$$x_2 = i_1(t)$$
$$x_3 = i_2(t)$$
$$x_4 = i_3(t)$$
$$u_1 = i_{s1}(t)$$
$$u_2 = v_{1c}(t) \tag{6}$$
$$u_3 = v_{1d}(t)$$
$$u_4 = i_{s2}(t)$$
$$u_5 = v_{2c}(t)$$
$$u_6 = v_{2d}(t)$$

式 (6) を用いて式 (5) をそのまま書換えると式 (7) となる。

$$\dot{x}_1 = \frac{1}{L_{01}}u_2 + \frac{R_1}{L_{01}}(x_1 + u_1)$$
$$\dot{x}_2 = \frac{1}{L_{12}}u_3 + \frac{R_1}{L_{12}}(-x_2 + u_1)$$
$$\dot{x}_3 = \frac{1}{L_{12}}u_5 + \frac{R_2}{L_{12}}(x_3 + u_4) \tag{7}$$
$$\dot{x}_4 = \frac{1}{L_{23}}u_6 + \frac{R_2}{L_{23}}(-x_4 + u_4)$$

— 154 —

式 (7) を状態方程式の形に整理すると式 (8) となる。

$$\dot{x}_1 = \frac{R_1}{L_{01}}x_1 + \frac{R_1}{L_{01}}u_1 + \frac{1}{L_{01}}u_2$$

$$\dot{x}_2 = -\frac{R_1}{L_{12}}x_2 + \frac{R_1}{L_{12}}u_1 + \frac{1}{L_{12}}u_3$$

$$\dot{x}_3 = \frac{R_2}{L_{12}}x_3 + \frac{R_2}{L_{12}}u_4 + \frac{1}{L_{12}}u_5 \tag{8}$$

$$\dot{x}_4 = -\frac{R_2}{L_{23}}x_4 + \frac{R_2}{L_{23}}u_4 + \frac{1}{L_{23}}u_6$$

式 (8) をマトリックス形式で書くと式 (9) となる。式 (9) をラプラス変換すると式 (10) となる。ここで、$x_1(0)$ から $x_4(0)$ は状態変数の初期値を表す。

$$
\begin{bmatrix} \dot{x}_1 \\ \dot{x}_2 \\ \dot{x}_3 \\ \dot{x}_4 \end{bmatrix}
=
\begin{bmatrix}
\dfrac{R_1}{L_{01}} & 0 & 0 & 0 \\
0 & -\dfrac{R_1}{L_{12}} & 0 & 0 \\
0 & 0 & \dfrac{R_2}{L_{12}} & 0 \\
0 & 0 & 0 & -\dfrac{R_2}{L_{23}}
\end{bmatrix}
\begin{bmatrix} x_1 \\ x_2 \\ x_3 \\ x_4 \end{bmatrix}
+
\begin{bmatrix}
\dfrac{R_1}{L_{01}} & \dfrac{1}{L_{01}} & 0 & 0 & 0 & 0 \\
\dfrac{R_1}{L_{12}} & 0 & \dfrac{1}{L_{12}} & 0 & 0 & 0 \\
0 & 0 & 0 & \dfrac{R_2}{L_{12}} & \dfrac{1}{L_{12}} & 0 \\
0 & 0 & 0 & \dfrac{R_2}{L_{23}} & 0 & \dfrac{1}{L_{23}}
\end{bmatrix}
\begin{bmatrix} u_1 \\ u_2 \\ u_3 \\ u_4 \\ u_5 \\ u_6 \end{bmatrix}
\tag{9}
$$

$$\begin{bmatrix} sX_1(s)-x_1(0) \\ sX_2(s)-x_2(0) \\ sX_3(s)-x_3(0) \\ sX_4(s)-x_4(0) \end{bmatrix} =$$

$$\begin{bmatrix} \dfrac{R_1}{L_{01}} & 0 & 0 & 0 \\ 0 & -\dfrac{R_1}{L_{12}} & 0 & 0 \\ 0 & 0 & \dfrac{R_2}{L_{12}} & 0 \\ 0 & 0 & 0 & -\dfrac{R_2}{L_{23}} \end{bmatrix} \begin{bmatrix} X_1(s) \\ X_2(s) \\ X_3(s) \\ X_4(s) \end{bmatrix} + \begin{bmatrix} \dfrac{R_1}{L_{01}} & \dfrac{1}{L_{01}} & 0 & 0 & 0 & 0 \\ \dfrac{R_1}{L_{12}} & 0 & \dfrac{1}{L_{12}} & 0 & 0 & 0 \\ 0 & 0 & 0 & \dfrac{R_2}{L_{12}} & \dfrac{1}{L_{12}} & 0 \\ 0 & 0 & 0 & \dfrac{R_2}{L_{23}} & 0 & \dfrac{1}{L_{23}} \end{bmatrix} \begin{bmatrix} U_1(s) \\ U_2(s) \\ U_3(s) \\ U_4(s) \\ U_5(s) \\ U_6(s) \end{bmatrix}$$

(10)

式 (10) は、状態変数を用いて Mode1 から Mode4 までの均等充電回路の方程式を表現したものである。この均等充電回路の方程式を可視化する。図3は、シグナルフローを用いて式 (10) を表している。

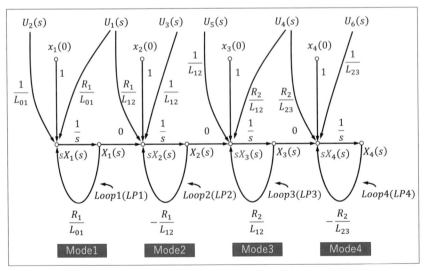

〔図3〕シグナルフローグラフを用いた均等充電回路の状態方程式

図3のシグナルフローにしたがい、Mason の利得則を用いて解く。左から右へ Mode が進んでゆく。信号の流れとは逆方向へループを描いて還流するループ1（LP1）からループ4（LP4）の流れが確認できる。このループ流れをグラフデターミネント Δ を使って整理する。Mode1 は、LP1 の還流ループがあるので、グラフデターミネント Δ_{LP1} とすると式 (11) となる。

$$\Delta_{LP1} = 1 - LP_1 \tag{11}$$

LP1 の伝達利得はループ上に示した伝達利得を掛け合わせると式 (12) となる。

$$LP_1 = \frac{1}{s} \times \frac{R_1}{L_{01}} = \frac{R_1}{L_{01}} \frac{1}{s} \tag{12}$$

グラフデターミネント Δ_{LP1} の式 (11) は、式 (12) より次式とも書ける。

$$\Delta_{LP1} = 1 - \frac{R_1}{L_{01}} \frac{1}{s} \tag{11}'$$

Mode2 は、LP2 の還流ループがあるので、グラフデターミネント Δ_{LP2} とすると式 (13) となる。

$$\Delta_{LP2} = 1 - LP_2 \tag{13}$$

LP2 の伝達利得はループ上に示した伝達利得を掛け合わせると式 (14) となる。

$$LP_2 = \frac{1}{s} \times \left(-\frac{R_1}{L_{12}} \right) = -\frac{R_1}{L_{12}} \frac{1}{s} \tag{14}$$

グラフデターミネント Δ_{LP2} は式 (15) となる。

$$\Delta_{LP2} = 1 + \frac{R_1}{L_{12}} \frac{1}{s} \tag{15}$$

Mode3 は、LP3 の還流ループがあるので、グラフデターミネント Δ_{LP3} とすると式 (16) となる。

◯第4章　バッテリマネジメント制御

$$\Delta_{LP3} = 1 - LP_3 \tag{16}$$

LP3の伝達利得はループ上に示した伝達利得を掛け合わせると式(17)となる。

$$LP_3 = \frac{1}{s} \times \frac{R_2}{L_{12}} = \frac{R_2}{L_{12}} \frac{1}{s} \tag{17}$$

グラフデターミネント Δ_{LP3} は式(18)となる。

$$\Delta_{LP3} = 1 - \frac{R_2}{L_{12}} \frac{1}{s} \tag{18}$$

Mode4は、LP4の還流ループがあるので、グラフデターミネント Δ_{LP4} とすると式(19)となる。

$$\Delta_{LP4} = 1 - LP_4 \tag{19}$$

LP4の伝達利得はループ上に示した伝達利得を掛け合わせると式(20)となる。

$$LP_4 = \frac{1}{s} \times \left(-\frac{R_2}{L_{23}} \right) = -\frac{R_2}{L_{23}} \frac{1}{s} \tag{20}$$

グラフデターミネント Δ_{LP4} は式(21)となる。

$$\Delta_{LP4} = 1 + \frac{R_2}{L_{23}} \frac{1}{s} \tag{21}$$

図3を用いて状態変数 x_1 のラプラス変換値である $X_1(s)$ から、状態変数 x_4 のラプラス変換値である $X_4(s)$ に至る信号の流れを解析する。これは、式(10)を変形して式(22)で示した各伝達利得 G を求めることになる。ここでは、各パラメータにかかる伝達利得を G_{11} から G_{4a} で表した。

$$
\begin{bmatrix} X_1(s) \\ X_2(s) \\ X_3(s) \\ X_4(s) \end{bmatrix} = \begin{bmatrix} G_{11} & G_{12} & G_{13} & G_{14} \\ G_{21} & G_{22} & G_{23} & G_{24} \\ G_{31} & G_{32} & G_{33} & G_{34} \\ G_{41} & G_{42} & G_{43} & G_{44} \end{bmatrix} \begin{bmatrix} x_1(0) \\ x_2(0) \\ x_3(0) \\ x_4(0) \end{bmatrix}
$$

$$
+ \begin{bmatrix} G_{15} & G_{16} & G_{17} & G_{18} & G_{19} & G_{1a} \\ G_{25} & G_{26} & G_{27} & G_{28} & G_{29} & G_{2a} \\ G_{35} & G_{36} & G_{37} & G_{38} & G_{39} & G_{3a} \\ G_{45} & G_{46} & G_{47} & G_{48} & G_{49} & G_{4a} \end{bmatrix} \begin{bmatrix} U_1(s) \\ U_2(s) \\ U_3(s) \\ U_4(s) \\ U_5(s) \\ U_6(s) \end{bmatrix} \tag{22}
$$

式 (22) に示した伝達利得を求める。伝達利得を求める考え方は一緒なので、代表例として図 3 で示した端点 $x_1(0)$ から $X_1(s)$ へ至るパスを取り上げ、このパスの伝達利得 G_{11} を求める。端点 $x_1(0)$ から $X_1(s)$ へ至る経路のパス利得 P_{11} は、図 3 の当該パスライン上に示した伝達利得を掛け合わせると式 (23) となる。

$$
P_{11} = 1 \times \frac{1}{s} = \frac{1}{s} \tag{23}
$$

$x_1(0)$ から $X_1(s)$ へ流れるパスと交わらないループを余因子ループ $\tilde{P}_{11}$ と呼ぶ。余因子ループ $\tilde{P}_{11}$ は存在しないので式 (24) の関係が成立する。

$$
\tilde{P}_{11} = 0 \tag{24}
$$

一般に、対象パスの端点から終点へ至る流れへ余因子ループの流れを考慮する必要がある。今回は、余因子ループ $\tilde{P}_{11}$ は存在しないので、余因子ループ流れを反映したグラフデターミネント Δ_{11} は式 (25) の通りとなる。結果の値に括弧を設けているのは、計算は「1」となるが、これは演算した結果であることを示すためである。

$$
\Delta_{11} = 1 - \tilde{P}_{11} = 1 - 0 = (1) \tag{25}
$$

○第4章　バッテリマネジメント制御

$x_1(0)$ から $X_1(s)$ への伝達利得 G_{11} は Mason の利得則を用いて求めると式 (26) となる。

$$G_{11} = \frac{P_{11} \times \Delta_{11}}{\Delta_{LP1}} = \frac{\dfrac{1}{s} \times (1)}{\Delta_{LP1}} \tag{26}$$

同様の操作を、$X_1(s)$ の各パラメータにかかる伝達利得 G_{12} から G_{1a} について行う。$X_1(s)$ は展開すると式 (27) と書ける。

$$X_1(s) = G_{11}x_1(0) + G_{12}x_2(0) + G_{13}x_3(0) + G_{14}x_4(0)$$
$$+ G_{15}U_1(s) + G_{16}U_2(s) + G_{17}U_3(s) + G_{18}U_4(s) + G_{19}U_5(s) + G_{1a}U_6(s) \tag{27}$$

$X_1(s)$ の各パラメータにかかる伝達利得 G_{11} から G_{1a} を求めて式 (27) へ代入すると式 (28) となる。

$$X_1(s) = \frac{\dfrac{1}{s} \times (1)}{\Delta_{LP1}} \times x_1(0) + 0 \times x_2(0) + 0 \times x_3(0) + 0 \times x_4(0)$$

$$+ \frac{\dfrac{R_1}{L_{01}}\dfrac{1}{s} \times (1)}{\Delta_{LP1}} U_1(s) + \frac{\dfrac{1}{L_{01}}\dfrac{1}{s} \times (1)}{\Delta_{LP1}} U_2(s) + 0 \times U_3(s) + 0 \times U_4(s) + 0 \times U_5(s) + 0 \times U_6(s) \tag{28}$$

同様の展開を $X_1(s)$ 以外の状態変数でも行う。式 (22) で示した行列を整理すると式 (29) の結果が得られる。

− 160 −

$$
\begin{bmatrix} X_1(s) \\ X_2(s) \\ X_3(s) \\ X_4(s) \end{bmatrix} = \begin{bmatrix} \dfrac{\frac{1}{s}\times(1)}{\Delta_{LP1}} & 0 & 0 & 0 \\[2.2em] 0 & \dfrac{\frac{1}{s}\times(1)}{\Delta_{LP2}} & 0 & 0 \\[2.2em] 0 & 0 & \dfrac{\frac{1}{s}\times(1)}{\Delta_{LP3}} & 0 \\[2.2em] 0 & 0 & 0 & \dfrac{\frac{1}{s}\times(1)}{\Delta_{LP4}} \end{bmatrix} \begin{bmatrix} x_1(0) \\ x_2(0) \\ x_3(0) \\ x_4(0) \end{bmatrix}
$$

$$
+ \begin{bmatrix} \dfrac{\frac{R_1}{L_{01}}\frac{1}{s}\times(1)}{\Delta_{LP1}} & \dfrac{\frac{1}{L_{01}}\frac{1}{s}\times(1)}{\Delta_{LP1}} & 0 & 0 & 0 & 0 \\[2.2em] \dfrac{\frac{R_1}{L_{12}}\frac{1}{s}\times(1)}{\Delta_{LP2}} & 0 & \dfrac{\frac{1}{L_{12}}\frac{1}{s}\times(1)}{\Delta_{LP2}} & 0 & 0 & 0 \\[2.2em] 0 & 0 & 0 & \dfrac{\frac{R_2}{L_{12}}\frac{1}{s}\times(1)}{\Delta_{LP3}} & \dfrac{\frac{1}{L_{12}}\frac{1}{s}\times(1)}{\Delta_{LP3}} & 0 \\[2.2em] 0 & 0 & 0 & \dfrac{\frac{R_2}{L_{23}}\frac{1}{s}\times(1)}{\Delta_{LP4}} & 0 & \dfrac{\frac{1}{L_{23}}\frac{1}{s}\times(1)}{\Delta_{LP4}} \end{bmatrix} \begin{bmatrix} U_1(s) \\ U_2(s) \\ U_3(s) \\ U_4(s) \\ U_5(s) \\ U_6(s) \end{bmatrix}
$$

$$\text{(29)}$$

式 (29) で示した右辺の第 1 項は初期解を示し、右辺の第 2 項は強制解を示す。初期解を X_I、強制解を X_F で示すと式 (29) は式 (30) のように書けるはずである。

$$
\begin{bmatrix} X_1(s) \\ X_2(s) \\ X_3(s) \\ X_4(s) \end{bmatrix} = \begin{bmatrix} X_{1I}(s) \\ X_{2I}(s) \\ X_{3I}(s) \\ X_{4I}(s) \end{bmatrix} + \begin{bmatrix} X_{1F}(s) \\ X_{2F}(s) \\ X_{3F}(s) \\ X_{4F}(s) \end{bmatrix}
\tag{30}
$$

式 (30) にしたがって式 (29) を展開すると、式 (31) となる。

第4章　バッテリマネジメント制御

$$
\begin{bmatrix} X_1(s) \\ X_2(s) \\ X_3(s) \\ X_4(s) \end{bmatrix} =
\begin{bmatrix}
\dfrac{\frac{1}{s}\times(1)}{\Delta_{LP1}}x_1(0) \\[2.2ex]
\dfrac{\frac{1}{s}\times(1)}{\Delta_{LP2}}x_2(0) \\[2.2ex]
\dfrac{\frac{1}{s}\times(1)}{\Delta_{LP3}}x_3(0) \\[2.2ex]
\dfrac{\frac{1}{s}\times(1)}{\Delta_{LP4}}x_4(0)
\end{bmatrix}
+
\begin{bmatrix}
\dfrac{\frac{R_1}{L_{01}}\frac{1}{s}\times(1)}{\Delta_{LP1}}U_1(s) + \dfrac{\frac{1}{L_{01}}\frac{1}{s}\times(1)}{\Delta_{LP1}}U_2(s) \\[2.2ex]
\dfrac{\frac{R_1}{L_{12}}\frac{1}{s}\times(1)}{\Delta_{LP2}}U_1(s) + \dfrac{\frac{1}{L_{12}}\frac{1}{s}\times(1)}{\Delta_{LP2}}U_3(s) \\[2.2ex]
\dfrac{\frac{R_2}{L_{12}}\frac{1}{s}\times(1)}{\Delta_{LP3}}U_4(s) + \dfrac{\frac{1}{L_{12}}\frac{1}{s}\times(1)}{\Delta_{LP3}}U_5(s) \\[2.2ex]
\dfrac{\frac{R_2}{L_{23}}\frac{1}{s}\times(1)}{\Delta_{LP4}}U_4(s) + \dfrac{\frac{1}{L_{23}}\frac{1}{s}\times(1)}{\Delta_{LP4}}U_6(s)
\end{bmatrix}
$$

(31)

式 (31) のグラフデターミネント Δ 部へ式 (11) から式 (21) の関係を代入すると式 (32) となる。

$$
\begin{bmatrix} X_1(s) \\ X_2(s) \\ X_3(s) \\ X_4(s) \end{bmatrix} =
\begin{bmatrix}
\dfrac{\frac{1}{s}\times(1)}{1-\frac{R_1}{L_{01}}\frac{1}{s}}x_1(0) \\[3ex]
\dfrac{\frac{1}{s}\times(1)}{1+\frac{R_1}{L_{12}}\frac{1}{s}}x_2(0) \\[3ex]
\dfrac{\frac{1}{s}\times(1)}{1-\frac{R_2}{L_{12}}\frac{1}{s}}x_3(0) \\[3ex]
\dfrac{\frac{1}{s}\times(1)}{1+\frac{R_2}{L_{23}}\frac{1}{s}}x_4(0)
\end{bmatrix}
+
\begin{bmatrix}
\dfrac{\frac{R_1}{L_{01}}\frac{1}{s}\times(1)}{1-\frac{R_1}{L_{01}}\frac{1}{s}}U_1(s) + \dfrac{\frac{1}{L_{01}}\frac{1}{s}\times(1)}{1-\frac{R_1}{L_{01}}\frac{1}{s}}U_2(s) \\[3ex]
\dfrac{\frac{R_1}{L_{12}}\frac{1}{s}\times(1)}{1+\frac{R_1}{L_{12}}\frac{1}{s}}U_1(s) + \dfrac{\frac{1}{L_{12}}\frac{1}{s}\times(1)}{1+\frac{R_1}{L_{12}}\frac{1}{s}}U_3(s) \\[3ex]
\dfrac{\frac{R_2}{L_{12}}\frac{1}{s}\times(1)}{1-\frac{R_2}{L_{12}}\frac{1}{s}}U_4(s) + \dfrac{\frac{1}{L_{12}}\frac{1}{s}\times(1)}{1-\frac{R_2}{L_{12}}\frac{1}{s}}U_5(s) \\[3ex]
\dfrac{\frac{R_2}{L_{23}}\frac{1}{s}\times(1)}{1+\frac{R_2}{L_{23}}\frac{1}{s}}U_4(s) + \dfrac{\frac{1}{L_{23}}\frac{1}{s}\times(1)}{1+\frac{R_2}{L_{23}}\frac{1}{s}}U_6(s)
\end{bmatrix}
$$

(32)

式 (32) の行列内を整理して逆ラプラス変換できる形にまとめ直すと式 (33) となる。

$$
\begin{bmatrix} X_1(s) \\ X_2(s) \\ X_3(s) \\ X_4(s) \end{bmatrix} =
\begin{bmatrix} \dfrac{1}{s - \dfrac{R_1}{L_{01}}} x_1(0) \\[3ex] \dfrac{1}{s + \dfrac{R_1}{L_{12}}} x_2(0) \\[3ex] \dfrac{1}{s - \dfrac{R_2}{L_{12}}} x_3(0) \\[3ex] \dfrac{1}{s + \dfrac{R_2}{L_{23}}} x_4(0) \end{bmatrix} +
\begin{bmatrix} \dfrac{\dfrac{R_1}{L_{01}}}{s - \dfrac{R_1}{L_{01}}} U_1(s) + \dfrac{\dfrac{1}{L_{01}}}{s - \dfrac{R_1}{L_{01}}} U_2(s) \\[4ex] \dfrac{\dfrac{R_1}{L_{12}}}{s + \dfrac{R_1}{L_{12}}} U_1(s) + \dfrac{\dfrac{1}{L_{12}}}{s + \dfrac{R_1}{L_{12}}} U_3(s) \\[4ex] \dfrac{\dfrac{R_2}{L_{12}}}{s - \dfrac{R_2}{L_{12}}} U_4(s) + \dfrac{\dfrac{1}{L_{12}}}{s - \dfrac{R_2}{L_{12}}} U_5(s) \\[4ex] \dfrac{\dfrac{R_2}{L_{23}}}{s + \dfrac{R_2}{L_{23}}} U_4(s) + \dfrac{\dfrac{1}{L_{23}}}{s + \dfrac{R_2}{L_{23}}} U_6(s) \end{bmatrix}
\tag{33}
$$

得られた式 (33) へ回路抵抗 R_1 などの回路素子固有の数値を代入して各伝達利得を数値化する。式 (33) は、パラメータを数値化していないためこれ以上説明できないので、時間領域へ戻して解を得る場合の注意点を述べる。注意すべきことは、初期値の $x_1(0)$ などは、そのままの値をラプラス変換した伝達利得と掛け合わせて時間領域へ逆ラプラス変換すれば良いが、入力値 $U_1(s)$ などの項は、ラプラス変換した伝達利得と掛け合わせた結果を部分分数へ展開してから逆ラプラス変換する必要がある点である。

　本節では、バッテリセル間のエネルギを捨てることなく移動することでバッテリセル間の充電容量の平準化を行う手法について説明した。均等充電回路は、回路素子としてインダクタンスを用いることで、エネルギ移動させる回路とした。最初に、均等充電回路の動作について簡略化することなく説明した。次に、均等充電回路の回路方程式を求め、これ

◎第4章　バッテリマネジメント制御

を状態方程式に変換した形式でラプラス変換し、解法までの過程を示した。一般に、単位マトリックスを使ってマトリックスの形で解法を進めるが、今回は状態方程式を可視化して、視覚的に理解が得られる方法を採った。状態方程式の可視化には、ラプラス変換した回路方程式でシグナルフローグラフを描くことで、Mason の利得則にしたがい解法を進めた。

　説明が長くなるので、均等充電回路の回路方程式による解法は、上段のバッテリセルから下段のバッテリセルへエネルギを移動させる Mode1 から Mode4 の動作に限定した。同様の手法で下段のバッテリセルから上段のバッテリセルへエネルギを移動させる Mode5 から Mode8 の動作については、同様に回路方程式による解法ができるものと考える。

第4節　AI（人工知能）とバッテリマネジメント制御

　AI（人工知能）を利用したバッテリマネジメント制御は、世の中の動向と同じように、これからのバッテリマネジメント制御の本流になると考えられる。AI で進展著しいのは、大量のデータを扱う画像認識や音声認識の分野である。大量のデータを用意できれば、AI がアルゴリズムにしたがい判定処理をしてくれる。大量の教師データを AI に与えて学習させなくても、必要数のデータを与えれば AI が推論を繰り返して判定する深層学習も実用化されている。電池のマネジメントでは、電池情報として測定可能な電圧、電流、温度、SOC やインピーダンスデータなどを利用して制御することになる。AI に画像処理させるには、これらの情報を画像データとして与えることになる。本節では、電池情報を画像データで与えて判定処理させる方法について基礎的内容から解説する。

1．AI 技術の発展

　近年、人工知能（artificial intelligence、AI）の進展に目覚しいものがあり、身の回りにあるものが知らず知らずのうちに、高知能化されている。

－ 164 －

例えば宅配のドライバーは、AI の指示にしたがいクルマを運転することで、効率的な配送を実現している。AI を使ったアルゴリズムは、従来コンピュータが得意とする高速繰り返し計算に負うところが多い。近年は、汎用コンピュータでも能力が向上していることと、大容量メモリーの搭載が可能となり、大規模データが扱えるようになってきたことで、過去に経験したような事象に対して、正解に近い解へとたどり着くことが可能となった。例えば、気象予報の世界では、過去の膨大なデータから台風の進路を予測することも実際行われており、被害を未然に防ぐようになっている。同様のことが、株や為替相場の予測からギャンブルの勝ち負けまで精度の高い予測ができるようになると、錬金術に取りつかれていたニュートンの時代が、現代へ蘇るかも知れない。人工知能は古くから研究されていたが、最近脚光を浴びるようになったのは、過去の膨大なデータから、AI 自身が自ら学ぶということが実現したことによる。今までの人工知能は、人間が情報をインプットして教え込むことで動いていた。例えば、郵便番号の読み取りは以前から実用化されていたが、今までの AI は、様々な人間が書いた筆跡を、人間が AI へ教え込むことで、人工知能に文字を認識させていた。現在の人工知能は、文字を教え込むのではない。様々な文字のパターンは大規模データとして用意はするものの、データとして用意されていないパターンも、人工知能がまるで人間が学習するかのように自ら学び認識することが可能となった。人工知能自らも、次々と進化するように変わってきている。この自ら学ぶことを実現させた方式を、ニューラルネットワークと呼んでおり、人間の頭脳を形成する神経細胞を真似た作りになっている。神経細胞（ニューロン）は、それぞれの細胞が多数の手を持っていて、細胞同士が手を伸ばし、シナプスを介して情報のやり取りを行う。

2．ニューラルネットワーク制御

2.1　ニューロン

　ニューロンの動きはどのようになっているのであろうか。あるニューロンは、手をつないだニューロンからの出力信号を受け取るが、受け取った信号の総計が、あるしきい値を越えない限り、何の反応もしない。これ

は、オンかオフかの信号処理しかしないことを意味する。したがって、コンピュータが得意とする0か1かの信号処理をすれば良いのであり、ニューロンに似た動きを、AIを使って再現させ易いということになる。しかし、オンかオフだけしかないシステムの動作を考えると、適切な動きではないと考えられる。スムーズに動作するシステムの方が適切である。

実際、制御をする場合も、ステップ関数のようなオン／オフ関数は微分できないため、制御の連続性が保てず、最適な制御解を求めることもできない。ステップ関数のままでは、AIに制御動作を担って貰うことが難しくなる。そこで、連続微分可能な新たな関数を導入する必要が出てくる。AIでは、式(1)で示されるシグモイド関数 $\sigma(x)$ を導入することが良く用いられる。

$$\sigma(x) = \frac{1}{1+e^{-x}} \tag{1}$$

図1は、シグモイド関数とステップ関数を比較したものである。シグモイド関数の方が明らかに連続的に推移していることが理解できる。

2.2　ニューラルネットワークのアルゴリズム

ニューロンの動きを想定したAIには、はじめの第1層に複数の入力信号 x が入る。それぞれの入力信号 x には、信号の重要度にしたがい、重み w がかかり出力されると考える。また、出力信号 y は、ある閾値 b

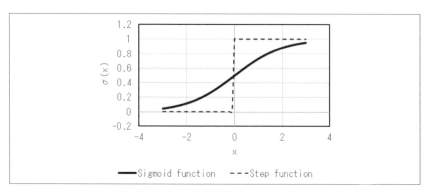

〔図1〕シグモイド関数とステップ関数

を越えない限り、動作しないことを考えて、閾値に相当するバイアス値 $b(<0)$ を導入する。以上から、AIへの信号入力 x と最初の出力信号 y の関係は、式(2)となる。

$$y = w_1x_1 + w_2x_2 + \ldots + w_{n-1}x_{n-1} + w_nx_n + b \tag{2}$$

AIが模擬するニューロンの動きの全体像を見てみることにする。図2は、入力信号から、中間層を経由して、出力信号までの信号の流れを示している。入力層である第1層の入力信号は、中間層である第2層の最上部のノードへ同図の通り入力される。第2層の最上部以外のノードへの入力信号は書いていないが、第1層から全ての信号が同様に入力されるものとする。第2層の最上部のノードから見た、中間層である第3

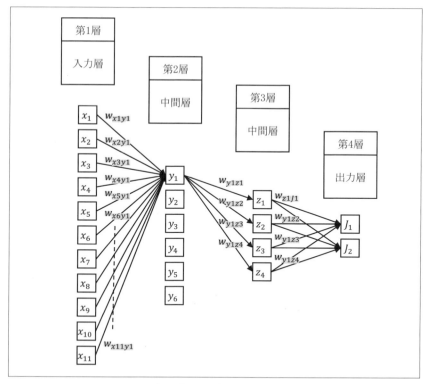

〔図2〕層間信号の流れ

◎ 第4章　バッテリマネジメント制御

層への出力信号は（中間層である第3層にとっては入力信号）、第3層の全てのノードへ出力される。第2層の最上部以外のノードからの出力信号は書いていないが、第2層の各ノードから、同様に第3層の全てのノードへ出力される。中間層である第3層から、出力層である第4層への出力信号は、同図の通り全ての信号が描いてある。手前の層の各ノードからの出力は、次の層の各ノードへの入力となる。図に矢印を描くと複雑になるが、各層の関係は規則的な関係となっているため、コンピュータのアルゴリズムも規則的となり、たやすくシステムが構築できることになる。

　さて、入力層と出力層があれば、とりあえず信号のやり取りは行われ、最終的な判定結果を得ることができる。中間層を設けているのは、手書きの郵便番号のように、パターン認識しても、明確に判別できない場合に対応できるようにするためである。これは、特徴を抽出することで、より確からしい答えにたどり着けるように、AIを構成するネットワーク全体で動作しているといえる。式 (2) で示した、重み値 w とバイアス値 b を最終的に最適な値へ見直すことを、大規模データを用いて行うことへと帰結することになる。この見直し作業を AI では、学習と呼んでいる。見直しするためには、教師データとして正解が必要である。AI が求めた結果と正解値とを比較して、差異が存在する場合はさらに正解に近づくように、重み値 w とバイアス値 b を更新する。この処理は、コンピュータが得意とする高速繰り返し計算に負うところとなる。正解値を t とし、AI が求めた出力値を s とすると、両者の差異は、目的関数、コスト関数、誤差関数、損失関数などと呼んでいる。ここでは、この差異関数を J とする。

$$J = \frac{1}{2m} \sum_{i=1}^{m} \left(t_i - s_i \right)^2 \tag{3}$$

式 (3) は、m をデータの大きさとした場合、二乗誤差の形を取っているが、回帰分析で用いる最小二乗法の考え方であると理解していただいて良い。

2.3　交差エントロピー

　正解値 t と深層学習による出力値 s について、両者の誤差を式 (3) の

－ 168 －

通り、二乗誤差により求めた。誤差の指標としてはわかり易いのだが、実際の計算では、例えば出力値に偏りが出ている場合など、誤差を収束させるのに時間がかかってしまう問題がある。誤差の収束には、後で説明する勾配降下法を用いる。急勾配であれば、急速に誤差は収束するが、二乗誤差は、指数関数的に収束することはない。この欠点を補う収束方法が、交差エントロピー法である。交差エントロピーを H とすると次式となる。

$$H = -\frac{1}{2m}\sum_{i=1}^{m} t_i \log s_i \tag{4}$$

式(4)より、正解値 t_i は教師データなので、正解となる確率分布を取る。深層学習による出力値 s_i は、誤りを含む確率分布となる。正解値と出力値の差を誤差とすると、誤差が大きくなればなるほど、交差エントロピーは増大する。ここで、深層学習による出力値 s_i が対数を取っているのは、誤差を早く収束させることを狙っている。なお、正解と不正解の2値判断をする場合、一般に対数の底を2とするので、図3ではこれに倣った。

図3は、交差エントロピーと二乗誤差について誤差の収束比較を示す。簡単のため、正解値 $t_i=1$ に固定し、出力値 s_i を正解値から大きく離れ

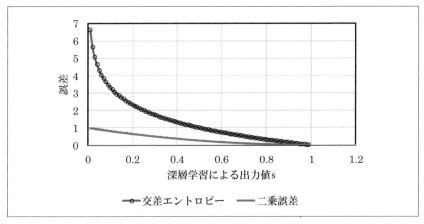

〔図3〕誤差の収束比較

◎第4章　バッテリマネジメント制御

たゼロ近傍から正解値の1まで、間隔を百に均等分割して両者を比較した。交差エントロピーを用いる場合、深層学習による出力値 s_i に対して、二乗誤差に比べて誤差を大きく認識することが分かる。誤差を収束させるには、勾配降下法を用いるが、交差エントロピーの方が、急勾配となり、急速に誤差を収束させることができる。このため、システム制御を高速化することが可能となる。なお、誤解のないように補足説明すると、図3の横軸は深層学習による出力値となっているが、この深層学習による出力値を変化させて、縦軸の交差エントロピーと二乗誤差に関する誤差を求めており、深層学習による出力値は縦軸に対する入力パラメータとなる。

さて、交差エントロピーは次のような効果も持ち合わせている。深層学習による出力値 s_i は、従来通り e を底として対数を取った形として式(4)を考える。この部分を次のようにおくと、

$$u_i = \log_e s_i \tag{5}$$

式(5)は次の通り書換えることができる。

$$s_i = e^{u_i} \tag{6}$$

例えば、$i=k$ の時は

$$s_k = e^{u_k} \tag{7}$$

深層学習による出力値は誤りを含み、この確率分布の中の u_k の確率 Q は、

$$Q = \frac{e^{u_k}}{\sum_{i=1}^{m} e^{u_i}} \tag{8}$$

となるが、u_i や u_k にバイアス α が加わっても式(9)の通り式(8)から変化することはなく、安定した冗長性のある系とすることができる。

$$Q = \frac{e^{u_k+\alpha}}{\sum_{i=1}^{m} e^{u_i+\alpha}} = \frac{e^{u_k}e^{\alpha}}{\sum_{i=1}^{m} e^{u_i}e^{\alpha}} = \frac{e^{u_k}\cancel{e^{\alpha}}}{\cancel{e^{\alpha}}\sum_{i=1}^{m} e^{u_i}} = \frac{e^{u_k}}{\sum_{i=1}^{m} e^{u_i}} \tag{9}$$

－ 170 －

さて、式(4)は負号が付いている。次のように変形して、正解値 t_i と、出力値 s_i の関係をわかり易くしてみる。

$$
\begin{aligned}
H &= -\frac{1}{2m}\sum_{i=1}^{m} t_i \log\ s_i \\
&= \frac{1}{2m}\sum_{i=1}^{m} t_i \left(-\log\ s_i\right) = \frac{1}{2m}\sum_{i=1}^{m} t_i \left(\log\ s_i^{-1}\right) \\
&= \frac{1}{2m}\sum_{i=1}^{m} t_i \left(\log\ \frac{1}{s_i}\right)
\end{aligned}
\tag{4}'
$$

上記の式は、式(4)を変形しただけであるが、正解値 t_i を期待値の項とし、出力値 s_i の逆数の対数値の期待値を説明する情報量として、交差エントロピーを利用することもある。卑近な例でいうと、1億以上の年収を得ている人は非常に少ないが、我が国では所得額は詳しく開示する必要がある。これは、高額所得者が存在する期待値はとても小さいが、所得を説明するには多くの情報量が必要であることをいっている。最も数十億の年収を得ているにもかかわらず、情報開示がなされていない場合、収監されて詳しく聞き取り調査がなされる場合もある。この場合も、交差エントロピーは式(4)にしたがい、十分な情報量が必要となり、高額年収である事実を正しく説明できるはずである。

表1は、ある年度のお年玉付き年賀はがきの当落について交差エントロピーによる平均情報量を求めている。

サイコロを一回振って、例えば「1」の目が出る場合の交差エントロピーは 0.65 であり、トランプカードでスペードを引く場合の交差エントロピーが 0.81 である。この二例に対して、お年玉付き年賀はがきの

〔表1〕お年玉付き年賀はがきと交差エントロピー

等級	賞品名	当せん割合	確率	情報量（bit）	交差エントロピー
1等	セレクトギフト（現金10万円）	100万本に1本	0.000001	19.931569	0.000020
2等	ふるさと小包など	1万本に1本	0.0001	13.287712	0.00139
3等	お年玉切手シート	100本に2本	0.02	5.643856	0.112877
はずれ			0.979899	0.029295	0.028706
お年玉付年賀の合計			1		0.142932

当落は 0.14（表1の右下に示した合計値）と少ない情報量となる。この場合は期待値である確率の多寡が影響しているといえる。

2.4　画像処理

ニューラルネットワークを使って、正解値と AI が求めた出力値との誤差を追い込んで、重み値 w とバイアス値 b を更新する方法について詳しく見てみたい。

図4は、この処理フローを示す全体図である。図5は、各処理の内部フローを示す図である。パターン認識で読み取った画像データは、各画像データに重みフィルタを適用し、この結果を合計して閾値であるユニットバイアス値と合わせて畳み込み処理（コンボリューション処理）を行う。変換前の畳み込み処理出力に、出力変換（シグモイド変換）処理を行う。ここでは、活性化関数としてシグモイド関数を用いて、出力変換処理することを想定している。続けて、中間層の処理である、プーリング処理を行う。プーリング処理を経た後に、必要な出力変換処理を行う。最後に、出力層の判定処理に入る。プーリング処理後の出力変換済みデータに重み係数をかけ合わせ、この結果を合計する。閾値であるユニットバイアス値と合わせて、出力層の処理結果を求める。更に、活性化関数による出力変換を行って、これを AI が求めた出力値とする。この AI が求めた出力値と、正解値の差異である2乗誤差を、式(3)の形で求める。

図5は、一つの画像データについて処理の流れを示している。大規模データを使って、誤差を追い込む場合は、同じ処理流れを、同様に他の画像に対して行う。

ここで、図2中間層である第2層と、入力層である第1層の関係について、式(2)の考えを使って、具体的に求めてみる。

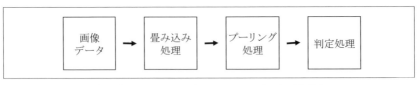

〔図4〕ニューラルネットワーク処理（全体）

$$y_1 = w_{x1y1}x_1 + w_{x2y1}x_2 + w_{x3y1}x_3 + w_{x4y1}x_4 + w_{x5y1}x_5 + w_{x6y1}x_6$$
$$+ w_{x7y1}x_7 + w_{x8y1}x_8 + w_{x9y1}x_9 + w_{x10y1}x_{10} + w_{x11y1}x_{11} + b_{xy}$$

$$y_2 = w_{x1y2}x_1 + w_{x2y2}x_2 + w_{x3y2}x_3 + w_{x4y2}x_4 + w_{x5y2}x_5 + w_{x6y2}x_6$$
$$+ w_{x7y2}x_7 + w_{x8y2}x_8 + w_{x9y2}x_9 + w_{x10y2}x_{10} + w_{x11y2}x_{11} + b_{xy}$$

以下同様に式を作ることができて、一般に y_n は式(10)となる。

$$y_n = w_{x1yn}x_1 + w_{x2yn}x_2 + w_{x3yn}x_3 + w_{x4yn}x_4 + w_{x5yn}x_5 + w_{x6yn}x_6$$
$$+ w_{x7yn}x_7 + w_{x8yn}x_8 + w_{x9yn}x_9 + w_{x10yn}x_{10} + w_{x11yn}x_{11} + b_{xy} \quad (10)$$

y に関しては、全部で11個の式ができる。

　図2の中間層である第3層と、この入力層である第2層の関係について、同様に式(2)を使って求めてみる。

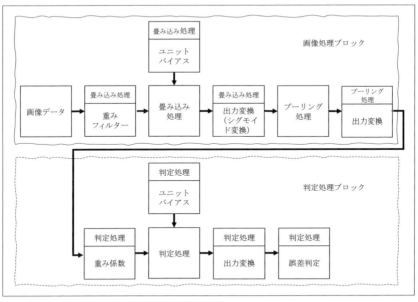

〔図5〕ニューラルネットワーク処理（内部）

第4章　バッテリマネジメント制御

$$z_1 = w_{y1z1}y_1 + w_{y2z1}y_2 + w_{y3z1}y_3 + w_{y4z1}y_4 + w_{y5z1}y_5 + w_{y6z1}y_6 + b_{yz}$$

$$z_2 = w_{y1z2}y_1 + w_{y2z2}y_2 + w_{y3z2}y_3 + w_{y4z2}y_4 + w_{y5z2}y_5 + w_{y6z2}y_6 + b_{yz}$$

以下同様に式を作ることができて、一般に z_n は式 (11) となる。z_n に関しては、全部で4個の式ができる。

$$z_n = w_{y1zn}y_1 + w_{y2zn}y_2 + w_{y3zn}y_3 + w_{y4zn}y_4 + w_{y5zn}y_5 + w_{y6zn}y_6 + b_{yz}$$

$$\tag{11}$$

図2の出力層である第4層と、この入力層である第3層の関係について、同様に式(3)を使って求めてみる。式(3)では、Σ 記号を使って一般化しているが、理解を助けるため式を展開して書く。

$$J_1 = \frac{1}{2\cdot 4}\left\{(t_1-z_1)^2 + (t_1-z_2)^2 + (t_1-z_3)^2 + (t_1-z_4)^2\right\}$$

同様に、

$$J_2 = \frac{1}{2\cdot 4}\left\{(t_2-z_1)^2 + (t_2-z_2)^2 + (t_2-z_3)^2 + (t_2-z_4)^2\right\}$$

一般に J_n は式 (12) となる。J_n に関しては、全部で2個の式ができる。

$$J_n = \frac{1}{2m}\sum_{i=1}^{m}(t_n - z_i)^2 \tag{12}$$

次に、図2に示した各層を通る信号の流れを考える。最初は、中間層である第2層の入力 y_1 から、出力層である第4層の出力 J_1 までの流れを具体的に求めてみる。

$$\frac{\partial J_1}{\partial y_1} = \frac{\partial J_1}{\partial z_1}\frac{\partial z_1}{\partial y_1} + \frac{\partial J_1}{\partial z_2}\frac{\partial z_2}{\partial y_1} + \frac{\partial J_1}{\partial z_3}\frac{\partial z_3}{\partial y_1} + \frac{\partial J_1}{\partial z_4}\frac{\partial z_4}{\partial y_1} \tag{13}$$

次は、入力層である第1層の入力 x_1 から、出力層である第4層の出力 J_1 までの流れを具体的に求めてみる。複雑になるので中間層である第2層の入力 y を通るルート別に分割して求めてみる。

- 174 -

$$\frac{\partial J_1}{\partial x_1} = \frac{\partial J_1}{\partial x_1}\bigg|_{path/y1} + \frac{\partial J_1}{\partial x_1}\bigg|_{path/y2} + \frac{\partial J_1}{\partial x_1}\bigg|_{path/y3} + \frac{\partial J_1}{\partial x_1}\bigg|_{path/y4} + \frac{\partial J_1}{\partial x_1}\bigg|_{path/y5} + \frac{\partial J_1}{\partial x_1}\bigg|_{path/y6}$$

$$(14)$$

y に関する全てのルートを式 (14) にしたがい求めると、第 1 層の入力 x_1 から、第 4 層の出力 J_1 までの関係が求まる。式 (14) で示した y_n ルートは、一般に式 (15) と書ける。

$$\frac{\partial J_1}{\partial x_1}\bigg|_{path/yn} = \frac{\partial J_1}{\partial z_1}\frac{\partial z_1}{\partial y_n}\frac{\partial y_n}{\partial x_1} + \frac{\partial J_1}{\partial z_2}\frac{\partial z_2}{\partial y_n}\frac{\partial y_n}{\partial x_1} + \frac{\partial J_1}{\partial z_3}\frac{\partial z_3}{\partial y_n}\frac{\partial y_n}{\partial x_1} + \frac{\partial J_1}{\partial z_4}\frac{\partial z_4}{\partial y_n}\frac{\partial y_n}{\partial x_1}$$

$$(15)$$

式 (15) を用いて、式 (14) に示した y に関する全てのルートを書き出すと式 (16) となる。

上記の関係を同様に用いて、第 1 層の入力 x_n から、第 4 層の出力 J_1 までの関係が求まる。以上のやり方を踏襲し、第 1 層の入力 x_n から、第 4 層の出力 J_2 までの関係も同様に求まる。

以上で、第 1 層の入力から、第 4 層の出力までの関係が分かった。式 (3) で示した二乗誤差による関数の値を小さくさせることが最適化へのプロセスとなる。ただし、実際は大規模データを用いるため、最終出力層の二乗誤差関数は、入力画像ごとに出力される。最適化のための目標関数は、画像毎に出力される二乗誤差関数の和となる。ニューラルネットワーク上で最適化を求める方法は、各層を形成している全ての変数より構成された関数の勾配値が最大になるように求めれば良いといえる。

◎ 第４章　バッテリマネジメント制御

$$
\begin{aligned}
\frac{\partial J_1}{\partial x_1} =& \left(\frac{\partial J_1}{\partial z_1}\frac{\partial z_1}{\partial y_1}\frac{\partial y_1}{\partial x_1} + \frac{\partial J_1}{\partial z_2}\frac{\partial z_2}{\partial y_1}\frac{\partial y_1}{\partial x_1} + \frac{\partial J_1}{\partial z_3}\frac{\partial z_3}{\partial y_1}\frac{\partial y_1}{\partial x_1} + \frac{\partial J_1}{\partial z_4}\frac{\partial z_4}{\partial y_1}\frac{\partial y_1}{\partial x_1} \right)\Bigg|_{path/y1} \\
&+ \left(\frac{\partial J_1}{\partial z_1}\frac{\partial z_1}{\partial y_2}\frac{\partial y_2}{\partial x_1} + \frac{\partial J_1}{\partial z_2}\frac{\partial z_2}{\partial y_2}\frac{\partial y_2}{\partial x_1} + \frac{\partial J_1}{\partial z_3}\frac{\partial z_3}{\partial y_2}\frac{\partial y_2}{\partial x_1} + \frac{\partial J_1}{\partial z_4}\frac{\partial z_4}{\partial y_2}\frac{\partial y_2}{\partial x_1} \right)\Bigg|_{path/y2} \\
&+ \left(\frac{\partial J_1}{\partial z_1}\frac{\partial z_1}{\partial y_3}\frac{\partial y_3}{\partial x_1} + \frac{\partial J_1}{\partial z_2}\frac{\partial z_2}{\partial y_3}\frac{\partial y_3}{\partial x_1} + \frac{\partial J_1}{\partial z_3}\frac{\partial z_3}{\partial y_3}\frac{\partial y_3}{\partial x_1} + \frac{\partial J_1}{\partial z_4}\frac{\partial z_4}{\partial y_3}\frac{\partial y_3}{\partial x_1} \right)\Bigg|_{path/y3} \\
&+ \left(\frac{\partial J_1}{\partial z_1}\frac{\partial z_1}{\partial y_4}\frac{\partial y_4}{\partial x_1} + \frac{\partial J_1}{\partial z_2}\frac{\partial z_2}{\partial y_4}\frac{\partial y_4}{\partial x_1} + \frac{\partial J_1}{\partial z_3}\frac{\partial z_3}{\partial y_4}\frac{\partial y_4}{\partial x_1} + \frac{\partial J_1}{\partial z_4}\frac{\partial z_4}{\partial y_4}\frac{\partial y_4}{\partial x_1} \right)\Bigg|_{path/y4}
\end{aligned}
\tag{16}
$$

図２を使って説明する。第４層の出力 J_1 を最適化するには、出力 J_1 と、第１層の入力 x_1 から x_{11} との勾配をそれぞれ取る。

$$
\nabla J_1 = \left[\frac{\partial J_1}{\partial x_1},\ \frac{\partial J_1}{\partial x_3},\ \frac{\partial J_1}{\partial x_3},\ \frac{\partial J_1}{\partial x_4},\ \frac{\partial J_1}{\partial x_5},\ \frac{\partial J_1}{\partial x_6},\ \frac{\partial J_1}{\partial x_7},\ \frac{\partial J_1}{\partial x_8},\ \frac{\partial J_1}{\partial x_9},\ \frac{\partial J_1}{\partial x_{10}},\ \frac{\partial J_1}{\partial x_{11}} \right]
\tag{17}
$$

勾配値が最大になる方向（急勾配方向）と反対の方向（下り勾配方向）へ、第１層の入力 x_1 から x_{11} を、それぞれ微小量変位させた点が、第１層の入力値近傍の最適解となる。ベクトル記号ナブラ ∇ を使って勾配を標記すると、式 (17) となる。第１層の入力 x_1 から x_{11} を、それぞれ微小量変位させると、Δx_1 から Δx_{11} となり、式 (18) で示すことができる。

$$
x = \left[\Delta x_1,\ \Delta x_2,\ \Delta x_3,\ \Delta x_4,\ \Delta x_5,\ \Delta x_6,\ \Delta x_7,\ \Delta x_8,\ \Delta x_9,\ \Delta x_{10},\ \Delta x_{11} \right]
\tag{18}
$$

この式 (17) で示したベクトル値と式 (18) で示したベクトル値の内積を取ると式 (19) となる。これは、スカラー値であり、出力 J_1 の最適変化となる。

－ 176 －

$$\nabla J_1 \cdot x^T = \frac{\partial J_1}{\partial x_1}\Delta x_1 + \frac{\partial J_1}{\partial x_2}\Delta x_2 + \frac{\partial J_1}{\partial x_3}\Delta x_3 + \frac{\partial J_1}{\partial x_4}\Delta x_4 + \frac{\partial J_1}{\partial x_5}\Delta x_5$$
$$+ \frac{\partial J_1}{\partial x_6}\Delta x_6 + \frac{\partial J_1}{\partial x_7}\Delta x_7 + \frac{\partial J_1}{\partial x_8}\Delta x_8 + \frac{\partial J_1}{\partial x_9}\Delta x_9 + \frac{\partial J_1}{\partial x_{10}}\Delta x_{10} + \frac{\partial J_1}{\partial x_{11}}\Delta x_{11} \quad (19)$$

3. 電池計測データと AI による画像処理解析

　ニューラルネットワークによる深層学習を用いて、電池セル電圧の放電カーブを解析した。放電負荷は、第3章2節の図1で示したJC08モード負荷を模擬した電流負荷とした。電池のSOCが60%から40%になるまでモードを繰り返し、これを1サイクルの放電分とした。充電は0.5Cの定電流充電とした。データ測定に用いた電池セルは、AB5型のニッケル水素電池（パナソニック製EVOLTA、type; HHR-3MWS）で、定格容量は1900mAhである。

　図6は、100サイクルの充放電を実施した別固体の電池の放電電圧カーブを重ね合わせている。初期状態からの経過サイクルはまだ少ないので、別固体であっても放電電圧カーブの差異は殆ど出ていない。ニューラル

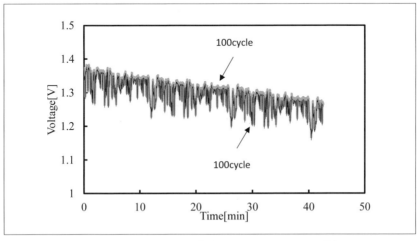

〔図6〕放電電圧カーブ（100サイクル、別個体）

ネットワークのアルゴリズムで判別させると、コスト関数を0.01以下まで下げることができ、高い判別結果が得られた。逆誤差伝播法による深層学習回数に対するコスト関数の低減推移を図7に示す。

例として、目視でも明らかに違いが見られない放電電圧カーブを用いてAIによる識別を行った。図8に示す通り、サイクル劣化違いで比較すると、電池の放電電圧カーブに違いが確認できる。本識別手法を適用すると、AIも違いを認識できるため、電圧カーブだけではなく、ACイ

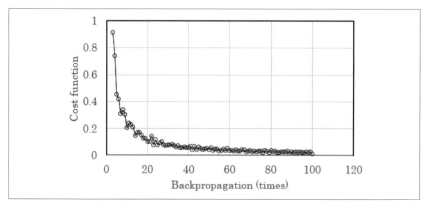

〔図7〕逆誤差伝播法によるコスト関数の推移

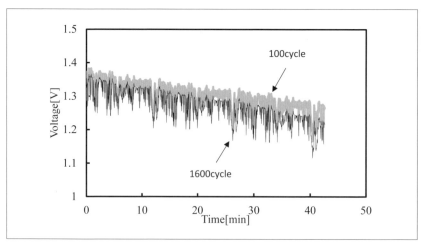

〔図8〕放電電圧カーブ（100/1600サイクル、同一個体）

ンピーダンスカーブなどについても AI による電池の状態診断技術として、これからの進展が期待できる。

　明確な解を持たない事象に対して、AI を用いてニューラルネットワークによる深層学習を行い、最適解へたどり着かせる取り組みが、多方面の分野で進められている。近い将来、人工知能が人間を越えると言われることもある。AI のアルゴリズムは数学的な確率を基礎にしており、人間よりも早く、より効率的に解へたどり着くことはできるが、人間の英知を越えることはできない。AI に指示してバッテリマネジメントさせれば、おおよそ想定内のレンジで制御するはずである。しかし、最適なバッテリマネジメントをするためには、どのパラメータをセンシングし、どうパラメータ解析して、他の解析結果をどう整合を取るのか、整合が取れなければ更に何が不足しているのかなど、技術者が普通考えるような戦略的なアルゴリズムで模索してはくれない。AI を利用して新たな解析の切り口を模索することは、これからのバッテリマネジメント制御を考える場合の我々の課題である。

第5章

交流インピーダンス法による
バッテリ劣化モデルと
劣化診断解析

第1節　バッテリ等価回路によるバッテリ劣化モデル

　交流インピーダンス法（AC インピーダンス法）を使ってバッテリの劣化状態を診断する取り組みが進められている。本節では、AC インピーダンス法によるリチウムイオンバッテリの内部抵抗を実測し、AC インピーダンスが描くナイキスト線図の確認からはじめる。リチウムイオンバッテリは、劣化が進展すると電池内部の状態が変化する。次にリチウムイオンバッテリの劣化に寄与する因子を洗い出して、電池の等価回路へ組み込むことで、バッテリ劣化モデルを構築する。電池劣化が進展すると、バッテリ劣化モデルの劣化に寄与するパラメータは変化する。最後にバッテリ劣化モデルを用いた劣化シミュレーションを簡易的に実施して、バッテリ劣化モデルの妥当性を確認する。なお、バッテリ劣化モデルと実測した劣化電池について、AC インピーダンス法を用いたナイキスト線図からの詳細な比較検証は、本節ではなく次節で詳しく説明する。

1．リチウムイオンバッテリの AC インピーダンス

　図 1 にリチウムイオンバッテリの AC インピーダンスの実測データを示す。一般にバッテリの劣化状態を求めるには、一定の高負荷をバッテリへ印加することで、どこまで負荷に追従して放電できるかを測定すれば良い。

　しかしながら、高負荷を印加する装置や測定時の安全状態の確保など、実施するには試験が大掛かりになってしまう。このため、簡易的にバッテリの劣化状態を確認できる方法として AC インピーダンス法が広く用いられている。AC インピーダンス法は、微弱な交流信号をバッテリへ印加することでバッテリの劣化状態を把握するものである。交流信号の周波数を高周波から低周波へ段階を踏んで切り変えることで、バッテリの応答を測定する。バッテリの電槽内の劣化状態に変化がない場合、応答は変わらないものの、劣化状態が進展してくればバッテリからの応答も変わる。

− 183 −

◎第5章　交流インピーダンス法によるバッテリ劣化モデルと劣化診断解析

　図1は、横軸に測定したバッテリの実軸インピーダンスを取り、縦軸にバッテリの虚軸インピーダンスを取って、複素平面上へプロットしたものである。バッテリの実軸インピーダンスとは抵抗成分に代表され位相の進み遅れがない成分であり、バッテリの虚軸インピーダンスとはキャパシタンス成分やインダクタンス成分に代表され位相の進み遅れが生じる成分である。図1の縦軸は、マイナス方向を反転した軸としているが、一般の電気回路の複素平面上への表現と異なり、バッテリの虚軸インピーダンスを表現する電気化学分野の慣例に従った。虚軸インピーダンスがマイナス方向であることは、バッテリはインダクタンス成分ではなくキャパシタンス成分を持つといえる。実際、電槽内では電極と電解液が接している界面は電気2重層の状態となっているため、測定結果がキャパシタンス成分を表すことは納得できると考える。バッテリインピーダンスは、抵抗成分とキャパシタンス成分により表すことができることは判明したものの、電気回路素子で用いる抵抗とコンデンサを組み合わせた場合に描くような円弧ではなく、虚軸側が押しつぶされたような円弧に見える。図1では、実軸と虚軸のスケールのスパンを統一しているため、明らかに虚軸側が押しつぶされている。これは、バッテリの

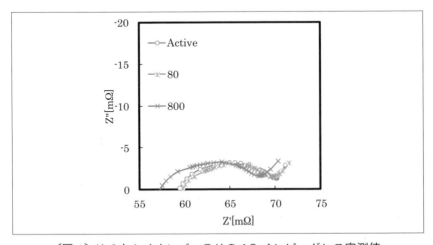

〔図1〕リチウムイオンバッテリのACインピーダンス実測値
（Active：寿命試験前で電池の活性化を済ませた状態、80：80サイクル寿命試験経過後、800：800サイクル寿命試験経過後、何れも常温25℃で測定）

キャパシタンス成分は抵抗成分に対して、電気回路のコンデンサのように 90 度の位相遅れは生じさせず、多少の位相遅れを生じさせる成分であるということである。

図 1 で示したサイクル数違いの測定データを比較する。バッテリの抵抗成分とキャパシタンス成分に分けて 2 次元でプロットした円弧の形状が、寿命サイクル試験前と 800 サイクル経過時点で殆ど差異がないように確認できる。800 サイクルも経過していれば劣化は進展していると予測できる。常温 25℃ までバッテリの内部温度を安定させてから測定したが、測定条件の更なる適正化への取り組みが求められるといえる。なお、円弧が実軸インピーダンスの低い方から立ち上がるポイントが電解液の抵抗を表すが、800 サイクル経過バッテリの方が低い溶液抵抗を示した。一般に、ニッケル水素電池などでは劣化サイクルが進むと溶液抵抗も上昇する顕著な傾向を示すが、リチウムイオンバッテリの場合は故障でもない限り溶液抵抗が大きく上昇する要因がない。この問題に対しては、バッテリの測定条件であるバッテリ状態や環境条件をきちんと管理することで、測定精度上の問題は解消すると考える。

2. SEI 層を考慮した バッテリの電気的等価回路モデルとモデル計算

図 2 は、電極（負極）と電解液の界面にできる SEI 層（Solid Electrolyte Interphase）を考慮したリチウムイオンバッテリの等価回路である。電極は電解液と常に接しているため充電時に電解液が電極（負極）へ析出して極板を覆い、インピーダンス増分となる。リチウムイオンバッテリの劣化は、このインピーダンス増分によるバッテリの内部抵抗の上昇が原因である。電極が電解液と常に接している限り、時間とともに SEI 層は厚さを増してゆくため、バッテリの劣化は進展する。SEI 層を考慮しない場合のバッテリの等価回路は、図 2 の等価回路のうち、一点鎖線で囲んだ Z_f の箇所が、点線で囲んだ Z_c の箇所だけとなる。図 2 で説明すると、R_d を短絡し、C_f を開放すれば SEI 層を考慮しない場合のバッテリの等価回路となる。ここでは、図 2 にしたがってバッテリの等価のインピーダンスを求めてみる。

- 185 -

はじめに、SEI層を考慮しない場合の負極のインピーダンスZ_cを求めてみる。ここで注意することは、図1で説明したようにキャパシタンス成分は電気回路のコンデンサのように90度の位相遅れを生じることはなく、多少の位相遅れを生じさせる成分であるということである。この点を考慮して並列回路のインピーダンスZ_cの式を立てると式(1)となる。αは多少の位相遅れを生じさせる係数とする。

$$\frac{1}{Z_c} = \frac{1}{R_c} + \frac{1}{\dfrac{1}{(j\omega)^\alpha C_d}} \tag{1}$$

式(1)を整理すると式(2)となる。

$$\frac{1}{Z_c} = \frac{1}{R_c} + (j\omega)^\alpha C_d = \frac{1 + (j\omega)^\alpha C_d R_c}{R_c} \tag{2}$$

式(2)の逆数を取って負極のインピーダンスZ_cを求めると式(3)となる。

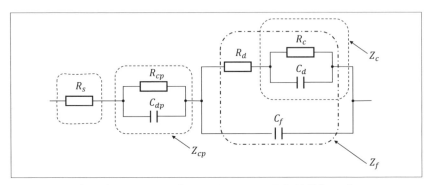

〔図2〕SEI層を考慮したバッテリの電気的等価回路
R_s：溶液抵抗、R_{cp}：正極の電荷移動抵抗、C_{dp}：正極の電荷移動抵抗と並列となるキャパシタンス成分、Z_{cp}：正極の合成インピーダンス、R_d：SEI層により生ずる通電抵抗、R_c：負極の電荷移動抵抗、C_d：負極の電荷移動抵抗と並列となるキャパシタンス成分、Z_c：SEI層を考慮しない場合の負極のインピーダンス、C_f：SEI層により生ずる電気2重層容量、Z_f：SEI層を考慮した場合の負極のインピーダンス

$$Z_c = \frac{R_c}{1 + (j\omega)^\alpha C_d R_c} = \frac{R_c}{1 + j^\alpha \omega^\alpha C_d R_c} \tag{3}$$

ここで、j は虚数単位であり、$j\omega$ の肩にかかる α は階乗を示す。j^α をオイラーの式を使って書換えてそのまま展開すると式 (4) の形となる。

$$Z_c = \frac{R_c}{1 + e^{j\frac{\pi}{2}\alpha}\omega^\alpha C_d R_c} = \frac{R_c}{1 + \left\{\cos\left(\frac{\pi}{2}\alpha\right) + j\sin\left(\frac{\pi}{2}\alpha\right)\right\}\omega^\alpha C_d R_c} \tag{4}$$

式 (4) の分母を実部と虚部に分けて書換えると式 (5) の形となる。

$$Z_c = \frac{R_c}{1 + \omega^\alpha C_d R_c \cos\left(\frac{\pi}{2}\alpha\right) + j\omega^\alpha C_d R_c \sin\left(\frac{\pi}{2}\alpha\right)} \tag{5}$$

式 (5) の分母を有理化すると式 (6) の形となる。

$$Z_c = \frac{R_c\left\{1 + \omega^\alpha C_d R_c \cos\left(\frac{\pi}{2}\alpha\right) - j\omega^\alpha C_d R_c \sin\left(\frac{\pi}{2}\alpha\right)\right\}}{\left\{1 + \omega^\alpha C_d R_c \cos\left(\frac{\pi}{2}\alpha\right)\right\}^2 + \left\{\omega^\alpha C_d R_c \sin\left(\frac{\pi}{2}\alpha\right)\right\}^2} \tag{6}$$

式 (6) を実部と虚部に分けて書換えると式 (7) となる。

$$Z_c = \frac{R_c\left\{1 + \omega^\alpha C_d R_c \cos\left(\frac{\pi}{2}\alpha\right)\right\}}{\left\{1 + \omega^\alpha C_d R_c \cos\left(\frac{\pi}{2}\alpha\right)\right\}^2 + \left\{\omega^\alpha C_d R_c \sin\left(\frac{\pi}{2}\alpha\right)\right\}^2}$$

$$-j\frac{\omega^\alpha C_d R_c^{\,2} \sin\left(\frac{\pi}{2}\alpha\right)}{\left\{1 + \omega^\alpha C_d R_c \cos\left(\frac{\pi}{2}\alpha\right)\right\}^2 + \left\{\omega^\alpha C_d R_c \sin\left(\frac{\pi}{2}\alpha\right)\right\}^2} \tag{7}$$

　次に、図2の一点鎖線で囲んだSEI層を考慮した場合の負極のインピーダンス Z_f を求める。Z_f で示した並列回路のインピーダンスの式を立て

○第5章　交流インピーダンス法によるバッテリ劣化モデルと劣化診断解析

ると式 (8) となる。ここで、SEI 層により生ずる電気 2 重層容量 C_f も同様に電気回路のコンデンサのように 90 度の位相遅れは生じることはなく、多少の位相遅れを生じさせる成分として扱う。β は多少の位相遅れを生じさせる係数とする。

$$\frac{1}{Z_f} = \frac{1}{R_d + Z_c} + \frac{1}{\dfrac{1}{(j\omega)^\beta C_f}} \tag{8}$$

式 (8) を整理すると式 (9) となる。

$$\frac{1}{Z_f} = \frac{1}{R_d + Z_c} + (j\omega)^\beta C_f = \frac{1 + (j\omega)^\beta (R_d + Z_c) C_f}{R_d + Z_c} \tag{9}$$

式 (9) の逆数を取って SEI 層を考慮した負極のインピーダンス Z_f を求めると式 (10) の形となる。

$$Z_f = \frac{R_d + Z_c}{1 + (j\omega)^\beta (R_d + Z_c) C_f} = \frac{R_d + Z_c}{1 + j^\beta \omega^\beta (R_d + Z_c) C_f} \tag{10}$$

ここで、j は虚数単位であり、$j\omega$ の肩にかかる β は階乗を示す。ここでも j^β に関して、オイラーの式を使い書換えてそのまま展開すると式 (11) の形となる。

$$Z_f = \frac{R_d + Z_c}{1 + e^{j\frac{\pi}{2}\beta}\omega^\beta (R_d + Z_c) C_f} = \frac{R_d + Z_c}{1 + \left\{\cos\left(\dfrac{\pi}{2}\beta\right) + j\sin\left(\dfrac{\pi}{2}\beta\right)\right\}\omega^\beta (R_d + Z_c) C_f} \tag{11}$$

式 (11) の分母と分子に含まれる $R_d + Z_c$ は複素数なので、Z_c については式 (7) を使い、実部と虚部に分けて整理すると式 (12) となる。

– 188 –

$$R_d + Z_c = R_d + \frac{R_c\left\{1 + \omega^\alpha C_d R_c \cos\left(\frac{\pi}{2}\alpha\right)\right\}}{\left\{1 + \omega^\alpha C_d R_c \cos\left(\frac{\pi}{2}\alpha\right)\right\}^2 + \left\{\omega^\alpha C_d R_c \sin\left(\frac{\pi}{2}\alpha\right)\right\}^2}$$

$$-j\frac{\omega^\alpha C_d R_c{}^2 \sin\left(\frac{\pi}{2}\alpha\right)}{\left\{1 + \omega^\alpha C_d R_c \cos\left(\frac{\pi}{2}\alpha\right)\right\}^2 + \left\{\omega^\alpha C_d R_c \sin\left(\frac{\pi}{2}\alpha\right)\right\}^2}$$

(12)

式 (12) は、複素表記でるため実部 A と虚部 B に分けて示すと式 (13) となる。

$$R_d + Z_c = A - jB \tag{13}$$

式 (13) の実部 A は、式 (14) と整理できる。

$$\begin{aligned}
A &= R_d + \frac{R_c\left\{1 + \omega^\alpha C_d R_c \cos\left(\frac{\pi}{2}\alpha\right)\right\}}{\left\{1 + \omega^\alpha C_d R_c \cos\left(\frac{\pi}{2}\alpha\right)\right\}^2 + \left\{\omega^\alpha C_d R_c \sin\left(\frac{\pi}{2}\alpha\right)\right\}^2} \\
&= R_d + \frac{R_c + \omega^\alpha C_d R_c{}^2 \cos\left(\frac{\pi}{2}\alpha\right)}{1 + \left(\omega^\alpha C_d R_c\right)^2 + 2\omega^\alpha C_d R_c \cos\left(\frac{\pi}{2}\alpha\right)}
\end{aligned} \tag{14}$$

式 (13) の虚部 B 式 (15) と整理できる。

$$B = \frac{\omega^{\alpha} C_d R_c^{\ 2} \sin\left(\frac{\pi}{2}\alpha\right)}{\left\{1 + \omega^{\alpha} C_d R_c \cos\left(\frac{\pi}{2}\alpha\right)\right\}^2 + \left\{\omega^{\alpha} C_d R_c \sin\left(\frac{\pi}{2}\alpha\right)\right\}^2}$$

$$= \frac{\omega^{\alpha} C_d R_c^{\ 2} \sin\left(\frac{\pi}{2}\alpha\right)}{1 + \left(\omega^{\alpha} C_d R_c\right)^2 + 2\omega^{\alpha} C_d R_c \cos\left(\frac{\pi}{2}\alpha\right)} \tag{15}$$

式 (13) の実部 A である式 (14) と、式 (13) の虚部 B である式 (15) をまとめると、式 (16) となる。

$$A - jB = R_d + \frac{R_c + \omega^{\alpha} C_d R_c^{\ 2} \cos\left(\frac{\pi}{2}\alpha\right)}{1 + \left(\omega^{\alpha} C_d R_c\right)^2 + 2\omega^{\alpha} C_d R_c \cos\left(\frac{\pi}{2}\alpha\right)}$$

$$-j \frac{\omega^{\alpha} C_d R_c^{\ 2} \sin\left(\frac{\pi}{2}\alpha\right)}{1 + \left(\omega^{\alpha} C_d R_c\right)^2 + 2\omega^{\alpha} C_d R_c \cos\left(\frac{\pi}{2}\alpha\right)} \tag{16}$$

SEI 層を考慮した負極のインピーダンス Z_f は、式 (11) と式 (13) の関係から式 (17) となる。

$$Z_f = \frac{A - jB}{1 + \left\{\cos\left(\frac{\pi}{2}\beta\right) + j\sin\left(\frac{\pi}{2}\beta\right)\right\}\omega^{\beta}\left(A - jB\right)C_f}$$

$$= \frac{A - jB}{1 + \omega^{\beta} C_f \left\{\cos\left(\frac{\pi}{2}\beta\right) + j\sin\left(\frac{\pi}{2}\beta\right)\right\}\left(A - jB\right)} \tag{17}$$

式 (17) の分母を実部と虚部に分けると式 (18) となる。

$$Z_f = \cfrac{A - jB}{1 + \omega^\beta C_f \left[A\cos\left(\dfrac{\pi}{2}\beta\right) + B\sin\left(\dfrac{\pi}{2}\beta\right) + j\left\{ A\sin\left(\dfrac{\pi}{2}\beta\right) - B\cos\left(\dfrac{\pi}{2}\beta\right)\right\}\right]}$$

(18)

式 (18) の大括弧を外すと式 (19) となる。

$$Z_f = \cfrac{A - jB}{1 + \omega^\beta C_f \left\{ A\cos\left(\dfrac{\pi}{2}\beta\right) + B\sin\left(\dfrac{\pi}{2}\beta\right)\right\} + j\omega^\beta C_f \left\{ A\sin\left(\dfrac{\pi}{2}\beta\right) - B\cos\left(\dfrac{\pi}{2}\beta\right)\right\}}$$

(19)

式 (19) の分母を有理化すると式 (20) の形となる。

$$Z_f = \cfrac{(A - jB)\left[1 + \omega^\beta C_f \left\{ A\cos\left(\dfrac{\pi}{2}\beta\right) + B\sin\left(\dfrac{\pi}{2}\beta\right)\right\} - j\omega^\beta C_f \left\{ A\sin\left(\dfrac{\pi}{2}\beta\right) - B\cos\left(\dfrac{\pi}{2}\beta\right)\right\}\right]}{\left[1 + \omega^\beta C_f \left\{ A\cos\left(\dfrac{\pi}{2}\beta\right) + B\sin\left(\dfrac{\pi}{2}\beta\right)\right\}\right]^2 + \left[\omega^\beta C_f \left\{ A\sin\left(\dfrac{\pi}{2}\beta\right) - B\cos\left(\dfrac{\pi}{2}\beta\right)\right\}\right]^2}$$

(20)

式 (20) から Z_f は式 (21) の形に書くことができる。

$$Z_f = Z_{f1} - jZ_{f2}$$

(21)

式 (21) で示した実部 Z_{f1} は、式 (20) より式 (22) となる。

$$Z_{f1} = \cfrac{A\left[1 + \omega^\beta C_f \left\{ A\cos\left(\dfrac{\pi}{2}\beta\right) + B\sin\left(\dfrac{\pi}{2}\beta\right)\right\}\right] - B\omega^\beta C_f \left\{ A\sin\left(\dfrac{\pi}{2}\beta\right) - B\cos\left(\dfrac{\pi}{2}\beta\right)\right\}}{\left[1 + \omega^\beta C_f \left\{ A\cos\left(\dfrac{\pi}{2}\beta\right) + B\sin\left(\dfrac{\pi}{2}\beta\right)\right\}\right]^2 + \left[\omega^\beta C_f \left\{ A\sin\left(\dfrac{\pi}{2}\beta\right) - B\cos\left(\dfrac{\pi}{2}\beta\right)\right\}\right]^2}$$

(22)

式 (21) で示した虚部 Z_{f2} は、式 (20) より式 (23) となる。

◎第5章　交流インピーダンス法によるバッテリ劣化モデルと劣化診断解析

$$
Z_{f2} = \frac{B\left[1 + \omega^{\beta} C_f \left\{ A\cos\left(\frac{\pi}{2}\beta\right) + B\sin\left(\frac{\pi}{2}\beta\right) \right\}\right] + A\omega^{\beta} C_f \left\{ A\sin\left(\frac{\pi}{2}\beta\right) - B\cos\left(\frac{\pi}{2}\beta\right) \right\}}{\left[1 + \omega^{\beta} C_f \left\{ A\cos\left(\frac{\pi}{2}\beta\right) + B\sin\left(\frac{\pi}{2}\beta\right) \right\}\right]^2 + \left[\omega^{\beta} C_f \left\{ A\sin\left(\frac{\pi}{2}\beta\right) - B\cos\left(\frac{\pi}{2}\beta\right) \right\}\right]^2}
$$

$$(23)$$

　次に、正極のインピーダンス Z_{cp} を示す点線で囲んだ並列回路のインピーダンスを求める。ここでもキャパシタンス成分は電気回路のコンデンサのように90度の位相遅れを生じることはなく、多少の位相遅れを生じさせる成分であることを考慮する。並列回路のインピーダンス Z_{cp} の式を立てると式 (24) となる。γ は多少の位相遅れを生じさせる係数とする。

$$
\frac{1}{Z_{cp}} = \frac{1}{R_{cp}} + \frac{1}{\dfrac{1}{(j\omega)^{\gamma} C_{dp}}} \tag{24}
$$

式 (24) を整理すると式 (25) となる。

$$
\frac{1}{Z_{cp}} = \frac{1}{R_{cp}} + (j\omega)^{\gamma} C_{dp} = \frac{1 + (j\omega)^{\gamma} C_{dp} R_{cp}}{R_{cp}} \tag{25}
$$

式 (25) の逆数を取って正極のインピーダンス Z_{cp} を求めると式 (26) となる。

$$
Z_{cp} = \frac{R_{cp}}{1 + (j\omega)^{\gamma} C_{dp} R_{cp}} = \frac{R_{cp}}{1 + j^{\gamma} \omega^{\gamma} C_{dp} R_{cp}} \tag{26}
$$

ここで、j は虚数単位であり、$j\omega$ の肩にかかる γ は階乗を示す。j^{γ} をオイラーの式を使って書換えてそのまま展開すると式 (27) の形となる。

$$
Z_{cp} = \frac{R_{cp}}{1 + e^{j\frac{\pi}{2}\gamma} \omega^{\gamma} C_{dp} R_{cp}} = \frac{R_{cp}}{1 + \left\{ \cos\left(\frac{\pi}{2}\gamma\right) + j\sin\left(\frac{\pi}{2}\gamma\right) \right\} \omega^{\gamma} C_{dp} R_{cp}}
$$

$$(27)$$

－ 192 －

式 (27) の分母を実部と虚部に分けて書換えると式 (28) の形となる。

$$Z_{cp} = \frac{R_{cp}}{1 + \omega^{\gamma} C_{dp} R_{cp} \cos\left(\frac{\pi}{2}\gamma\right) + j\omega^{\gamma} C_{dp} R_{cp} \sin\left(\frac{\pi}{2}\gamma\right)} \tag{28}$$

式 (28) の分母を有理化すると式 (29) の形となる。

$$Z_{cp} = \frac{R_{cp}\left\{1 + \omega^{\gamma} C_{dp} R_{cp} \cos\left(\frac{\pi}{2}\gamma\right) - j\omega^{\gamma} C_{dp} R_{cp} \sin\left(\frac{\pi}{2}\gamma\right)\right\}}{\left\{1 + \omega^{\gamma} C_{dp} R_{cp} \cos\left(\frac{\pi}{2}\gamma\right)\right\}^2 + \left\{\omega^{\gamma} C_{dp} R_{cp} \sin\left(\frac{\pi}{2}\gamma\right)\right\}^2} \tag{29}$$

式 (29) を実部と虚部に分けて書換えると式 (30) となる。

$$Z_{cp} = \frac{R_{cp}\left\{1 + \omega^{\gamma} C_{dp} R_{cp} \cos\left(\frac{\pi}{2}\gamma\right)\right\}}{\left\{1 + \omega^{\gamma} C_{dp} R_{cp} \cos\left(\frac{\pi}{2}\gamma\right)\right\}^2 + \left\{\omega^{\gamma} C_{dp} R_{cp} \sin\left(\frac{\pi}{2}\gamma\right)\right\}^2}$$
$$-j\frac{\omega^{\gamma} C_{dp} R_{cp}{}^2 \sin\left(\frac{\pi}{2}\gamma\right)}{\left\{1 + \omega^{\gamma} C_{dp} R_{cp} \cos\left(\frac{\pi}{2}\gamma\right)\right\}^2 + \left\{\omega^{\gamma} C_{dp} R_{cp} \sin\left(\frac{\pi}{2}\gamma\right)\right\}^2} \tag{30}$$

式 (30) から正極のインピーダンス Z_{cp} は、式 (31) の形に書くことができる。

$$Z_{cp} = Z_{cp1} - jZ_{cp2} \tag{31}$$

式 (31) で示した実部 Z_{cp1} は、式 (30) より式 (32) となる。

$$Z_{cp1} = \frac{R_{cp}\left\{1 + \omega^{\gamma} C_{dp} R_{cp} \cos\left(\frac{\pi}{2}\gamma\right)\right\}}{\left\{1 + \omega^{\gamma} C_{dp} R_{cp} \cos\left(\frac{\pi}{2}\gamma\right)\right\}^2 + \left\{\omega^{\gamma} C_{dp} R_{cp} \sin\left(\frac{\pi}{2}\gamma\right)\right\}^2} \tag{32}$$

式 (31) で示した虚部 Z_{cp2} は、式 (30) より式 (33) となる。

◎第5章　交流インピーダンス法によるバッテリ劣化モデルと劣化診断解析

$$Z_{cp2} = \frac{\omega^{\gamma} C_{dp} R_{cp}{}^2 \sin\left(\frac{\pi}{2}\gamma\right)}{\left\{1 + \omega^{\gamma} C_{dp} R_{cp} \cos\left(\frac{\pi}{2}\gamma\right)\right\}^2 + \left\{\omega^{\gamma} C_{dp} R_{cp} \sin\left(\frac{\pi}{2}\gamma\right)\right\}^2} \tag{33}$$

図2で示した回路の全インピーダンスを Z とすると式(34)となる。ここで、R_s は溶液抵抗を示す。

$$Z = R_s + Z_f + Z_{cp} \tag{34}$$

式(34)へ式(21)と式(31)代入すると式(35)となる。

$$Z = R_s + Z_{f1} + Z_{cp1} - j\left(Z_{f2} + Z_{cp2}\right) \tag{35}$$

式(35)は、複素表記できるため実部と虚部に分けて示すと式(36)となる。

$$Z = Z_{re} - jZ_{im} \tag{36}$$

式(36)で示した実部 Z_{re} は式(35)より式(37)となる。

$$Z_{re} = R_s + Z_{f1} + Z_{cp1} \tag{37}$$

式(37)へ式(22)で求めた Z_{f1} の関係と、式(32)で求めた Z_{cp1} の関係を代入すると、回路の全インピーダンス Z の実部 Z_{re} は式(38)となる。

$$Z_{re} = R_s + \frac{A\left[1 + \omega^{\beta} C_f\left\{A\cos\left(\frac{\pi}{2}\beta\right) + B\sin\left(\frac{\pi}{2}\beta\right)\right\}\right] - B\omega^{\beta} C_f\left\{A\sin\left(\frac{\pi}{2}\beta\right) - B\cos\left(\frac{\pi}{2}\beta\right)\right\}}{\left[1 + \omega^{\beta} C_f\left\{A\cos\left(\frac{\pi}{2}\beta\right) + B\sin\left(\frac{\pi}{2}\beta\right)\right\}\right]^2 + \left[\omega^{\beta} C_f\left\{A\sin\left(\frac{\pi}{2}\beta\right) - B\cos\left(\frac{\pi}{2}\beta\right)\right\}\right]^2}$$
$$+ \frac{R_{cp}\left\{1 + \omega^{\gamma} C_{dp} R_{cp} \cos\left(\frac{\pi}{2}\gamma\right)\right\}}{\left\{1 + \omega^{\gamma} C_{dp} R_{cp} \cos\left(\frac{\pi}{2}\gamma\right)\right\}^2 + \left\{\omega^{\gamma} C_{dp} R_{cp} \sin\left(\frac{\pi}{2}\gamma\right)\right\}^2} \tag{38}$$

式(36)で示した虚部 Z_{im} は式(35)より式(39)となる。

$$Z_{im} = Z_{f2} + Z_{cp2} \tag{39}$$

式(39)へ式(23)で求めた Z_{f2} の関係と、式(33)で求めた Z_{cp2} の関係を代

$-194-$

入すると、回路の全インピーダンス Z の虚部 Z_{im} は式 (40) となる。

$$Z_{im} = \frac{B\left[1+\omega^\beta C_f\left\{A\cos\left(\frac{\pi}{2}\beta\right)+B\sin\left(\frac{\pi}{2}\beta\right)\right\}\right]+A\omega^\beta C_f\left\{A\sin\left(\frac{\pi}{2}\beta\right)-B\cos\left(\frac{\pi}{2}\beta\right)\right\}}{\left[1+\omega^\beta C_f\left\{A\cos\left(\frac{\pi}{2}\beta\right)+B\sin\left(\frac{\pi}{2}\beta\right)\right\}\right]^2+\left[\omega^\beta C_f\left\{A\sin\left(\frac{\pi}{2}\beta\right)-B\cos\left(\frac{\pi}{2}\beta\right)\right\}\right]^2}$$

$$+\frac{\omega^\gamma C_{dp}R_{cp}^{\ 2}\sin\left(\frac{\pi}{2}\gamma\right)}{\left\{1+\omega^\gamma C_{dp}R_{cp}\cos\left(\frac{\pi}{2}\gamma\right)\right\}^2+\left\{\omega^\gamma C_{dp}R_{cp}\sin\left(\frac{\pi}{2}\gamma\right)\right\}^2} \quad (40)$$

式 (38) の右辺第 2 項の分子を展開すると式 (41) となる。

$$Z_{re} = R_s + \frac{A+A^2\omega^\beta C_f\cos\left(\frac{\pi}{2}\beta\right)+AB\omega^\beta C_f\sin\left(\frac{\pi}{2}\beta\right)-AB\omega^\beta C_f\sin\left(\frac{\pi}{2}\beta\right)+B^2\omega^\beta C_f\cos\left(\frac{\pi}{2}\beta\right)}{\left[1+\omega^\beta C_f\left\{A\cos\left(\frac{\pi}{2}\beta\right)+B\sin\left(\frac{\pi}{2}\beta\right)\right\}\right]^2+\left[\omega^\beta C_f\left\{A\sin\left(\frac{\pi}{2}\beta\right)-B\cos\left(\frac{\pi}{2}\beta\right)\right\}\right]^2}$$

$$+\frac{R_{cp}\left\{1+\omega^\gamma C_{dp}R_{cp}\cos\left(\frac{\pi}{2}\gamma\right)\right\}}{\left\{1+\omega^\gamma C_{dp}R_{cp}\cos\left(\frac{\pi}{2}\gamma\right)\right\}^2+\left\{\omega^\gamma C_{dp}R_{cp}\sin\left(\frac{\pi}{2}\gamma\right)\right\}^2} \quad (41)$$

ここで、式 (41) の右辺第 2 項の分母を整理する。分母の第 1 項を展開すると式 (42) となる。

$$\left[1+\omega^\beta C_f\left\{A\cos\left(\frac{\pi}{2}\beta\right)+B\sin\left(\frac{\pi}{2}\beta\right)\right\}\right]^2$$
$$=1+2\omega^\beta C_f\left\{A\cos\left(\frac{\pi}{2}\beta\right)+B\sin\left(\frac{\pi}{2}\beta\right)\right\}+\left(\omega^\beta C_f\right)^2\left\{A^2\cos^2\left(\frac{\pi}{2}\beta\right)+2AB\cos\left(\frac{\pi}{2}\beta\right)\sin\left(\frac{\pi}{2}\beta\right)+B^2\sin^2\left(\frac{\pi}{2}\beta\right)\right\}$$

$$(42)$$

分母の第 2 項を展開すると式 (43) となる。

$$\left[\omega^\beta C_f\left\{A\sin\left(\frac{\pi}{2}\beta\right)-B\cos\left(\frac{\pi}{2}\beta\right)\right\}\right]^2$$
$$=\left(\omega^\beta C_f\right)^2\left\{A^2\sin^2\left(\frac{\pi}{2}\beta\right)-2AB\cos\left(\frac{\pi}{2}\beta\right)\sin\left(\frac{\pi}{2}\beta\right)+B^2\cos^2\left(\frac{\pi}{2}\beta\right)\right\}$$

$$(43)$$

◎第5章 交流インピーダンス法によるバッテリ劣化モデルと劣化診断解析

展開した式 (41) の分母の第 2 項をまとめると、式 (44) へと整理される。

$$\left[1+\omega^{\beta}C_f\left\{A\cos\left(\frac{\pi}{2}\beta\right)+B\sin\left(\frac{\pi}{2}\beta\right)\right\}\right]^2+\left[\omega^{\beta}C_f\left\{A\sin\left(\frac{\pi}{2}\beta\right)-B\cos\left(\frac{\pi}{2}\beta\right)\right\}\right]^2$$
$$=1+2\omega^{\beta}C_f\left\{A\cos\left(\frac{\pi}{2}\beta\right)+B\sin\left(\frac{\pi}{2}\beta\right)\right\}+\left(\omega^{\beta}C_f\right)^2\left(A^2+B^2\right) \tag{44}$$

式 (41) の右辺第 2 項の分母へ整理した式 (44) を代入し分子を整理すると、回路の全インピーダンス Z の実部 Z_{re} は式 (45) と整理される。

$$Z_{re}=R_s+\cfrac{A+\left(A^2+B^2\right)\omega^{\beta}C_f\cos\left(\frac{\pi}{2}\beta\right)}{1+2\omega^{\beta}C_f\left\{A\cos\left(\frac{\pi}{2}\beta\right)+B\sin\left(\frac{\pi}{2}\beta\right)\right\}+\left(\omega^{\beta}C_f\right)^2\left(A^2+B^2\right)}$$
$$+\cfrac{R_{cp}\left\{1+\omega^{\gamma}C_{dp}R_{cp}\cos\left(\frac{\pi}{2}\gamma\right)\right\}}{\left\{1+\omega^{\gamma}C_{dp}R_{cp}\cos\left(\frac{\pi}{2}\gamma\right)\right\}^2+\left\{\omega^{\gamma}C_{dp}R_{cp}\sin\left(\frac{\pi}{2}\gamma\right)\right\}^2} \tag{45}$$

式 (45) の右辺第 3 項も整理すると、式 (45) は式 (46) となる。

$$Z_{re}=R_s+\cfrac{A+\left(A^2+B^2\right)\omega^{\beta}C_f\cos\left(\frac{\pi}{2}\beta\right)}{1+2\omega^{\beta}C_f\left\{A\cos\left(\frac{\pi}{2}\beta\right)+B\sin\left(\frac{\pi}{2}\beta\right)\right\}+\left(\omega^{\beta}C_f\right)^2\left(A^2+B^2\right)}$$
$$+\cfrac{R_{cp}+\omega^{\gamma}C_{dp}R_{cp}^2\cos\left(\frac{\pi}{2}\gamma\right)}{1+2\omega^{\gamma}C_{dp}R_{cp}\cos\left(\frac{\pi}{2}\gamma\right)+\left(\omega^{\gamma}C_{dp}R_{cp}\right)^2} \tag{46}$$

同様の整理を回路の全インピーダンス Z の虚部 Z_{im} についても行う。回路の全インピーダンス Z の虚部 Z_{im} である式 (40) を再掲する。

$$Z_{im} = \cfrac{B\left[1 + \omega^{\beta}C_f\left\{A\cos\left(\dfrac{\pi}{2}\beta\right) + B\sin\left(\dfrac{\pi}{2}\beta\right)\right\}\right] + A\omega^{\beta}C_f\left\{A\sin\left(\dfrac{\pi}{2}\beta\right) - B\cos\left(\dfrac{\pi}{2}\beta\right)\right\}}{\left[1 + \omega^{\beta}C_f\left\{A\cos\left(\dfrac{\pi}{2}\beta\right) + B\sin\left(\dfrac{\pi}{2}\beta\right)\right\}\right]^2 + \left[\omega^{\beta}C_f\left\{A\sin\left(\dfrac{\pi}{2}\beta\right) - B\cos\left(\dfrac{\pi}{2}\beta\right)\right\}\right]^2}$$
$$+ \cfrac{\omega^{\gamma}C_{dp}R_{cp}{}^2\sin\left(\dfrac{\pi}{2}\gamma\right)}{\left\{1 + \omega^{\gamma}C_{dp}R_{cp}\cos\left(\dfrac{\pi}{2}\gamma\right)\right\}^2 + \left\{\omega^{\gamma}C_{dp}R_{cp}\sin\left(\dfrac{\pi}{2}\gamma\right)\right\}^2} \qquad \text{再掲 (40)}$$

回路の全インピーダンス Z の虚部 Z_{im} は整理すると式 (47) となる。

$$Z_{im} = \cfrac{B + \left(A^2 + B^2\right)\omega^{\beta}C_f\sin\left(\dfrac{\pi}{2}\beta\right)}{1 + 2\omega^{\beta}C_f\left\{A\cos\left(\dfrac{\pi}{2}\beta\right) + B\sin\left(\dfrac{\pi}{2}\beta\right)\right\} + \left(\omega^{\beta}C_f\right)^2\left(A^2 + B^2\right)}$$
$$+ \cfrac{\omega^{\gamma}C_{dp}R_{cp}{}^2\sin\left(\dfrac{\pi}{2}\gamma\right)}{1 + 2\omega^{\gamma}C_{dp}R_{cp}\cos\left(\dfrac{\pi}{2}\gamma\right) + \left(\omega^{\gamma}C_{dp}R_{cp}\right)^2} \qquad (47)$$

回路の全インピーダンス Z の実部 Z_{re} と回路の全インピーダンス Z の虚部 Z_{im} は、それぞれ式 (46) と式 (47) の通り求めることができた。回路の全インピーダンス Z は式 (36) となる。式 (46) と式 (47) で求めた関係を式 (36) へ代入する。回路の全インピーダンス Z の式 (36) を再掲する。

$$Z = Z_{re} - jZ_{im} \qquad\qquad\qquad \text{再掲 (36)}$$

回路の全インピーダンス Z の実部 Z_{re} の式 (46) と、回路の全インピーダンス Z の虚部 Z_{im} の式 (47) とは、途中の煩雑をさけるため、回路定数をまとめた A および B と置いた内容を含んでいる。回路定数 A としてまとめて置き換えた式 (14) を再掲する。

$$A = R_d + \cfrac{R_c + \omega^{\alpha}C_dR_c{}^2\cos\left(\dfrac{\pi}{2}\alpha\right)}{1 + \left(\omega^{\alpha}C_dR_c\right)^2 + 2\omega^{\alpha}C_dR_c\cos\left(\dfrac{\pi}{2}\alpha\right)} \qquad \text{再掲 (14)}$$

◎第5章 交流インピーダンス法によるバッテリ劣化モデルと劣化診断解析

回路定数 B としてまとめて置き換えた式 (15) を再掲する。

$$B = \frac{\omega^\alpha C_d R_c^{\ 2} \sin\left(\frac{\pi}{2}\alpha\right)}{1+\left(\omega^\alpha C_d R_c\right)^2 + 2\omega^\alpha C_d R_c \cos\left(\frac{\pi}{2}\alpha\right)} \qquad 再掲(15)$$

回路の全インピーダンス Z の実部 Z_{re} の式 (46) と、虚部 Z_{im} の式 (47) は、A^2 項を含んでいる。A^2 の項を式 (14) から求めると式 (48) となる。

$$A^2 = R_d^{\ 2} + 2R_d \frac{R_c + \omega^\alpha C_d R_c^{\ 2} \cos\left(\frac{\pi}{2}\alpha\right)}{1+\left(\omega^\alpha C_d R_c\right)^2 + 2\omega^\alpha C_d R_c \cos\left(\frac{\pi}{2}\alpha\right)}$$

$$+ \frac{R_c^{\ 2} + 2\omega^\alpha C_d R_c^{\ 3} \cos\left(\frac{\pi}{2}\alpha\right) + \left(\omega^\alpha C_d R_c^{\ 2}\right)^2 \cos^2\left(\frac{\pi}{2}\alpha\right)}{\left\{1+\left(\omega^\alpha C_d R_c\right)^2 + 2\omega^\alpha C_d R_c \cos\left(\frac{\pi}{2}\alpha\right)\right\}^2} \qquad (48)$$

同じく、回路の全インピーダンス Z の実部 Z_{re} の式 (46) と、虚部 Z_{im} の式 (47) は、B^2 項を含んでいる。B^2 の項を (15) から求めると式 (49) となる。

$$B^2 = \frac{\left(\omega^\alpha C_d R_c^{\ 2}\right)^2 \sin^2\left(\frac{\pi}{2}\alpha\right)}{\left\{1+\left(\omega^\alpha C_d R_c\right)^2 + 2\omega^\alpha C_d R_c \cos\left(\frac{\pi}{2}\alpha\right)\right\}^2} \qquad (49)$$

同じく、回路の全インピーダンス Z の実部 Z_{re} の式 (46) と、虚部 Z_{im} の式 (47) は、$A^2 + B^2$ の項を含むことになるので、$A^2 + B^2$ を求めると式 (50) となる。

$$A^2 + B^2 = R_d{}^2 + 2R_d R_c \frac{1 + \omega^\alpha C_d R_c \cos\left(\dfrac{\pi}{2}\alpha\right)}{1 + \left(\omega^\alpha C_d R_c\right)^2 + 2\omega^\alpha C_d R_c \cos\left(\dfrac{\pi}{2}\alpha\right)}$$

$$+ R_c{}^2 \frac{1 + 2\omega^\alpha C_d R_c \cos\left(\dfrac{\pi}{2}\alpha\right) + \left(\omega^\alpha C_d R_c\right)^2}{\left\{1 + \left(\omega^\alpha C_d R_c\right)^2 + 2\omega^\alpha C_d R_c \cos\left(\dfrac{\pi}{2}\alpha\right)\right\}^2} \tag{50}$$

回路の全インピーダンス Z を求める。実部 Z_{re} の式 (46) を再掲する。

$$Z_{re} = R_s + \frac{A + \left(A^2 + B^2\right)\omega^\beta C_f \cos\left(\dfrac{\pi}{2}\beta\right)}{1 + 2\omega^\beta C_f \left\{A \cos\left(\dfrac{\pi}{2}\beta\right) + B \sin\left(\dfrac{\pi}{2}\beta\right)\right\} + \left(\omega^\beta C_f\right)^2 \left(A^2 + B^2\right)}$$

$$+ \frac{R_{cp} + \omega^\gamma C_{dp} R_{cp}{}^2 \cos\left(\dfrac{\pi}{2}\gamma\right)}{1 + 2\omega^\gamma C_{dp} R_{cp} \cos\left(\dfrac{\pi}{2}\gamma\right) + \left(\omega^\gamma C_{dp} R_{cp}\right)^2} \qquad \text{再掲 (46)}$$

式 (46) へ回路定数 A と B の関係を代入すると、回路の全インピーダンス Z の実部 Z_{re} は式 (51) となる。

◎ 第5章　交流インピーダンス法によるバッテリ劣化モデルと劣化診断解析

$$
Z_{re} = R_s + \cfrac{R_d + \cfrac{R_c + \omega^a C_d R_c^{\,2} \cos\left(\dfrac{\pi}{2}\alpha\right)}{1 + \left(\omega^a C_d R_c\right)^2 + 2\omega^a C_d R_c \cos\left(\dfrac{\pi}{2}\alpha\right)}}{1 + 2\omega^\beta C_f \left\{\left(R_d + \cfrac{R_c + \omega^a C_d R_c^{\,2} \cos\left(\dfrac{\pi}{2}\alpha\right)}{1 + \left(\omega^a C_d R_c\right)^2 + 2\omega^a C_d R_c \cos\left(\dfrac{\pi}{2}\alpha\right)}\right)\cos\left(\dfrac{\pi}{2}\beta\right) + \cfrac{\omega^a C_d R_c^{\,2} \sin\left(\dfrac{\pi}{2}\alpha\right)}{1 + \left(\omega^a C_d R_c\right)^2 + 2\omega^a C_d R_c \cos\left(\dfrac{\pi}{2}\alpha\right)}\sin\left(\dfrac{\pi}{2}\beta\right)\right\}}
$$

$$
+ \cfrac{\left(R_d^{\,2} + 2R_d R_c \cfrac{1 + \omega^a C_d R_c \cos\left(\dfrac{\pi}{2}\alpha\right)}{1 + \left(\omega^a C_d R_c\right)^2 + 2\omega^a C_d R_c \cos\left(\dfrac{\pi}{2}\alpha\right)} + R_c^{\,2} \cfrac{1 + 2\omega^a C_d R_c \cos\left(\dfrac{\pi}{2}\alpha\right) + \left(\omega^a C_d R_c\right)^2}{\left\{1 + \left(\omega^a C_d R_c\right)^2 + 2\omega^a C_d R_c \cos\left(\dfrac{\pi}{2}\alpha\right)\right\}^2}\right)\omega^\beta C_f \cos\left(\dfrac{\pi}{2}\beta\right)}{+ \left(\omega^\beta C_f\right)^2 \left(R_d^{\,2} + 2R_d R_c \cfrac{1 + \omega^a C_d R_c \cos\left(\dfrac{\pi}{2}\alpha\right)}{1 + \left(\omega^a C_d R_c\right)^2 + 2\omega^a C_d R_c \cos\left(\dfrac{\pi}{2}\alpha\right)} + R_c^{\,2} \cfrac{1 + 2\omega^a C_d R_c \cos\left(\dfrac{\pi}{2}\alpha\right) + \left(\omega^a C_d R_c\right)^2}{\left\{1 + \left(\omega^a C_d R_c\right)^2 + 2\omega^a C_d R_c \cos\left(\dfrac{\pi}{2}\alpha\right)\right\}^2}\right)}
$$

$$
+ \cfrac{R_{cp}\left\{1 + \omega^\gamma C_{dp} R_{cp} \cos\left(\dfrac{\pi}{2}\gamma\right)\right\}}{\left\{1 + \omega^\gamma C_{dp} R_{cp} \cos\left(\dfrac{\pi}{2}\gamma\right)\right\}^2 + \left\{\omega^\gamma C_{dp} R_{cp} \sin\left(\dfrac{\pi}{2}\gamma\right)\right\}^2} \tag{51}
$$

回路の全インピーダンス Z の虚部 Z_{im} の式 (47) を再掲する。

$$
Z_{im} = \cfrac{B + \left(A^2 + B^2\right)\omega^\beta C_f \sin\left(\dfrac{\pi}{2}\beta\right)}{1 + 2\omega^\beta C_f \left\{A\cos\left(\dfrac{\pi}{2}\beta\right) + B\sin\left(\dfrac{\pi}{2}\beta\right)\right\} + \left(\omega^\beta C_f\right)^2\left(A^2 + B^2\right)}
$$

$$
+ \cfrac{\omega^\gamma C_{dp} R_{cp}^{\,2} \sin\left(\dfrac{\pi}{2}\gamma\right)}{1 + 2\omega^\gamma C_{dp} R_{cp} \cos\left(\dfrac{\pi}{2}\gamma\right) + \left(\omega^\gamma C_{dp} R_{cp}\right)^2} \qquad \text{再掲 (47)}
$$

式 (47) へ回路定数 A と B の関係を代入すると、回路の全インピーダンス Z の虚部 Z_{im} は式 (52) となる。

$-$ 200 $-$

$$
Z_{im} = \cfrac{\cfrac{\omega^{\alpha} C_d R_c^{2}\sin\left(\frac{\pi}{2}\alpha\right)}{1+\left(\omega^{\alpha} C_d R_c\right)^2+2\omega^{\alpha} C_d R_c\cos\left(\frac{\pi}{2}\alpha\right)}}{\begin{aligned}&1+2\omega^{\beta}C_f\left\{\left(R_d+\cfrac{R_c+\omega^{\alpha}C_d R_c^{2}\cos\left(\frac{\pi}{2}\alpha\right)}{1+\left(\omega^{\alpha}C_d R_c\right)^2+2\omega^{\alpha}C_d R_c\cos\left(\frac{\pi}{2}\alpha\right)}\right)\cos\left(\frac{\pi}{2}\beta\right)+\cfrac{\omega^{\alpha}C_d R_c^{2}\sin\left(\frac{\pi}{2}\alpha\right)}{1+\left(\omega^{\alpha}C_d R_c\right)^2+2\omega^{\alpha}C_d R_c\cos\left(\frac{\pi}{2}\alpha\right)}\sin\left(\frac{\pi}{2}\beta\right)\right\}\\[4pt]&+\left(R_d^{2}+2R_d R_c\cfrac{1+\omega^{\alpha}C_d R_c\cos\left(\frac{\pi}{2}\alpha\right)}{1+\left(\omega^{\alpha}C_d R_c\right)^2+2\omega^{\alpha}C_d R_c\cos\left(\frac{\pi}{2}\alpha\right)}+R_c^{2}\cfrac{1+2\omega^{\alpha}C_d R_c\cos\left(\frac{\pi}{2}\alpha\right)+\left(\omega^{\alpha}C_d R_c\right)^2}{\left\{1+\left(\omega^{\alpha}C_d R_c\right)^2+2\omega^{\alpha}C_d R_c\cos\left(\frac{\pi}{2}\alpha\right)\right\}^2}\right)\omega^{\beta}C_f\sin\left(\frac{\pi}{2}\beta\right)\\[4pt]&+\left(\omega^{\beta}C_f\right)^2\left(R_d^{2}+2R_d R_c\cfrac{1+\omega^{\alpha}C_d R_c\cos\left(\frac{\pi}{2}\alpha\right)}{1+\left(\omega^{\alpha}C_d R_c\right)^2+2\omega^{\alpha}C_d R_c\cos\left(\frac{\pi}{2}\alpha\right)}+R_c^{2}\cfrac{1+2\omega^{\alpha}C_d R_c\cos\left(\frac{\pi}{2}\alpha\right)+\left(\omega^{\alpha}C_d R_c\right)^2}{\left\{1+\left(\omega^{\alpha}C_d R_c\right)^2+2\omega^{\alpha}C_d R_c\cos\left(\frac{\pi}{2}\alpha\right)\right\}^2}\right)\end{aligned}}
$$

$$
+\cfrac{\omega^{\gamma}C_{dp}R_{cp}^{2}\sin\left(\frac{\pi}{2}\gamma\right)}{\left\{1+\omega^{\gamma}C_{dp}R_{cp}\cos\left(\frac{\pi}{2}\gamma\right)\right\}^2+\left\{\omega^{\gamma}C_{dp}R_{cp}\sin\left(\frac{\pi}{2}\gamma\right)\right\}^2}
\tag{52}
$$

したがって、回路の全インピーダンス Z は、実部が式 (51) で虚部が式 (52) で表された式 (36) の形で求めることができる。回路の全インピーダンス Z の式 (36) を再掲する。

$$
Z = Z_{re} - jZ_{im}
\tag{再掲 (36)}
$$

3．SEI 層を考慮したバッテリの電気的等価回路の ACインピーダンスシミュレーション

　図 3 に SEI 層を考慮したバッテリの電気的等価回路に関して、周波数を変化させた場合のシミュレーション結果を示す。適用した回路パラメータを最下段の表に示す。図 3(a) は、ナイキスト線図と呼ばれ、周波数を変えてシミュレーションすることで、得られたバッテリの AC インピーダンスを複素平面に描いた周波数特性となる。周波数は、同一桁内を 10 に均等分割して変化させ、順次桁を変えることでシミュレーションを進めた。実際の実験では高周波数側から周波数を落として測定するので、高周波数からのシミュレーションによるバッテリ挙動を説明する。図 3(a) から、最初はインピーダンスの進みが見られ、小さな半円を描

く挙動となる。次にインピーダンスの遅れが起こり、大きな半円を描く挙動となる。図3(a)は、一般に見かけるACインピーダンス特性であるが、インピーダンスの進みは見られないか小さく、遅れ成分が殆どを占めることになるので、インピーダンスの進み遅れを示す縦軸は、反転させて描くことが慣例となっている。図3(a)は、軸を等スケールで取っており、バッテリの持つキャパシタンス成分が電気回路のコンデンサのように90度の位相遅れは生じさせず、多少の位相遅れを生じさせる成分であることがシミュレーションからも確認できる。図3(b)は、バッテリの位相特性を描いた線図である。横軸の周波数は対数軸を取っている。高周波数からのバッテリのインピーダンス挙動を確認すると、最初は位相の進みが見られ、次に位相の遅れが見られる。図3(c)は、バッテリインピーダンスの大きさに関して、同じく周波数を変えることで描いたボード線図となる。図3(c)では、両軸とも対数軸を取っている。

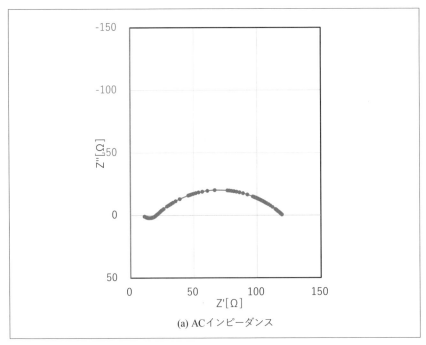

(a) ACインピーダンス

〔図3〕SEI層を考慮したバッテリの電気的等価回路のシミュレーション

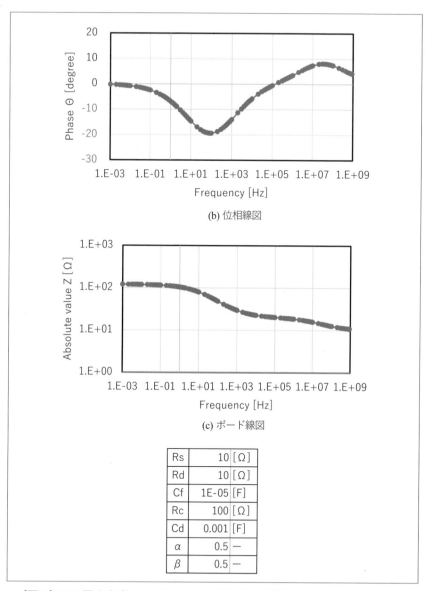

〔図3〕SEI層を考慮したバッテリの電気的等価回路のシミュレーション

◎第5章 交流インピーダンス法によるバッテリ劣化モデルと劣化診断解析

高周波数からのバッテリ挙動を見ると、バッテリインピーダンスの大き
さが増大していることが確認できる。図3(b) から、100Hz から少し下
げた周波数で位相遅れのピークが現れている。これは図3(a) の AC イン
ピーダンス特性で見ると大きな半円の頂点に当たり、図3(c) のボード
線図では、AC インピーダンスの大きさが大きく変化している箇所に相
当することが分かる。
.

　AC インピーダンス法を使ってリチウムイオンバッテリの劣化状態を
診断する手法について解説した。はじめに AC インピーダンス法により
リチウムイオンバッテリのインピーダンスを実測し、複素平面上にナイ
キスト線図を描いた。ナイキスト線図を観察すると、バッテリの持つキャ
パシタンス成分が電気回路のコンデンサのように 90 度の位相遅れは生
じさせず、多少の位相遅れを生じさせる成分であることが分かった。こ
のため、バッテリの等価回路を考える場合、キャパシタンス成分の扱い
を、実測値と合うように考慮し、等価回路モデルへ反映する必要がある
ことが分かった。バッテリの劣化を論じる場合、劣化の主要因は負極電
極の極版を覆う SEI 層であることが明らかとなっている。そこで、SEI
層の影響による劣化分について、バッテリの等価回路へ反映できるよう
にした。シミュレーションは、仮の回路定数を用いているので実測値と
の整合を取っているものではない。なお、実物のバッテリは同じ劣化状
態にあっても、測定環境温度等の条件により、AC インピーダンスは大
きく変化する。実物のバッテリで回路パラメータを求める場合、測定環
境条件を統一して劣化比較することに注意が必要である。シミュレー
ションでは、回路パラメータが数値として得られるものの、実測したバッ
テリ測定環境条件が適切かどうかまで判断できないので、不適切な実測
値に対してシミュレーションしてしまう問題に繋がる場合も考えられ
る。構築したバッテリ劣化モデルが、劣化バッテリに対して適切なシミュ
レーションができているかどうか、引き続き検証していく必要がある。
検証には、①サイクル劣化させたバッテリの AC インピーダンスの実測
値に対してバッテリ劣化モデルの AC インピーダンスのシミュレーショ
ン結果が同じナイキスト線図を描き、②劣化にかかわる回路パラメータ
が実測値に対して相関関係を持って推移することの確認が必要となる。

第2節 バッテリ劣化モデルによる劣化診断解析

　前節では、SEI層を考慮した電気的等価回路からバッテリ劣化モデルを構築した。本節では、このバッテリ劣化モデルを用いてシミュレーションを行う。はじめに、実際に交流インピーダンス法（ACインピーダンス法）を用いて測定したデータが複素平面上に描くナイキスト線図と、バッテリ劣化モデルを用いたシミュレーションデータが複素平面上に描くナイキスト線図について比較する。比較は、異なるサイクルの劣化バッテリとするが、劣化サイクルが同じでも、測定する環境温度（バッテリセル温度）により異なるナイキスト線図を描く問題がある。このため、常温での測定と、電池のインピーダンスが極端に増大する低温での測定に分けて比較する。ACインピーダンス法は、複素平面上に描いた電池のインピーダンス特性だが、周波数を読み取ることはできないので、周波数特性を別に説明する。最後に、シミュレーションで求めた電池の等価回路定数とサイクル劣化の関係について整理し、バッテリ劣化モデルによる劣化診断解析の妥当性について検証する。

1．常温での実測とシミュレーション比較

　図1にリチウムイオンバッテリのACインピーダンスについて、常温25℃での実測値を示す。マーカーのある個所は、実際の計測ポイントである。

　図2にリチウムイオンバッテリのACインピーダンスについて、常温25℃でのシミュレーション値を示す。マーカーのある個所は、シミュレーションポイントである。ナイキスト線図は、実測値と同様の軌跡を描いているが、実測値で見られる右側のインピーダンスの立ち上がり部分がシミュレーションでは描けていない。この箇所は、拡散領域にあたり、測定のためにバッテリセルへ与えたエネルギがそのまま放出される挙動を示している。バッテリ劣化を評価する視点で見ると、今回は必要ではないと判断し、シミュレーション対象箇所から外した。一方、バッテリセル電極の劣化を示す電荷移動抵抗は、ナイキスト線図が実軸を左右の

◎第5章　交流インピーダンス法によるバッテリ劣化モデルと劣化診断解析

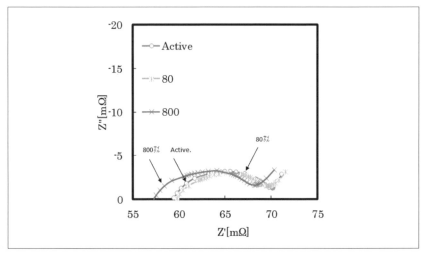

〔図1〕リチウムイオンバッテリのACインピーダンス実測値（常温25℃）
（Active：寿命試験前で電池の活性化を済ませた状態、80：80サイクル寿命試験経過後、800：800サイクル寿命試験経過後、何れも常温25℃で測定）

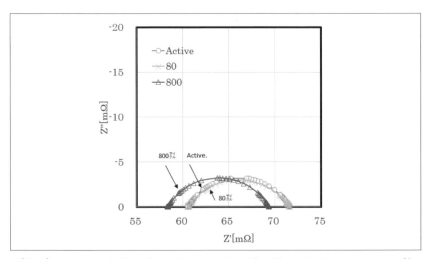

〔図2〕リチウムイオンバッテリのACインピーダンスシミュレーション値（常温25℃）

〔表1〕シミュレーションデータ（常温25℃）

25 ℃		Active	80	800
Rs	[Ω]	0.0595	0.0595	0.0573
Rd	[Ω]	0	0	0
Cf	[F]	0	0.08	0.08
Rc	[Ω]	0.011	0.011	0.011
Cd	[F]	0.9	1	1
Rcp	[Ω]	0.0011	0.0011	0.0011
Cdp	[F]	0.001	0.001	0.001
α	―	0.68	0.68	0.71
β	―	0	0.68	0.68
γ	―	0.5	0.5	0.5

両端で切る部分のインピーダンス値（Z''=0）である。電荷移動抵抗を求める場合、実測では拡散領域に差し掛かる部分から実軸と交差する部分まで、ナイキスト線図の半円を外挿して求める必要がある。シミュレーションでは、この外挿作業が不要なので、電荷移動抵抗が簡単に求まる。

　表1は、前節の図2で示した「SEI層を考慮したバッテリの電気的等価回路」に関する、常温25℃でのシミュレーションに用いた電気的等価回路の回路定数である。デフォルトの回路定数はゼロとして、実測値に合うようにカーブフィッティングして行ったので、動かしていない回路定数はゼロのままになっている。

　図3は、図1、図2で示した実軸と虚軸を等スケールで描いた常温25℃のグラフの縦軸（虚軸）のみを引き延ばし、実測値とシミュレーション値の差異が確認しやすいようにしたものである。拡大してみると、等スケールで描いたACインピーダンスカーブから求めた回路定数は、多少の見直しの余地が残るようである。

2. 低温での実測とシミュレーション比較

　図4にリチウムイオンバッテリのACインピーダンスについて、低温10℃での実測値を示す。マーカーのある個所は、実際の計測ポイントである。図1で示した常温25℃と同じく縦横等スケールで描いていて同

◯第5章 交流インピーダンス法によるバッテリ劣化モデルと劣化診断解析

じような軌跡と見えるが、図1はフルスケール20［mΩ］に対して、図4はフルスケール50［mΩ］である。同じ劣化位置にあるバッテリでも、測定環境温度（バッテリセル温度）を下げるだけで、インピーダンスが

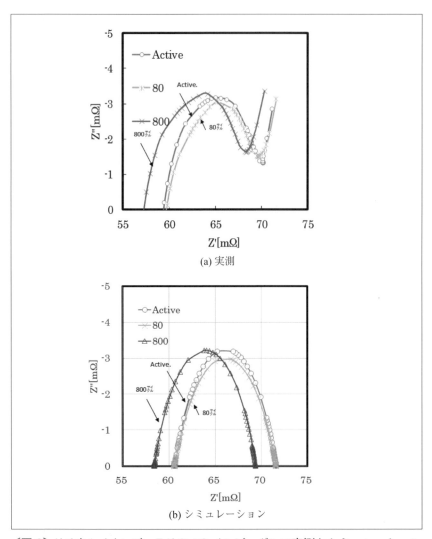

〔図3〕リチウムイオンバッテリのACインピーダンス実測とシミュレーション比較（常温25℃、虚軸拡大）

増大することが分かる。

　図5にリチウムイオンバッテリのACインピーダンスについて、低温10℃でのシミュレーション値を示す。マーカーのある個所は、シミュレーションポイントである。常温25℃に対して、ACインピーダンス軌跡が大きくなっているものの、問題なくシミュレーションできていることが分かる。

　表2は、前節の図2で示した「SEI層を考慮したバッテリの電気的等価回路」に関する、低温10℃でのシミュレーションに用いた電気的等価回路の回路常数である。デフォルトの回路定数はゼロとして、実測値に合うようにカーブフィッティングして行ったので、動かしていない回路定数はゼロのままになっている。

　図6は、図4、図5で示した実軸と虚軸を等スケールで描いた低温10℃のグラフの縦軸のみを引き延ばし、実測値とシミュレーション値の差異が確認しやすくしたものである。

　拡大してみると、図3で示した常温25℃の虚軸拡大スケールに対して、実測値のACインピーダンスカーブが綺麗な半円ではなく歪んだ半円に

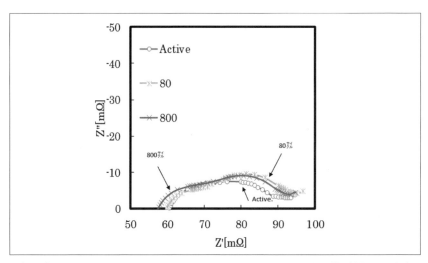

〔図4〕リチウムイオンバッテリのACインピーダンス実測値（低温10℃）
（Active：寿命試験前で電池の活性化を済ませた状態、80：80サイクル寿命試験経過後、800：800サイクル寿命試験経過後、何れも低温10℃で測定）

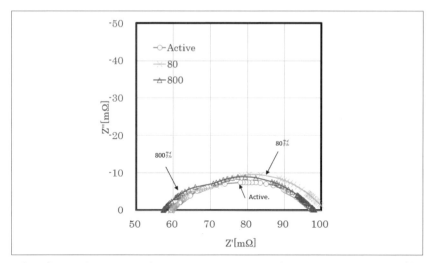

〔図5〕リチウムイオンバッテリのACインピーダンスシミュレーション値（低温10℃）

〔表2〕シミュレーションデータ（低温10℃）

10 °C		Active	80	800
Rs	[Ω]	0.0595	0.0595	0.0573
Rd	[Ω]	0	0	0
Cf	[F]	0	0.16	0.16
Rc	[Ω]	0.037	0.04	0.04
Cd	[F]	1	1	1
Rcp	[Ω]	0.001	0.0017	0.001
Cdp	[F]	0.6	0.038	0.07
α	—	0.52	0.63	0.6
β	—	0.5	0.5	0.49
γ	—	1.1	1.45	1.45

　なっている。シミュレーション結果でも回路定数を合わせ込むことで、歪んだ半円箇所の再現が、実測値と同様にできていることが確認できる。図6(a)は、低温10℃で測定したACインピーダンスカーブの虚軸スケールを拡大したグラフである。図3(a)で示した常温25℃で測定したACインピーダンスカーブの虚軸スケールを拡大したグラフに対して、図の

左からの円弧の立ち上がりから円弧の頂点へ至る途中にくびれを確認することができる。このくびれ部分は、図6(b)で示した低温10℃でのシミュレーションでも確認できる。リチウムイオンバッテリの劣化は負極

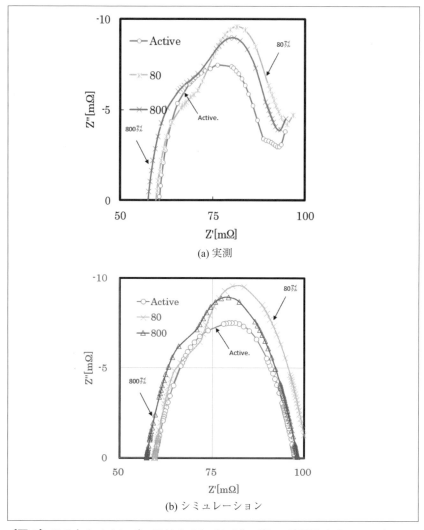

〔図6〕リチウムイオンバッテリのACインピーダンス実測とシミュレーション比較（低温10℃、虚軸拡大）

◎ 第5章　交流インピーダンス法によるバッテリ劣化モデルと劣化診断解析

で発生する SEI 層の析出が原因なので、一般に考えられる負極の等価回路へ、SEI 層の要素を加味して等価回路を作成した。しかし、このくびれは SEI 層が引き起こしているものではないと考えられる。SEI 層の要素を加味した等価回路の回路定数を合わせ込むだけでは、くびれの再現ができなかったことが理由である。

3. シミュレーション特性

　一般に周波数特性は、AC インピーダンスを複素委平面上に等軸スケールで描いて、位相特性とゲインを求めることになる。リチウムイオンバッテリセルのインピーダンスは、劣化サイクルが進展しても、寿命末期を除き殆ど変化しないため、一般の周波数特性解析から得た劣化情報と、AC インピーダンスカーブを視覚で確認した劣化情報とに乖離が生じる。そこで、AC インピーダンスの変化が確認しやすいように、実軸と虚軸を等スケールとしない複素平面で描き、周波数特性をあわせて表示した。ただし、等スケールとしない複素平面から求めた周波数特性が、等スケールの複素平面から求めた周波数特性と異なることはない。

　図 7 は、シミュレーションより求めた常温 25℃でのリチウムイオンバッテリの AC インピーダンス特性と周波数特性を示す。図 8 は、シミュレーションより求めた低温 10℃でのリチウムイオンバッテリの AC インピーダンス特性と周波数特性を示す。両者が対比しやすいように、それぞれの特性について、グラフ軸のスケールを統一した。

　図 7(a) の常温 25℃での AC インピーダンス特性は、円弧の左端の立ち上がりポイントとなる電解液のインピーダンスが僅かに異なるものの、劣化サイクル違いでも円弧自体の形状は似ていることが確認できる。このため、図 7(b) の位相特性も、図 7(c) の合成インピーダンス（絶対値）も、電解液のインピーダンスの僅かな差異の影響を受けるものの、劣化サイクル違いでも殆ど差異が見られないことが確認できる。図 7(a) より AC インピーダンス特性から円弧の頂点の周波数は、図 7(b) の位相特性で見るとマイナス側のピーク位相を示す時の周波数となる。図 7(c)の合成インピーダンスで見ると、高周波数側から周波数を下げてきても、ほぼ変化しない合成インピーダンス値から、急激に大きく値を上げて落

- 212 -

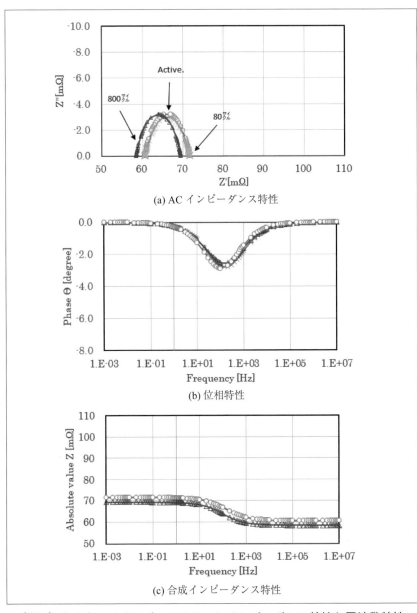

〔図7〕リチウムイオンバッテリのACインピーダンス特性と周波数特性（常温25℃）

◎第5章 交流インピーダンス法によるバッテリ劣化モデルと劣化診断解析

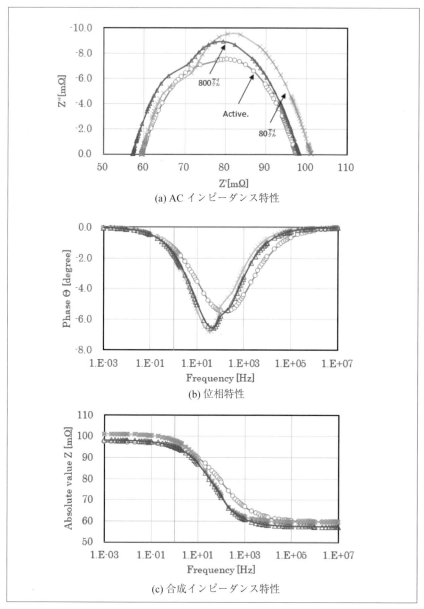

〔図8〕リチウムイオンバッテリのACインピーダンス特性と周波数特性（低温10℃）

− 214 −

ち着くまでの過渡的な動きの中央値に当たる合成インピーダンス値であることが確認できる。

　図8(a) の低温 10℃ での AC インピーダンス特性は、劣化サイクル違いで円弧が異なる形状となることが確認できる。80 サイクルと 800 サイクルを比較すると円弧のピーク値も円弧の形状も異なっているが、図 8(b) の位相特性を見るとマイナス側のピーク位相を示す付近の周波数域の特性は 80 サイクルと 800 サイクルは重なっている。これは、AC インピーダンス特性の円弧のピーク値の周波数が、80 サイクルと 800 サイクルとでは異なるということなので、円弧のピーク値を見て単純に周波数特性が類推できないといえる。これは、Active. の AC インピーダンス特性を見ても同様であり、円弧のピーク値は 800 サイクルと 80 サイクルの間にあるものの、位相特性を見ると 800 サイクルと 80 サイクルよりは高い周波数でマイナス側のピーク位相を示しており、この周波数が Active. の AC インピーダンス特性が示す円弧のピーク値にあたることになる。図8(c) の合成インピーダンスの周波数特性は、図 7(c) で説明した通り位相特性とリンクしていることが確認できる。

４．等価回路定数とサイクル劣化

　前節の３で説明した通り、同様のシミュレーション解析をその他の環境温度（バッテリセル温度）で実施した。シミュレーション解析を実施した温度は、−10℃、−5℃、0℃、5℃、10℃、15℃、25℃、35℃、45℃の９水準であり、それぞれの環境温度における劣化サイクルの実測値である、Active.80 サイクル及び 800 サイクルの３水準に対して行った。シミュレーション解析結果を次の通り整理する。

　図9は、リチウムイオンバッテリのシミュレーションに用いた等価回路定数の電解液抵抗 Rs を示す。常温 25℃ 以下では、Active. と 80 サイクルが、800 サイクルに対して同一の抵抗値を示していいて、800 サイクルは Active. と 80 サイクルに対して、全電池温度域において低い抵抗値となっている。サイクル負荷を与えて劣化させると抵抗値が下がるというわけではなく、差異は個体ばらつきによるものと考えられる。シミュレーションの元データとなる実測値は、Active.、80 サイクル及び 800

サイクルの 3 水準とも別の個体にサイクル負荷を与えて劣化させた。シミュレーション結果も同様の差異が見られることになったが、差異は 3.7% 程度である。リチウムイオンバッテリは、ニッケル水素バッテリのように、電解液抵抗が増加して劣化する形態を取らない。初期の個体ばらつきがサイクル劣化で多少拡大した程度と考えられる。常温 25℃ を越える環境温度でのシミュレーションでは、Active. は電解液抵抗が少し上昇し、80 サイクル及び 800 サイクルでは低下している。バッテリのインピーダンスは、測定環境温度を上げると、逆に下がってくるので、80 サイクル及び 800 サイクルではこの影響により、等価回路定数として設定した電解液抵抗も下がったものと考えられる。Active. の電解液抵抗上昇は、初期のバッテリ状態が高温環境ではまだ安定していない影響が出ているものと考えられる。

　図 10 は、リチウムイオンバッテリのシミュレーションに用いた等価回路定数の負極の電荷移動抵抗 Rc を示す。環境温度を常温 25℃ より上げるとインピーダンスは減少し、常温 25℃ より下げるとインピーダンスは上昇することが、シミュレーションでも確認できる。環境温度を 0℃ にすると各劣化サイクルの値にばらつきが出ているが、0℃ は電槽内に僅かに含まれる水分の変態ポイントにあたるので、シミュレーションでも挙動が再現できているといえる。この温度から更に下げると、インピー

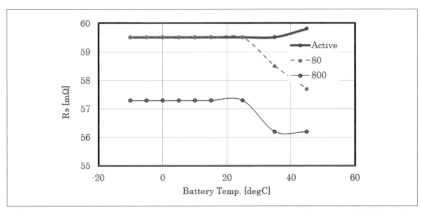

〔図 9〕リチウムイオンバッテリのシミュレーションに用いた等価回路定数
　　　（電解液抵抗 Rs）

ダンスは大幅な上昇をしているが、これも実測の通り再現できている。また、0℃以下の温度でのActive.と他の劣化サイクル乖離が見られる点も実測を模擬できている。初期からの劣化を、0℃以下の温度域でのインピーダンス上昇から確認することもシミュレーションで再現できている。シミュレーションでは、80サイクルと800サイクルで劣化違いが見られないが、実測では10℃以下の環境温度域では多少の差異が確認できる。シミュレーションモデルを更にリファインすべき余地は残るといえる。

図11は、リチウムイオンバッテリのシミュレーションに用いた等価回路定数の、負極の電荷移動抵抗と並列となるキャパシタンス成分Cdを示す。図11(a)に示す通り、キャパシタンス成分Cdは、Active.の高温域を除き、他の劣化サイクルでは全環境温度域で一定値を取る。図11(b)は、前節の式(1)で示した位相遅れを生じさせる位相乗数αの環境温度に対する推移である。80サイクル、800サイクルともαは0.66付近を中心に上下することになり、位相でいうと77度ほどの遅れを生じる。Active.状態では、αが、0.45から0.81と低温から高温になるにしたがい大きく変化するが、全温度域での平均では0.58なので位相でいうと74度ほどの遅れとなる。劣化が進むと多少位相が遅れることになる。新品から劣化すると、負極の電荷移動抵抗と並列となるキャパシ

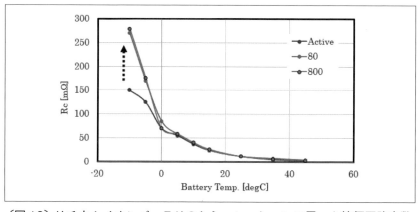

〔図10〕リチウムイオンバッテリのシミュレーションに用いた等価回路定数
（負極の電荷移動抵抗 Rc）

タンス成分 Cd の値は変わらないものの、常温 25℃ から低温へ下がるにしたがい位相遅れは多少増加して一定値付近に落ち着く。常温 25℃ から高温へ上昇するにしたがい、キャパシタンス成分 Cd の値は 80 サイクル及び 800 サイクルでは常温 25℃ 以下と同じく変わらないものの、Active. のキャパシタンス成分 Cd の値大きく低下し、位相遅れも大きくなる。80 サイクル及び 800 サイクルのキャパシタンス成分 Cd の値と位相遅れは、ほぼ等しい挙動を示すので、Active. の挙動は初期という不安定状態に見られるものと考えられる。

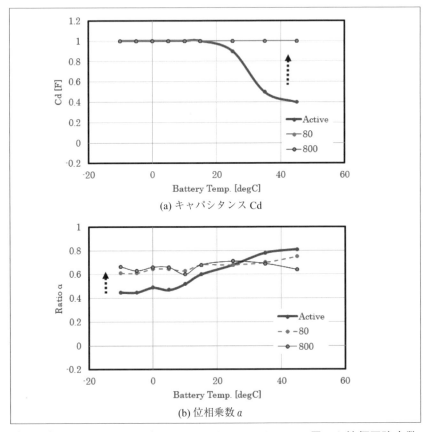

〔図 11〕リチウムイオンバッテリのシミュレーションに用いた等価回路定数
（負極の電荷移動抵抗と並列となるキャパシタンス成分 Cd）

図12は、シミュレーションに用いた等価回路定数の中でSEI層により生ずる通電抵抗Rdの環境温度推移を示している。劣化に関わらず全環境温度域でゼロとなっている。これは、デフォルトでは、シミュレーションの全回路定数をゼロとし、実測値に合うようにシミュレーションではカーブフィッティングを行ったので、動かす必要のない回路定数はゼロのままとなるからである。実際はゼロではないと考えられるが、シミュレーションではSEI層により生ずる通電抵抗Rdへ10倍違う値を設定してもカーブフィッティング上は変わらないため、適正値をシミュレーションにより求めることが困難であった。このため、シミュレーションにより求めたSEI層により生ずる通電抵抗Rdはゼロのままとした。

　図13は、リチウムイオンバッテリのシミュレーションに用いた等価回路定数の中の、SEI層により生ずる電気2重層容量Cfの環境温度推移を示している。図13(a)のActive.状態は新品状態なので、SEI層の形成はなく、キャパシタンスCfはゼロとなっている。劣化が進展するとキャパシタンスCfは増加するが、常温25℃以上の環境温度では、80サイクル及び800サイクルとも同じ値を取っている。常温25℃以下の環境温度では、環境温度10℃を除き、80サイクル、次に800サイクルの順でキャパシタンスCfは増加する。図13(b)の位相乗数βを見ると、Active.状態はSEI層の形成がないので、環境温度10℃を除き、位相乗

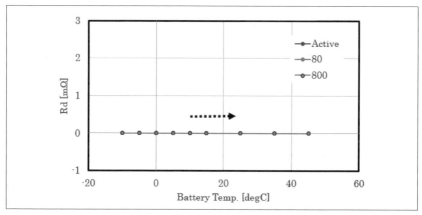

〔図12〕リチウムイオンバッテリのシミュレーションに用いた等価回路定数
　　　　（SEI層により生ずる通電抵抗Rd）

数はゼロとなっている。劣化が進展するとほぼ一定値となる 0.68 へ位相乗数は増加する。位相では 78 度程度の遅れとなる。環境温度 10℃ の場合のみ回路定数が他の環境温度の場合と異なっていることが図 13 から確認できる。環境温度 10℃ は、前節の 2 で説明した「低温での実測とシミュレーション比較」の場合にあたる。図 6(a) で示した実測値の AC インピーダンスカーブは、綺麗な円弧ではなく歪んでおり、シミュレーションの場合も回路定数を合わせ込んで実測値の歪を再現できるようにした。カーブフィッティングで見ると適切なアプローチであるものの、

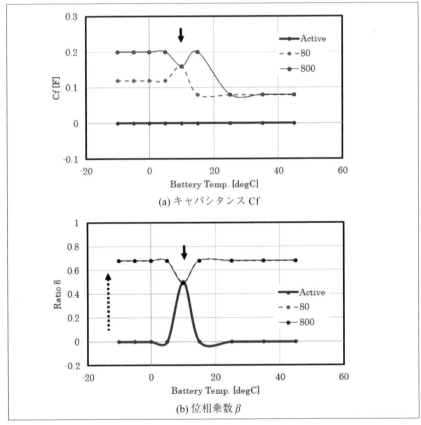

〔図 13〕リチウムイオンバッテリのシミュレーションに用いた等価回路定数（SEI 層により生ずる電気 2 重層容量 Cf）

劣化推移の視点で見ると過度な合わせ込みは判断を難しくする結果を招くことが分かった。なお、正極の電荷移動抵抗 R_{cp}、正極の電荷移動抵抗と並列となるキャパシタンス成分 C_{dp} および C_{dp} の位相乗数 γ は、シミュレーションを進める際に回路定数の設定を行ったが、サイクル劣化したバッテリの環境温度違いによる回路定数の明確な関係性は見られなかった。リチウムイオンバッテリの劣化については負極側で見る方が明確なので、正極についての解析は割愛する。

　本節では、はじめに常温 25℃ の環境温度での AC インピーダンスの実測値に対して、前節の図 2 で示した「SEI 層を考慮したバッテリの電気的等価回路」の解析式を用いて回路定数を合わせ込むシミュレーションを行った結果を比較し、シミュレーションが実測値を再現できていることを確認した。次に、AC インピーダンスカーブが常温よりも大きく円弧を描く低温側の環境温度として 10℃ での実測値を取り上げた。解析式を用いて回路定数を合わせ込むシミュレーションを行った結果を実測値と比較し、シミュレーションが実測値を再現できていることを確認した。10℃ の場合は、常温 25℃ に対して AC インピーダンスカーブの実測値が綺麗な円弧ではなく途中歪な形状を示したが、シミュレーション結果でも再現できることが確認できた。シミュレーションで求めたAC インピーダンスカーブは、周波数を変化させて求めるが、AC インピーダンスカーブは実軸と虚軸のインピーダンスにより構成されるので、周波数情報がない。このため、周波数特性を常温 25℃ の場合と低温 10℃ の場合について、位相特性とゲイン特性に相当する合成インピーダンス特性を求めた。AC インピーダンスカーブの円弧の頂点にあたる周波数は、位相特性のピークを示す周波数あたりに相当するものの、相関するとはいえないため、AC インピーダンスカーブとは別に、位相特性を求める必要があることが分かった。また、位相特性と合成インピーダンス特性は相関することがシミュレーション結果からも確認できた。環境温度 9 水準に対して劣化サイクル 3 水準に関する、シミュレーションに用いる等価回路定数の関係を求めた。電解液抵抗 Rs は、初期の個体ばらつきがサイクル劣化で多少拡大する程度であることが分かった。負極の電荷移動抵抗 Rc は、環境温度を下げるとインピーダンスは上昇することが分かった。他に、環境温度を 0℃ にすると電槽内に僅かに含

◎第5章 交流インピーダンス法によるバッテリ劣化モデルと劣化診断解析

まれる水分の変態ポイントの再現、0℃から更に下げるとインピーダンスの大幅な上昇の再現、0℃以下の温度での Active. と他の劣化サイクル乖離の再現、0℃以下の温度域で初期と劣化のインピーダンス違いの再現ができていることが分かった。ただし、シミュレーションでは、80サイクルと 800 サイクルで劣化違いが見られないが、実測では 10℃以下の環境温度域では多少の差異が確認できるため、シミュレーションモデルを更にリファインすべき余地は残ることも明らかになった。負極の電荷移動抵抗と並列となるキャパシタンス成分 Cd は、劣化が進行しても全測定温度環境で一定値 (1[F]) を示し、位相は新品の環境温度平均から 3 度ほど遅れて、77 度程度の遅れが生じることが分かった。SEI 層により生ずる通電抵抗 Rd は、10 倍違う値を設定してもカーブフィッティング上は変わらないため適正値をシミュレーションにより求めることが困難であることが分かった。SEI 層により生ずる電気 2 重層容量 Cf は、低温温度域で見ると劣化に伴い上昇し、位相乗数は劣化が進展するとほぼ一定値となる 78 度程度の遅れを生ずることが分かった。実測値のAC インピーダンスカーブが綺麗な円弧ではなく歪んでいる場合、シミュレーションで回路定数を合わせ込んでカーブフィッティングするのは適切なアプローチであるものの、劣化推移の視点で見ると過度な合わせ込みは劣化判断を難しくする結果を招くことが分かった。なお、正極については、サイクル劣化したバッテリの環境温度違いによる回路定数の明確な関係性は見られなかった。リチウムイオンバッテリの劣化については負極側で見る方が明確なので、正極についての解析は割愛した。

　前節で構築したバッテリ劣化モデルは、電池の劣化診断解析に有効なツールであることが、電池の劣化シミュレーション結果から明らかとなった。また、課題となる点も洗い出せたので、劣化電池の実測データを積み上げてバッテリ劣化モデルをリファインし、実用化へ繋げられるものと期待する。

第6章

バッテリマネジメントシステム との連携

第1節　バッテリマネジメントシステムとモータ制御

　電気自動車やプラグインハイブリッド自動車は、一般のハイブリッド自動車とは異なり、自宅などに設置された充電ポートから搭載電池へ充電を行う必要がある。商用電源からの充電では、自動車に搭載の充電システムを経由して実施する。近年は、自然エネルギを効果的に利用する地産地消への取り組みが進められており、太陽光パネルを設置して家庭用電力負荷へ給電するスマートハウスも現れている。ここでは、商用電源に加えて太陽光発電システムを含めた自動車への充電と、電力系統との連携について解説する。

1. モータ制御における高速スイッチング化と電流の追従特性

　動力用バッテリ電源は、モバイル用バッテリ電源とは違い、数100A以上の高い電流が、数10msから数100msの短い時間でバッテリから入出力する。このため、適切にバッテリの状態監視と制御がなされていないと、基準を越える電流や、基準を越える温度上昇を生じ、最悪時には

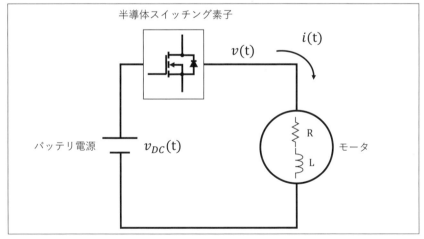

〔図1〕モータ回路ブロック（モータ制御ブロック）

◯第6章　バッテリマネジメントシステムとの連携

発煙事故や発火事故に繋がる恐れがある。また、最悪事故は避けられたとしても、電池劣化が早まることで設計寿命に届かない問題が起こり、バッテリエネルギの利用量を大幅に棄損する事態を招くことになる。

　ここで、近年のモータ制御における高速スイッチング化とモータ電流の追従性について少し言及してみたい。モータを簡単に等価回路として示したものが図1である。モータは、コイルLと抵抗Rによる合成インピーダンスで表した。ここで、バッテリの直流電圧 $v_{DC}(t)$ を電力用半導体で交流へと変換した、モータ電圧を $v(t)$、モータ電流を $i(t)$ とすると、式 (1) で表されるモータ電圧の回路方程式が成立する。

$$v(t) = L\frac{di(t)}{dt} + Ri(t) \tag{1}$$

式 (1) をラプラス変換すると式 (2) となる（ただし、電流の初期値はゼロとしている）。

$$V(s) = LsI(s) + RI(s) \tag{2}$$

式 (2) を入出力関係の形へ書き直すと、式 (3) となる。

$$\frac{I(s)}{V(s)} = \frac{1}{Ls + R} \tag{3}$$

式 (3) は、モータの伝達関数 $G_m(s)$ を表すことになる。モータの時定数を表すため、続けて式 (3) を変形すると式 (4) となる。

$$G_m(s) = \frac{I(s)}{V(s)} = \frac{1}{Ls + R} = \frac{1}{R\left(\dfrac{L}{R}s + 1\right)} \tag{4}$$

モータの時定数 T_1 は、式 (5) の通り、コイルLと抵抗Rによるモータのインピーダンスで表すことができる。

$$T_1 = \frac{L}{R} \tag{5}$$

式 (4) で示したモータの伝達関数 $G_m(s)$ を、式 (5) で示したモータの時

- 226 -

定数 T_1 を使って表すと式(6)となる。

$$G_m(s) = \frac{1}{R(T_1 s + 1)} \tag{6}$$

次に、モータの制御器について考える。PI制御器を用いたモータ制御器ブロックを図2に示す。

図2において、$I_0(s)$ はモータ制御器への入力となるモータ電流指令、$V(s)$ はモータ制御器からの出力で、モータへの電圧指令である。また、K_1 はモータ制御器を構成する比例制御器のゲイン、$\frac{1}{T \cdot s}$ は同じくモータ制御器を構成する積分制御器の伝達関数となる。図2で示したモータ制御器ブロックの回路方程式をラプラス変換の形で示すと式(7)となる。

$$V(s) = I_0(s) K_1 + I_0(s) K_1 \frac{1}{Ts} \tag{7}$$

式(7)を整理すると式(8)となる。

$$V(s) = I_0(s) K_1 \left(1 + \frac{1}{Ts}\right) \tag{8}$$

式(8)を入出力関係へ直すと、式(9)で表すモータ制御器ブロックの伝達関数が求まる。

$$\frac{V(s)}{I_0(s)} = K_1 \left(1 + \frac{1}{Ts}\right) = K_1 \frac{Ts + 1}{Ts} \tag{9}$$

ここで、式(6)のモータの伝達関数 $G_m(s)$ を見ると、分母がモータの1次遅れ特性を示していることが分かる。これに対して、モータ制御器ブ

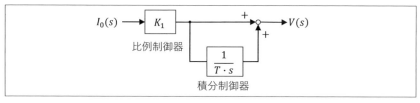

〔図2〕モータ制御器ブロック

ロックの伝達関数の分子は、式(9)より1次進み特性を示している。このモータ制御器ブロックの1次進み特性と、モータの1次遅れ特性を組み合わせると、相殺関係が成立することが分かる。そこで、議論がし易いように式(10)と式(11)の関係を導入して、パラメータ調整することを考える。

$$K_1 = R \tag{10}$$

$$T = T_1 \tag{11}$$

モータ制御システムは、モータ制御器ブロックと、モータの伝達関数 $G_m(s)$ で表されるモータブロックにより構成される。図3にモータ制御システムブロックを示す。

ここで、K_2 はモータ制御器ブロックとモータブロック間の伝達利得である。H はモータ電流をモータ電流指令 $I_0(s)$ へフィードバックする際のフィードバックゲインである。図3に示したモータ制御システムブロックの回路方程式をラプラス変換した形で示す。分かり易いように、式(12)は式(10)と式(11)を導入する前の関係で示した式となる。

$$I(s) = \{I_0(s) - HI(s)\} K_1 \frac{Ts+1}{Ts} K_2 \frac{1}{R(T_1 s+1)} \tag{12}$$

式(13)は、式(10)と式(11)を導入した後の関係で示した式となる。

$$I(s) = \{I_0(s) - HI(s)\} \cancel{R} \frac{\cancel{Ts+1}}{Ts} K_2 \frac{1}{\cancel{R(Ts+1)}} = \{I_0(s) - HI(s)\} \frac{K_2}{Ts}$$

$$\left(1 + \frac{HK_2}{Ts}\right) I(s) = \frac{K_2}{Ts} I_0(s) \tag{13}$$

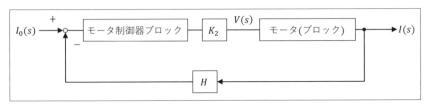

〔図3〕モータ制御システムブロック

式 (13) を入出力関係に直すと、式 (14) となる。

$$\frac{I(s)}{I_0(s)} = \frac{\dfrac{K_2}{Ts}}{1+\dfrac{HK_2}{Ts}} = \frac{1}{\dfrac{Ts}{K_2}+H} \tag{14}$$

式 (14) から、モータ制御システムブロックの伝達関数 G_M が求まる。

$$G_M = \frac{I(s)}{I_0(s)} = \frac{1}{\dfrac{Ts}{K_2}+H} = \frac{1}{H\left(\dfrac{T}{HK_2}s+1\right)} \tag{15}$$

式 (15) より、モータ制御システムブロックの時定数 T_M は式 (16) となる。

$$T_M = \frac{T}{HK_2} \tag{16}$$

式 (16) の関係を使い、モータ制御システムブロックの伝達関数 G_M を書き直すと、

$$G_M = \frac{1}{H(T_M s+1)} \tag{17}$$

上記で求めた関係から、モータ制御における高速スイッチング化とモータ電流の追従性について考えてみる。モータ制御システムブロックの伝達関数 G_M において、モータ制御システムブロックの時定数 T_M を含んだ $T_M \cdot s$ 部分に着目する。制御系の角周波数 ω と、周波数 f の関係を使うと、式 (18) の関係となる。

$$T_M s = T_M j\omega = T_M j2\pi f \tag{18}$$

式 (18) より、式 (19) となる場合を考える。

$$T_M s = j \tag{19}$$

周波数 f は、式 (20) となる。

$- 229 -$

$$j = j(T_M 2\pi f)$$
$$T_M 2\pi f = 1$$
$$f = \frac{1}{2\pi T_M} \tag{20}$$

これは、1次遅れ特性の系のボード線図を描くと、折れ点の周波数を示している。モータ電流制御ブロックの時定数 T_M が短くなるほど、モータ電流制御系の帯域幅を示す周波数レンジが広がることになる。高速スイッチング時の高周波成分が減衰することなく出力されるため、入力電流指令に対して追従性が良くなり、制御応答性が改善されることが分かる。

2．DC ブラシレスモータの制御

DC ブラシレスモータ（永久磁石同期モータ）の制御モードついて簡単に説明する。ステータ巻線は、回転界磁をつくり、ロータの永久磁石が回転界磁に引きずられて回転する。ラジアル方向の界磁は電磁トルクを発生しない。ステータの回転界磁がロータの回転界磁より進んでいると、ステータはロータを引っ張るのでモータとして動作することになる。一方、ステータの回転界磁がロータの回転界磁より遅れていると、発電機として動作することになる。

無負荷では、ロータの回転界磁は逆起電力 E_0 をステータ巻線に発生させる。ステータ巻線に電源から給電すると、電圧の方程式は式(21)となる。

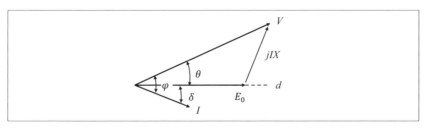

〔図 4〕DC ブラシレスモータのベクトル線図

$$V = E_0 + IR + jIX \tag{21}$$

ここで、R はステータの抵抗分、X は同期インピーダンス分、DC ブラシレスモータのベクトル線図を図 4 に示す。ただし、ステータの抵抗分は小さいため、この電圧ドロップ分は除いて描いている。図 4 より jIX は、q 軸成分を磁束ベクトル方向に取ると、q 軸成分に垂直な d 軸成分と、q 軸成分に分けて書くことができる。これを図 5 に示す。したがって IPM モータ (Interior Permanent Magnet モータ) のリアクタンス X と電流 I は、d 軸成分と q 軸成分に分けて書くことができる。式 (21) を d 軸成分と q 軸成分に分けて書き直すと式 (22) となる。

$$V = I_0 + IR + jI_d X_d + jI_q X_q \tag{22}$$

図 5 より、力率角 φ は $\varphi = \delta + \theta$ から、モータ出力は式 (23) となる。

$$\begin{aligned} P &= mVI\cos\varphi \\ &= mVI\cos(\delta + \theta) \\ &= mVI(\cos\delta\cos\theta - \sin\delta\sin\theta) \\ &= mV(I\cos\delta\cos\theta - I\sin\delta\sin\theta) \\ &= mV(I_q\cos\theta - I_d\sin\theta) \end{aligned} \tag{23}$$

q 軸に関しては式 (24) の電圧関係がある。

$$I_q X_q = V\sin\theta \tag{24}$$

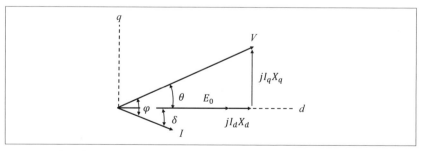

〔図 5〕DC ブラシレスモータのベクトル線図 (d-q 軸成分)

◎第6章　バッテリマネジメントシステムとの連携

また、d軸に関しては式(25)の電圧関係がある。

$$I_d X_d = V \cos\theta - E_0 \tag{25}$$

IPMモータの出力Pは、式(23)へ式(24)と式(25)の関係を代入して、式(26)と展開できるから、

$$
\begin{aligned}
P &= mV \left\{ \left(\frac{V \sin\theta}{X_q} \right) \cos\theta - \left(\frac{V \cos\theta - E_0}{X_d} \right) \sin\theta \right\} \\
&= \frac{mV^2}{X_q} \frac{\sin 2\theta}{2} - \frac{mV^2}{X_d} \frac{\sin 2\theta}{2} + \frac{mVE_0}{X_d} \sin\theta \\
&= \frac{mVE_0}{X_d} \sin\theta - \frac{mV^2}{2} \left(\frac{1}{X_d} - \frac{1}{X_q} \right) \sin 2\theta
\end{aligned}
\tag{26}
$$

IPMモータの出力Pは、式(27)となる。

$$P = \frac{mE_0 V}{X_d} \sin\theta + \frac{mV^2}{2} \left(\frac{1}{X_q} - \frac{1}{X_d} \right) \sin 2\theta \tag{27}$$

SPMモータ（Surface Permanent Magnetモータ）は、モータのリアクタンスが式(28)の関係なので、

$$X_d = X_q \tag{28}$$

SPMモータの出力Pは、式(28)の関係を式(27)へ代入して求めると、式(29)となる。

$$P = \frac{mE_0 V}{X_d} \sin\theta + \left[\frac{mV^2}{2} \left(\frac{1}{X_q} - \frac{1}{X_d} \right) \sin 2\theta \right]_{X_d = X_q} = \frac{mE_0 V}{X_d} \sin\theta \tag{29}$$

モータ電圧は式(24)の関係があることを先に述べた。

$$I_q X_q = V \sin\theta \qquad\qquad 再掲(24)$$

式(29)へ式(24)と式(28)の関係を代入すると、SPMモータの出力Pは

– 232 –

式 (30) となる。

$$P = \frac{mE_0V}{X_d}\sin\theta = mE_0I_q \left[\frac{X_q}{X_d}\right]_{X_d=X_q} = mE_0I\cos\delta \tag{30}$$

モータトルク T は、モータの物理的な角速度を ω とし、式 (30) の SPM モータ出力 P を用いて求めると式 (31) となる。

$$T = \frac{P}{\omega} = \frac{mE_0I\cos\delta}{\omega} \tag{31}$$

ここで、E_0 はモータの磁束 ϕ と、モータの電気的角速度 ω_0 を用いて求めると式 (32) となる。k は比例常数を表す。

$$E_0 = k\phi\omega_0 \tag{32}$$

モータの物理的角速度を ω とモータの電気的角速度 ω_0 との物理的位置関係は、モータの極対数を p とすると式 (33) となる。

$$\omega = \frac{\omega_0}{p} \tag{33}$$

モータトルク T は、式 (32) と式 (33) の関係を式 (31) へ代入することで式 (34) となる。

$$T = \frac{m\left(k\phi\,\omega_0\right)I\cos\delta}{\dfrac{\omega_0}{p}} = mpk\phi I\cos\delta \tag{34}$$

➡ [補足説明] --
式 (32) は次式とも書ける。

$$E_0 = k\phi\omega_0 = k\phi\omega \tag{補足1}$$

これは、次式の関係をいう。

$$\omega_0 = \omega \tag{補足2}$$

- 233 -

◎第6章　バッテリマネジメントシステムとの連携

モータが逆起電力 E_0 を発生している時、モータの物理的な角速度を ω と、モータの電気的角速度 ω_0 は同じとなる。

　一方、式 (33) は、モータの物理的な位置関係について ω と ω_0 の関係を表している。例えば、極数が4極のモータは、モータの物理的な角速度 ω とモータの電気的角速度 ω_0 が同じでも、ロータの物理的位置関係は同じではなく、2:1の関係となる。同様に、極数が8極のモータは、モータの物理的な角速度 ω とモータの電気的角速度 ω_0 によるロータの物理的位置関係は4:1の関係となる。

　モータを円滑に回転させるには、回転円周上へ均等にN極とS極を設けて磁束を流す必要がある。N極とS極は対で設けて、回転磁界を作ることになる。最低極数は2極である。NSNの極間をロータが移動すると電気角で1回転したことになる。4極モータでは、電気角で1回転しても、ロータは半周しか回っていない。モータ仕事を考えた場合、半分しか仕事をしていないことになる。同様に、極数が8極のモータでは、電気角で1回転しても、ロータは4分の1回転しか回っていないので、4分の1しか仕事をしていないことになる。モータ仕事は、式 (33) の関係で考える必要がある。実際は、N極とS極の対極単位が必要となるので、極数ではなく、極対数で話を進める場合が一般的である。極数と極対数の扱いで混乱が見られる場合が時折あるので、分からなくなった場合は、物理的なロータの動きに立ち返って考えることが好ましい。

-- ← END［補足説明］

　モータの最大トルク T_{max} は、モータトルク T を示す式 (34) から、式 (35) の場合となる。

$$\delta = 0 \tag{35}$$

式 (35) からモータの最大トルク T_{max} を求めると式 (36) となる。

$$T_{max} = mpk\phi I \left[\cos\delta \right]_{\delta=0} = mpk\phi I = const. \tag{36}$$

モータは、最大トルク T_{max} の状態で、モータ電流のd軸成分は式 (37) の関係となる。

$$I_d = 0 \tag{37}$$

これは、モータ電流が q 軸成分のみで表現されることになるので、モータ電圧 V はモータのベクトル線図から式 (38) の関係となる。

$$
\begin{aligned}
V^2 &= E_0{}^2 + \left(I_q X_q\right)^2 + \left[\cancel{\left(I_d X_d\right)^2}\right]_{I_d=0} \\
&= \left(k\phi\omega_0\right)^2 + \left(I_q \omega_0 L_q\right)^2 \\
&= \left(k\phi\omega_0\right)^2 + \left(I \omega_0 L_q\right)^2
\end{aligned}
\tag{38}
$$

式 (38) のルートを取って、モータ電圧 V とモータの電気的角速度 ω_0 の関係として整理すると式 (39) となる。

$$\frac{V}{\omega_0} = \sqrt{\left(k\phi\right)^2 + \left(I L_q\right)^2} = const. \tag{39}$$

これは、モータの電気的角速度 ω_0 を、モータの物理的な角速度を ω として書いてもよく式 (40) と表すことができる。

$$\frac{V}{\omega} = const. \tag{40}$$

式 (40) の関係から、モータ電圧を周波数に比例させれば最大トルクが維持できる。これを定トルク制御という。ここで、V、X_d、E_0 は周波数に比例するパラメータである。これは、インダクションモータの V/f 制御に似ているといえる。

　モータ電圧が最大値に達すると、式 (40) は維持できなくなる。ω が増加しても V は変わらない。d 軸電流を供給する必要がある。この様子を示したベクトル図が、図 6 である。この関係を示すと式 (41) となる。

$$V^2 = \left(E_0 - I_d X_d\right)^2 + \left(I_q X_q\right)^2 = \left(k\phi\omega - I_d \omega L_d\right)^2 + \left(I_q \omega L_q\right)^2 \tag{41}$$

モータ電圧 V とモータ角速度 ω の関係として整理すると式 (42) となる。

－ 235 －

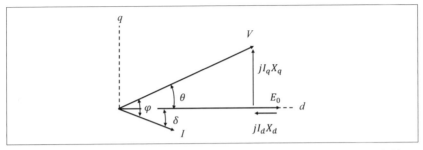

〔図6〕DCブラシレスモータのベクトル線図（d-q軸成分、弱め界磁時）

$$\frac{V}{\omega} = \sqrt{(k\phi - I_d L_d)^2 + (I_q L_q)^2} \tag{42}$$

これを弱め界磁制御という。d軸電流がモータの逆起電力を弱める方向に働く。定出力域では、式(27)よりV一定から、トルクと周波数は逆比例関係で推移することになる。

3．インダクションモータの制御

インダクションモータは、磁束をコントロールすることでDCモータのように制御が可能となる。

$$V_S = R_S i_S + \frac{d\lambda_S}{dt}(= R_S i_S + p\lambda_S) \tag{43}$$

$$V_R = R_R i_R + \frac{d\lambda_R}{dt}(= R_R i_R + p\lambda_R) \tag{44}$$

ここで、V、I、λは、それぞれ電圧、電流、漏れ磁束である。また、$p=d/dt$である。添え字は、Sはステータを、Rはロータを示す。

さて、インダクションモータを解析する場合の基準をフレーム1とし、この位置から各パラメータの動きを眺めてみる。フレーム1とステータの相差角をδとすると、フレーム1とロータとの相差角は、$\delta-\theta$となる。式(43)、(44)から相差角を考慮すると、両式は式(45)、(46)となる。

$$V_S e^{-j\delta} = R_S i_S e^{-j\delta} + \frac{d}{dt}\left(\lambda_S e^{-j\delta}\right) \tag{45}$$

$$V_R e^{-j(\delta-\theta)} = R_R i_R e^{-j(\delta-\theta)} + \frac{d}{dt}\left(\lambda_R e^{-j(\delta-\theta)}\right) \tag{46}$$

フレーム 1 で、ステータについて整理すると式 (47) 〜 (49) となる。

$$V_S^{(1)} = V_S e^{-j\delta} \tag{47}$$

$$i_S^{(1)} = i_S e^{-j\delta} \tag{48}$$

$$\lambda_S^{(1)} = \lambda_S e^{-j\delta} \tag{49}$$

フレーム 1 で、ロータについて同じく整理すると式 (50) 〜 (52) となる。

$$V_R^{(1)} = V_R e^{-j(\delta-\theta)} \tag{50}$$

$$i_R^{(1)} = i_R e^{-j(\delta-\theta)} \tag{51}$$

$$\lambda_R^{(1)} = \lambda_R e^{-j(\delta-\theta)} \tag{52}$$

漏れ磁束を微分すると、ステータは式 (49) から次の通り求められ、式 (53) の最後の式となる。

$$
\begin{aligned}
\frac{d\lambda_S^{(1)}}{dt} &= \frac{d\left\{\lambda_S e^{-j\delta}\right\}}{dt} \\
&= \frac{d\lambda_S}{dt} e^{-j\delta} + \lambda_S \frac{de^{-j\delta}}{dt} \\
&= \frac{d\lambda_S}{dt} e^{-j\delta} + \lambda_S \frac{de^{-j\delta}}{d\delta}\frac{d\delta}{dt} \\
&= \frac{d\lambda_S}{dt} e^{-j\delta} + \lambda_S \left(-je^{-j\delta}\right)\frac{d\delta}{dt} \\
\frac{d\lambda_S^{(1)}}{dt} &= \frac{d\lambda_S}{dt} e^{-j\delta} - j\lambda_S \frac{d\delta}{dt} e^{-j\delta}
\end{aligned}
\tag{53}
$$

漏れ磁束を微分すると、ロータは式 (52) から次の通り求められ、式 (54) の最後の式となる。

◎ 第6章 バッテリマネジメントシステムとの連携

$$\frac{d\lambda_R^{(1)}}{dt} = \frac{d\left\{\lambda_R e^{-j(\delta-\theta)}\right\}}{dt}$$

$$= \frac{d\lambda_R}{dt}e^{-j(\delta-\theta)} + \lambda_R \frac{de^{-j(\delta-\theta)}}{dt}$$

$$= \frac{d\lambda_R}{dt}e^{-j(\delta-\theta)} + \lambda_R \frac{de^{-j(\delta-\theta)}}{d\delta}\frac{d(\delta-\theta)}{dt}$$

$$= \frac{d\lambda_R}{dt}e^{-j(\delta-\theta)} + \lambda_R\left(-je^{-j(\delta-\theta)}\right)\frac{d(\delta-\theta)}{dt}$$

$$\frac{d\lambda_R^{(1)}}{dt} = \frac{d\lambda_R}{dt}e^{-j(\delta-\theta)} - j\lambda_R \frac{d(\delta-\theta)}{dt}e^{-j(\delta-\theta)} \tag{54}$$

式 (53)、(54) は、式 (55)、(56) と書換えることができる、

$$\frac{d\lambda_S}{dt}e^{-j\delta} = \frac{d\lambda_S^{(1)}}{dt} + j\lambda_S \frac{d\delta}{dt}e^{-j\delta} \tag{55}$$

$$\frac{d\lambda_R}{dt}e^{-j(\delta-\theta)} = \frac{d\lambda_R^{(1)}}{dt} + j\lambda_R \frac{d(\delta-\theta)}{dt}e^{-j(\delta-\theta)} \tag{56}$$

ステータ電圧の式 (43) について、式 (45) で示したフレーム 1 で変換すると、式 (57) の通り求められ、式 (57) の最後の式へと書換えることができる。なお、途中の展開は、式 (43) から式 (55) で取り上げた式を代入して求めている。

$$V_S^{(1)} = V_S e^{-j\delta}$$

$$= \left(R_S i_S + \frac{d\lambda_S}{dt}\right)e^{-j\delta}$$

$$= R_S\left(i_S e^{-j\delta}\right) + \frac{d\lambda_S^{(1)}}{dt} + j\lambda_S \frac{d\delta}{dt}e^{-j\delta}$$

$$= R_S\left(i_S^{(1)}\right) + \frac{d\lambda_S^{(1)}}{dt} + j\left(\lambda_S e^{-j\delta}\right)\frac{d\delta}{dt} \tag{57}$$

$$= R_S\left(i_S^{(1)}\right) + \frac{d\lambda_S^{(1)}}{dt} + j\left(\lambda_S^{(1)}\right)\frac{d\delta}{dt}$$

$$V_S^{(1)} = R_S i_S^{(1)} + \frac{d\lambda_S^{(1)}}{dt} + j\lambda_S^{(1)}\frac{d\delta}{dt}$$

– 238 –

ロータ電圧の式(44)について、式(46)で示したフレーム1で変換すると、式(58)の通り求められ、式(58)の最後の式へと書換えることができる。なお、途中の展開は、同じく式(43)から式(55)で取り上げた式を代入して求めている。

$$
\begin{aligned}
V_R^{(1)} &= V_R e^{-j(\delta-\theta)} \\
&= \left(R_R i_R + \frac{d\lambda_R}{dt} \right) e^{-j(\delta-\theta)} \\
&= R_R \left(i_R e^{-j(\delta-\theta)} \right) + \frac{d\lambda_R^{(1)}}{dt} + j\lambda_R \frac{d(\delta-\theta)}{dt} e^{-j(\delta-\theta)} \\
&= R_R \left(i_R^{(1)} \right) + \frac{d\lambda_R^{(1)}}{dt} + j\left(\lambda_R e^{-j(\delta-\theta)} \right) \frac{d(\delta-\theta)}{dt} \\
&= R_R \left(i_R^{(1)} \right) + \frac{d\lambda_R^{(1)}}{dt} + j\left(\lambda_R^{(1)} \right) \frac{d(\delta-\theta)}{dt} \\
V_R^{(1)} &= R_R i_R^{(1)} + \frac{d\lambda_R^{(1)}}{dt} + j\lambda_R^{(1)} \frac{d(\delta-\theta)}{dt}
\end{aligned}
\tag{58}
$$

以下、煩雑のためフレーム1を示す添え字(1)は式から除くこととする。漏れ磁束は、式(59)、(60)の通りそれぞれ表すことができる。ここで、L_m はステータのインダクタンス、$L_{1\sigma}$、$L_{2\sigma}$ はそれぞれステータとロータの漏れインダクタンスである。

$$
\lambda_S = \left(L_m + L_{1\sigma} \right) i_S + L_m i_R \tag{59}
$$

$$
\lambda_R = \left(L_m + L_{2\sigma} \right) i_R + L_m i_S \tag{60}
$$

かご型タイプのインダクションモータでは、ロータ電流 i_R は測定できない。そこで、仮想ロータ磁化電流 i_r を導入する。式(60)は、式(61)の通り書ける。

$$
\lambda_R = L_m i_r \tag{61}
$$

ロータ電流は、式(62)の最後の式へと書ける。ここで、σ はロータの漏れインダクタンス $L_{2\sigma}$ と、ステータのインダクタンス L_m の比を取っている

– 239 –

◯第6章　バッテリマネジメントシステムとの連携

$$i_R = \frac{i_r - i_S}{\dfrac{L_m + L_{2\sigma}}{L_m}} = \frac{i_r - i_S}{1 + \dfrac{L_{2\sigma}}{L_m}}$$

$$i_R = \frac{i_r - i_S}{1 + \sigma} \tag{62}$$

式 (60)、(62) を、式 (58) の最後の式へ代入すると式 (63) となる。

$$
\begin{aligned}
V_R^{(1)} &= R_R i_R^{(1)} + \frac{d\lambda_R^{(1)}}{dt} + j\lambda_R^{(1)} \frac{d(\delta - \theta)}{dt} \\
&= R_R \frac{i_r - i_S}{1 + \sigma} e^{-j(\delta - \theta)} + \frac{d(L_m i_r)}{dt} e^{-j(\delta - \theta)} + j(L_m i_r) \frac{d(\delta - \theta)}{dt} e^{-j(\delta - \theta)}
\end{aligned}
$$
$$\tag{63}$$

かご型タイプのインダクションモータの $V_R^{(1)}$ を一般的に式 (64) と考える。

$$V_R^{(1)} = 0 \tag{64}$$

ロータの方程式である式 (63) は、式 (65) となる。

$$
\begin{aligned}
V_R^{(1)} &= R_R \frac{i_r - i_S}{1 + \sigma} + \frac{d(L_m i_r)}{dt} + j(L_m i_r) \frac{d(\delta - \theta)}{dt} \\
&= 0
\end{aligned}
\tag{65}
$$

式 (65) へ式 (66) を掛けて簡略化する。

$$\frac{1 + \sigma}{R_R} \tag{66}$$

式 (65) は式 (67) となる。

$$
\begin{aligned}
V_R^{(1)} &= \cancel{R_R} \frac{i_r - i_S}{\cancel{1 + \sigma}} \frac{\cancel{1 + \sigma}}{\cancel{R_R}} + \frac{d(L_m i_r)}{dt} \frac{1 + \sigma}{R_R} + j(L_m i_r) \frac{d(\delta - \theta)}{dt} \frac{1 + \sigma}{R_R} \\
&= i_r - i_S + L_m \frac{1 + \sigma}{R_R} \frac{di_r}{dt} + jL_m \frac{1 + \sigma}{R_R} i_r \frac{d(\delta - \theta)}{dt} \\
&= 0
\end{aligned}
\tag{67}
$$

－ 240 －

ここで、式 (67) の一部の項を式 (68) と置く。この項は、ロータの時定
数である。

$$T_r = L_m \frac{1+\sigma}{R_R} \tag{68}$$

式 (67) は式 (69) へと簡単となる。

$$\begin{aligned}V_R^{(1)} &= i_r - i_S + T_r \frac{di_r}{dt} + jT_r i_r \frac{d(\delta-\theta)}{dt} \\ &= 0\end{aligned} \tag{69}$$

フレーム 1 をステータフレーム位置と考え、δ を式 (70) とする。

$$\delta = 0 \tag{70}$$

式 (69) で示した δ 部の残りは、θ の微分項のみとなる。これはロータ
の角速度である。式 (69) の当該項で説明すると式 (71) の通りとなる。

$$\begin{aligned}\frac{d(\delta-\theta)}{dt} &= \left[\frac{d\delta}{dt}\right]_{\delta=0} - \frac{d\theta}{dt} = [0] - \omega \\ \frac{d(\delta-\theta)}{dt} &= -\omega\end{aligned} \tag{71}$$

式 (69) は式 (72) と書くことができる。

$$\begin{aligned}V_R^{(1)} &= i_r - i_S + T_r \frac{di_r}{dt} + jT_r i_r \left[\frac{d(\delta-\theta)}{dt}\right]_{\delta=0} \\ &= i_r - i_S + T_r \frac{di_r}{dt} - jT_r i_r \frac{d\theta}{dt} \\ &= i_r - i_S + T_r \frac{di_r}{dt} - jT_r i_r \omega \\ &= 0\end{aligned} \tag{72}$$

ここで、α、β の方向要素を導入して、式 (72) の電流を表す。仮想ロー
タ磁化電流 i_r は式 (73) となる。

◎ 第6章　バッテリマネジメントシステムとの連携

$$i_r = i_{r\alpha} + j i_{r\beta} \tag{73}$$

ステータ電流 i_S は式 (74) となる。

$$i_S = i_{S\alpha} + j i_{S\beta} \tag{74}$$

式 (72) で示す電流を α、β の方向要素に分ける。式 (72) へ式 (73) の仮想ロータ磁化電流 i_r と、式 (74) のステータ電流 i_S を代入すると式 (75) となる

$$
\begin{aligned}
V_R^{(1)} &= i_r - i_S + T_r \frac{di_r}{dt} - jT_r i_r \omega \\
&= \left(i_{r\alpha} + j i_{r\beta}\right) - \left(i_{S\alpha} + j i_{S\beta}\right) + T_r \frac{d\left(i_{r\alpha} + j i_{r\beta}\right)}{dt} - jT_r \left(i_{r\alpha} + j i_{r\beta}\right)\omega \\
&= i_{r\alpha} - i_{S\alpha} + T_r \frac{di_{r\alpha}}{dt} + T_r i_{r\beta}\omega + j\left(i_{r\beta} - i_{S\beta} + T_r \frac{di_{r\beta}}{dt} - T_r i_{r\alpha}\omega\right) \\
&= 0
\end{aligned}
\tag{75}
$$

式 (75) の実部と虚部はそれぞれ式 (76) と式 (77) の関係となる。

$$i_{r\alpha} - i_{S\alpha} + T_r \frac{di_{r\alpha}}{dt} + T_r i_{r\beta}\omega = 0 \tag{76}$$

$$i_{r\beta} - i_{S\beta} + T_r \frac{di_{r\beta}}{dt} - T_r i_{r\alpha}\omega = 0 \tag{77}$$

式 (76) と式 (77) を電流の微分値に書き直すと、それぞれ式 (78)、(79) となる。

$$\frac{di_{r\alpha}}{dt} = \frac{i_{S\alpha} - i_{r\alpha}}{T_r} - \frac{\cancel{T_r} i_{r\beta}\omega}{\cancel{T_r}} \tag{78}$$

$$\frac{di_{r\beta}}{dt} = \frac{i_{S\beta} - i_{r\beta}}{T_r} + \frac{\cancel{T_r} i_{r\alpha}\omega}{\cancel{T_r}} \tag{79}$$

$\alpha - \beta$ の方向要素は、α 軸、β 軸に分けて表すことができる。i_r は、α 軸上の $i_{r\alpha}$ と、β 軸上の $i_{r\beta}$ により構成される。i_s は、α 軸上の $i_{s\alpha}$ と、

– 242 –

$β$ 軸上の $i_{sβ}$ により構成される。i_r と $i_{rα}$ の相差角を表す $δ$ は、図7より式(80)～(82)の関係となる。

$$i_r = \sqrt{i_{rα}^2 + i_{rβ}^2} \tag{80}$$

$$\cos δ = \frac{i_{rα}}{i_r} \tag{81}$$

$$\sin δ = \frac{i_{rβ}}{i_r} \tag{82}$$

一方、$λ_R$ に沿ったフレーム1で見ると、i_r は実部要素のみで表すことができる。これから、図7より実軸、虚軸要素に分解して解析すると、式(83)～(84)の関係となる。

$$i_{Sd} = i_{Sα} \cos δ + i_{Sβ} \sin δ \tag{83}$$

$$i_{Sq} = -i_{Sα} \sin δ + i_{Sβ} \cos δ \tag{84}$$

i_S を d-q 要素で表す。式(72)へ式(74)の i_s を代入すると式(85)となる。式(72)と式(74)を再掲する。なお、i_s は、d-q 要素へも、$α$-$β$ 要素へ

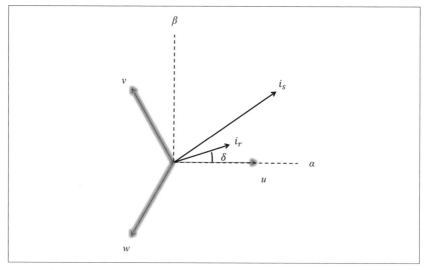

〔図7〕インダクションモータの電流ベクトル（$α$-$β$ 軸成分）

◯第6章　バッテリマネジメントシステムとの連携

も分解できる。式 (74) は、$\alpha - \beta$ 要素への分解を示すが、式 (83) と式 (84) の δ へゼロを代入してベクトル和を取れば、式 (74) になることが確認できる。

$$V_R^{(1)} = i_r - i_S + T_r \frac{di_r}{dt} - jT_r i_r \omega$$
$$= 0 \qquad\qquad\qquad\qquad 再掲 (72)$$

$$i_S = i_{S\alpha} + ji_{S\beta} \qquad\qquad\qquad\qquad 再掲 (74)$$

ロータ電流 i_r は、d 軸上にあるので、ステータ電流 i_s を d-q 要素へ分解する。代入した式 (85) を示す。

$$V_R^{(1)} = i_r - \left(i_{Sq} + i_{Sd}\right) + T_r \frac{di_r}{dt} - jT_r i_r \omega$$
$$= \left[i_r - i_{Sd} + T_r \frac{di_r}{dt} \right]_d + \left[-i_{Sq} - jT_r i_r \omega \right]_q \qquad (85)$$

式 (85) より、d 軸要素は式 (86)、q 軸要素は式 (87) へとそれぞれ書き分けることができる。

$$i_r - i_{Sd} + T_r \frac{di_r}{dt} = 0 \qquad\qquad\qquad\qquad (86)$$

$$i_{Sq} + T_r i_r \omega = 0 \qquad\qquad\qquad\qquad (87)$$

式 (86) から i_r は i_{Sd} のみに関係する。これは、i_r は i_{Sd} であるステータ電流の d 軸成分で制御できることを示している。

　図 8 にインダクションモータの電流ベクトルについて、$\alpha - \beta$ 軸と d-q 軸成分の関係を示す。

　図 9 にインダクションモータの電流ベクトルの $\alpha - \beta$ 軸と d-q 軸の成分分解比較を図示する。

インダクションモータのロータの監視制御を式 (76) と式 (77) の関係を使ってブロック図で書くと図 10 となる。式 (76) と式 (77) を再掲する。

− 244 −

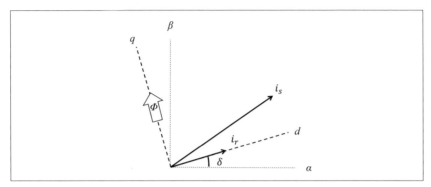

〔図8〕インダクションモータの電流ベクトル（$\alpha-\beta$ 軸と $d-q$ 軸成分の関係）

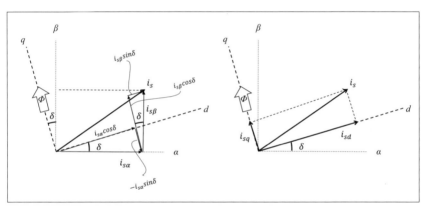

〔図9〕電流ベクトルの $\alpha-\beta$ 軸と $d-q$ 軸の成分分解比較

$$i_{r\alpha} - i_{S\alpha} + T_r \frac{di_{r\alpha}}{dt} + T_r i_{r\beta} \omega = 0 \qquad \text{再掲 (76)}$$

$$i_{r\beta} - i_{S\beta} + T_r \frac{di_{r\beta}}{dt} - T_r i_{r\alpha} \omega = 0 \qquad \text{再掲 (77)}$$

次にモータトルク T_q について考える。トルク T_q の電気的関係式を式(88)に示す。

$$T_q = \frac{3}{2}\frac{P}{2}(\lambda_S \times i_S) \qquad (88)$$

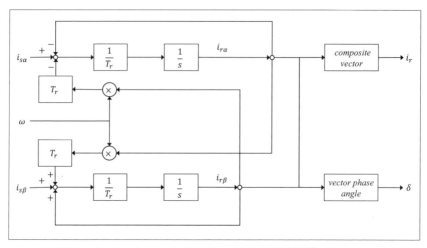

〔図10〕インダクションモータのロータ監視制御ブロック

モータトルク T_q は、機械的関係式としても表すことができる。機械的トルクは、負荷トルク T_L と加速トルク T_A に分けて考える。加速トルクは、モータ回転部分の慣性モーメントを J として式(89)で表せる。

$$T_A = J\frac{d\omega}{dt} \tag{89}$$

モータトルク T_q は、負荷トルク T_L と式(89)の加速トルクの合計トルクと考えると、式(90)となる。

$$T_q = T_L + J\frac{d\omega}{dt} \tag{90}$$

式(88)に示したモータトルク T_q へ式(59)に示したステータの磁束 λ_S を代入する。式(59)を再掲する。

$$\lambda_S = (L_m + L_{1\sigma})i_S + L_m i_R \qquad 再掲 (59)$$

モータトルク T_q は式(91)となる。式(91)の斜線部は、ベクトルの外積がゼロとなるため抹消している。

$$
\begin{aligned}
T_q &= \frac{3}{2}\frac{P}{2}\left(\lambda_S \times i_S\right) \\
&= \frac{3}{2}\frac{P}{2}\Big[\big\{\left(L_m + L_{1\sigma}\right)i_S + L_m i_R\big\} \times i_S\Big] \\
&= \frac{3}{2}\frac{P}{2}\Big[\cancel{\left(L_m + L_{1\sigma}\right)i_S \times i_S} + L_m i_R \times i_S\Big]
\end{aligned}
\tag{91}
$$

式 (91) のモータトルク T_q へ式 (62) のロータ電流 i_R を代入する。式 (62) を再掲する。

$$
i_R = \frac{i_r - i_S}{1+\sigma}
\qquad\qquad 再掲 (62)
$$

モータトルク T_q は式 (92) となる。式 (92) では、代入したロータ電流 i_R が分かるように、括弧で囲んでいる。

$$
\begin{aligned}
T_q &= \frac{3}{2}\frac{P}{2}L_m\left(i_R\right) \times i_S \\
&= \frac{3}{2}\frac{P}{2}L_m\left(\frac{i_r - i_S}{1+\sigma}\right) \times i_S \\
&= \frac{3}{2}\frac{P}{2}\frac{L_m}{1+\sigma}i_r \times i_S - \cancel{\frac{3}{2}\frac{P}{2}\frac{L_m}{1+\sigma}i_S \times i_S}
\end{aligned}
\tag{92}
$$

式 (92) のモータトルク T_q へ式 (74) のステータ電流 i_S を代入する。式 (74) を再掲する。

$$
i_S = i_{S\alpha} + j i_{S\beta}
\qquad\qquad 再掲 (74)
$$

ステータ電流 i_S は、α-β 軸成分に分解できるが、ここでは図 9 の右図で示した d-q 軸成分に分解して話を進める。これは、ロータ電流 i_R は d 軸成分と同相となるため、式 (93) の斜線部で示す通り、ベクトルの外積がゼロとなる項が出て、式の抹消操作ができるためである。モータトルク T_q は式 (93) の最後の式の通りとなる。

− 247 −

◎第6章　バッテリマネジメントシステムとの連携

$$T_q = \frac{3}{2}\frac{P}{2}\frac{L_m}{1+\sigma}i_r \times (i_S)$$

$$= \frac{3}{2}\frac{P}{2}\frac{L_m}{1+\sigma}i_r \times (i_{Sq} + i_{Sd})$$

$$= \frac{3}{2}\frac{P}{2}\frac{L_m}{1+\sigma}i_r \times i_{Sq} + \cancel{\frac{3}{2}\frac{P}{2}\frac{L_m}{1+\sigma}i_r \times i_{Sd}}$$

$$T_q = \frac{3}{2}\frac{P}{2}\frac{L_m}{1+\sigma}i_r \times i_{Sq}$$

(93)

　ここで、単位法を導入して、式を単純化してみる。モータの定格値をベースにして、各パラメータを書き起こしたものを式(94)〜(96)で示す。ただし、添え字Bはベース値であることを示す。

$$Z_B = \frac{V_B}{I_B} \tag{94}$$

$$L_B = \frac{Z_B}{\omega_B} \tag{95}$$

$$\lambda_B = L_B I_B \tag{96}$$

ベース値から求めたモータトルク T_{qB} は、式(97)となる。

$$T_{qB} = \frac{3}{2}\frac{P}{2}(\lambda_B)I_B$$

$$= \frac{3}{2}\frac{P}{2}(L_B I_B)I_B$$

$$= \frac{3}{2}\frac{P}{2}L_B I_B{}^2$$

(97)

モータトルクを単位法で表す準備ができた。式(93)を式(97)で割ってみると式(98)となる。

$$T_q^* = \frac{T_q}{T_{qB}}$$

$$= \frac{\dfrac{3}{2}\dfrac{P}{2}\dfrac{L_m}{1+\sigma}i_r \times i_{Sq}}{\dfrac{3}{2}\dfrac{P}{2}L_B I_B^{\ 2}} \tag{98}$$

$$= \frac{1}{1+\sigma}\frac{L_m}{L_B}\frac{i_r}{I_B}\times\frac{i_{Sq}}{I_B}$$

$$= \frac{1}{1+\sigma}\left(L_m^{\ *}\right)\left(i_r^{\ *}\right)\times\left(i_{Sq}^{\ *}\right)$$

ただし、式(98)の最後の式の添え字＊は単位化した値であることを示す。

さて、モータトルクを制御する場合、モータの磁束分と、モータのトルク電流であるステータ電流分を、別々に制御することは可能である。そこで、PI コントローラを使って実際制御することを考える。PI コントローラを数式で書くと、式(99)となる。

$$V_0 = K_{PI}\left(T_{PI}\varepsilon + \int \varepsilon d\varepsilon\right) \tag{99}$$

ここで、V_0 は、PI コントローラの出力、ε はエラー値である。時間変化の動きをみる。式(99)を微分して式(100)とする。

$$\frac{dV_0}{dt} = K_{PI}\left(T_{PI}\frac{d\varepsilon}{dt} + \varepsilon\right) \tag{100}$$

PI コントローラでは、式(101)の通りデジタル計算が行われる。

$$\frac{V_{0\_i} - V_{0\_i-1}}{T_S} = K_{PI}T_{PI}\frac{\varepsilon_i - \varepsilon_{i-1}}{T_S} + K_{PI}\frac{\varepsilon_i + \varepsilon_{i-1}}{2} \tag{101}$$

PI コントローラの出力 V_{0_i} は、式(102)の通り求められる。

◎第6章　バッテリマネジメントシステムとの連携

$$V_{0\_i} = V_{0\_i-1} + K_{PI}T_{PI}\left(\varepsilon_i - \varepsilon_{i-1}\right) + \frac{K_{PI}T_S}{2}\left(\varepsilon_i + \varepsilon_{i-1}\right)$$

$$= V_{0\_i-1} + \left(K_{PI}T_{PI} + \frac{K_{PI}T_S}{2}\right)\varepsilon_i + \left(\frac{K_{PI}T_S}{2} - K_{PI}T_{PI}\right)\varepsilon_{i-1}$$

$$= V_{0\_i-1} + K_{PI}T_{PI}\left(1 + \frac{T_S}{2T_{PI}}\right)\varepsilon_i + K_{PI}T_{PI}\left(\frac{T_S}{2T_{PI}} - 1\right)\varepsilon_{i-1}$$

$$= V_{0\_i-1} + K_{PI}T_{PI}\left(1 + \frac{T_S}{2T_{PI}}\right)\left\{\varepsilon_i + \frac{\cancel{K_{PI}T_{PI}}\left(\dfrac{T_S}{2T_{PI}} - 1\right)}{\cancel{K_{PI}T_{PI}}\left(1 + \dfrac{T_S}{2T_{PI}}\right)}\varepsilon_{i-1}\right\} \qquad (102)$$

$$= V_{0\_i-1} + K_{PI}T_{PI}\left(1 + \frac{T_S}{2T_{PI}}\right)\left(\varepsilon_i + \frac{T_S - 2T_{PI}}{2T_{PI} + T_S}\varepsilon_{i-1}\right)$$

$$= V_{0\_i-1} + K_1\left(\varepsilon_i + K_1\varepsilon_{i-1}\right)$$

ここで、K_1、K_2 は、それぞれ式 (103)、(104) である。

$$K_1 = K_{PI}T_{PI}\left(1 + \frac{T_S}{2T_{PI}}\right) \qquad (103)$$

$$K_2 = \frac{T_S - 2T_{PI}}{2T_{PI} + T_S} \qquad (104)$$

インダクションモータの制御について、制御ブロックを使い図式化すると、図11に示す通りとなる。

　図11において、添え字のアスタリスク＊は、指令値であることを示す。図10に示したインダクションモータのロータ監視制御ブロックは、図11右下の点線枠のブロックに該当する。

– 250 –

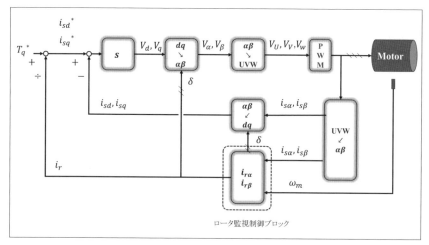

〔図11〕インダクションモータの全体制御ブロック

第2節 バッテリマネジメントシステムと太陽光発電システムとの連携

　電気自動車やプラグインハイブリッド自動車は、一般のハイブリッド自動車とは異なり、帰宅後に自宅の充電ポートから搭載電池への充電を行う必要がある。商用電源からの充電では、自動車に搭載の充電システムを経由して実施する。近年は、自然エネルギを利用して家庭用電力負荷へ自給するため、太陽光パネルを設置したスマートハウスも現れている。ここでは、商用電源に加えて、太陽光発電システムを含めた自動車への充電と、電力系統との連携について解説する。

1. 太陽光自家発電システムと電力系統との連携

　太陽光パネルを設置したスマートハウスでは、発電した電力を家庭用電力として消費する。余剰となった発電電力は、商用電源側の電力系統へ接続したいが、制度上の見直しがあり、家庭からの売電という形態は次第に取られなくなっている。商用電源との電力連携は、システム上可

◎第6章 バッテリマネジメントシステムとの連携

能であり、被災時などの電力不足を近隣で補うこともできるので、以下で説明のシステムからは除いていない。

　図1は、ソーラパネルで発電した電力を家庭用電力と電動車用電力に分けて給電するシステムを示す。商用電源は、家庭側へ給電するが、家庭側からも電力グリッドを経由して商用側へ給電できる構成である。商用電源は、電動車側へも給電するが、車両側からも電力グリッドを経由して商用側へ給電できる構成である。電動車と電力グリッド間の電力移動は、車両に設けた電力変換機能を持った充電器を経由する構成とした。該当部を細い点線で囲み示す。同図の太い点線で囲った部分は、太陽光自家発電システム部に該当する。ソーラパネルで発電した電力は、DC/DCコンバータを経由して、安定な直流電力へ一度変換する。続けて、家庭側へは交流電力へ変換して一般電力を補い、電動車へは直流電力へ変換し電池を充電する。このように複雑な構成を設けたのは、ソーラパネルの電力事故が商用側の電力グリッドまで及ばないようにするためである。

　図2は、図1と同じくソーラパネルで発電した電力を家庭用電力と電動車用電力に分けて給電するシステムを示す。商用電源は、家庭側へ給電するが、家庭側からも電力グリッドを経由して商用側へ給電できる構成である。商用電源は、電動車側へも給電するが、車両側からも電力グリッドを経由して商用側へ給電できる構成である。同図の太い点線で囲った部分は、太陽光自家発電システム部に該当する。ソーラパネルで発電した電力は、図1と異なりDC/DCコンバータを経由しない簡易な

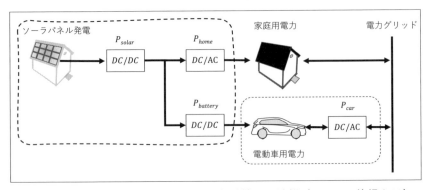

〔図1〕太陽光自家発電システムと電力系統との連携（DC/DC絶縁あり）

- 252 -

構成となる。安価なシステム構成であるため、ソーラパネルの電力事故が直接商用側の電力グリッドへ及ばないように、太陽光自家発電システムには高い信頼性が求められる。

2．太陽光自家発電システムと電力負荷マネジメント

　太陽電池発電システムと家庭用電力負荷などを連携させた場合の回路構成図を図3に示す。太陽光パネルで発電したエネルギは、半導体スイッチを介して負荷へ給電されるシステムである。図3では電力負荷は説明

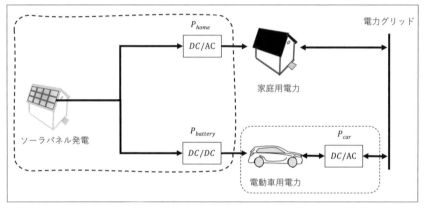

〔図2〕太陽光自家発電システムと電力系統との連携（DC/DC 絶縁なし）

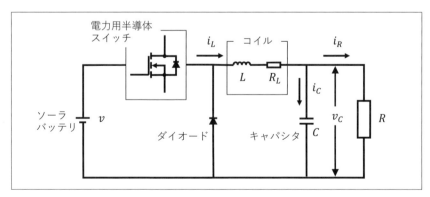

〔図3〕太陽光自家発電システムと電力負荷

◎第6章　バッテリマネジメントシステムとの連携

を簡単にするため抵抗 R で示したが、中身の構成は家庭用電力や電動車用充電電力となる。

　回路の動作状態について状態を分けて次に詳述する。太陽光パネルが発電する場合、日射量は天候や時間により大きく変化するため、発電電力も大きく影響を受ける。要求負荷に対して安定した給電を実現するには、太陽光パネルの持つ発電能力を設計段階から大きく取り、日射量の低下時でも発電能力の維持確保ができることが望ましい。しかし、通常発電時は太陽光パネルの発電能力が必要以上に大きくなることに繋がる。そこで、負荷との間にスイッチング素子を設けて、ディレーティングできる回路構成が必要となる。このため、太陽電池発電システムは、ダウンバータ回路の構成を取ることになる。

　太陽光パネルで発電した電力は、半導体スイッチング素子を介して、コイル L を通り、平滑用コンデンサ C と、これと並列に設けた負荷 R へ供給される。太陽光パネルの発電電圧 v、半導体スイッチング素子を介してコイル L へ供給される電流を i_L、電流が分岐してコンデンサ C へ供給される電流を i_C、負荷 R へ供給される電流を i_R とする。コイル L は内部抵抗 R_L、コンデンサ C の両端にかかる電圧を v_C とすると、回路の電圧方程式は式 (1) となる。

$$v = L\frac{di_L}{dt} + R_L i_L + v_C \tag{1}$$

回路の電流方程式は式 (2) となる。

$$i_L = i_C + i_R \tag{2}$$

式 (2) をコンデンサ C の両端にかかる電圧 v_C を用いて書換えると式 (3) となる。

$$i_L = C\frac{dv_C}{dt} + \frac{v_C}{R} \tag{3}$$

式 (1) を状態変数 i_L として書換えると式 (4) の形となる。

$$\frac{di_L}{dt} = -\frac{R_L}{L}i_L - \frac{1}{L}v_C + \frac{1}{L}v \qquad (4)$$

式 (3) を状態変数 v_C として書換えると式 (5) の形となる。

$$\frac{dv_C}{dt} = -\frac{1}{CR}v_C + \frac{1}{C}i_L \qquad (5)$$

一般に状態方程式は、状態変数を x、システムへの入力を u として、それぞれの係数行列を A_{on}、B_{on} とすると式 (6) の形となる。

$$\dot{x} = A_{on}x + B_{on}u \qquad (6)$$

式 (4)、(5) は行列を使って式 (6) の形に書換えると式 (7) となる。式 (7) は、半導体スイッチが ON 状態の回路方程式となる。

$$\begin{bmatrix} \dot{i}_L \\ \dot{v}_C \end{bmatrix} = \begin{bmatrix} -\dfrac{R_L}{L} & -\dfrac{1}{L} \\ \dfrac{1}{C} & -\dfrac{1}{CR} \end{bmatrix} \begin{bmatrix} i_L \\ v_C \end{bmatrix} + \begin{bmatrix} \dfrac{1}{L} \\ 0 \end{bmatrix} v \qquad (7)$$

次に半導体スイッチが OFF 状態の回路方程式を求めてみる。回路の電圧方程式は式 (8) となる。

$$0 = L\frac{di_L}{dt} + R_L i_L + v_C \qquad (8)$$

回路の電流方程式は、コンデンサ C の両端にかかる電圧 v_C を用いて書換えると式 (9) となる。

$$i_L = C\frac{dv_C}{dt} + \frac{v_C}{R} \qquad (9)$$

式 (8) を状態変数 i_L として書換えると式 (10) の形となる。

$$\frac{di_L}{dt} = -\frac{R_L}{L}i_L - \frac{1}{L}v_C \qquad (10)$$

◎第6章　バッテリマネジメントシステムとの連携

式 (9) を状態変数 v_C として書換えると式 (11) の形となる。

$$\frac{dv_C}{dt} = -\frac{1}{CR}v_C + \frac{1}{C}i_L \tag{11}$$

状態変数を x、システムへの入力を u として、それぞれの係数行列を A_{off}、B_{off} とすると式 (12) の形となる。

$$\dot{x} = A_{off}x + B_{off}u \tag{12}$$

式 (10)、式 (11) は行列を使って式 (12) の形へ書換えると式 (13) となる。式 (13) は、半導体スイッチが OFF 状態の時の回路方程式となる。

$$\begin{bmatrix} \dot{i}_L \\ \dot{v}_C \end{bmatrix} = \begin{bmatrix} -\dfrac{R_L}{L} & -\dfrac{1}{L} \\ \dfrac{1}{C} & -\dfrac{1}{CR} \end{bmatrix} \begin{bmatrix} i_L \\ v_C \end{bmatrix} \tag{13}$$

　半導体スイッチは ON 状態と OFF 状態の 2 つのモードで作動する。回路の平均的な動作状態を求めてみる。状態変数 x の係数行列の平均を A_μ として、半導体スイッチのデューティを d とすると式 (14) となる。

$$A_\mu = dA_{on} + \left(1-d\right)A_{off} \tag{14}$$

式 (7) と式 (13) を用いて式 (14) を書換えると式 (15) となる。

$$A_\mu = d\begin{bmatrix} -\dfrac{R_L}{L} & -\dfrac{1}{L} \\ \dfrac{1}{C} & -\dfrac{1}{CR} \end{bmatrix} + \left(1-d\right)\begin{bmatrix} -\dfrac{R_L}{L} & -\dfrac{1}{L} \\ \dfrac{1}{C} & -\dfrac{1}{CR} \end{bmatrix} \tag{15}$$

式 (15) を計算すると式 (16) となる。

$$A_\mu = \begin{bmatrix} -\dfrac{R_L}{L} & -\dfrac{1}{L} \\ \dfrac{1}{C} & -\dfrac{1}{CR} \end{bmatrix} \tag{16}$$

入力 u の係数行列の平均を B_μ として、半導体スイッチのデューティを d とすると式 (17) となる。

$$B_\mu = dB_{on} + (1-d)B_{off} \tag{17}$$

式 (7) と式 (13) を用いて式 (17) を書換えると式 (18) となる。

$$B_\mu = d\begin{bmatrix} \dfrac{1}{L} \\ 0 \end{bmatrix} + (1-d)\begin{bmatrix} 0 \\ 0 \end{bmatrix} \tag{18}$$

式 (18) を計算すると式 (19) となる。

$$B_\mu = d\begin{bmatrix} \dfrac{1}{L} \\ 0 \end{bmatrix} \tag{19}$$

状態変数を x、システムへの入力を u として、それぞれの係数行列の平均値を A_μ、B_μ とすると式 (20) の形となる。

$$\dot{x} = A_\mu x + B_\mu u \tag{20}$$

式 (20) へ式 (16) と式 (19) で求めた係数行列の平均値を A_μ、B_μ を代入すると式 (21) となる。

$$\begin{bmatrix} \dot{i}_L \\ \dot{v}_C \end{bmatrix} = \begin{bmatrix} -\dfrac{R_L}{L} & -\dfrac{1}{L} \\ \dfrac{1}{C} & -\dfrac{1}{CR} \end{bmatrix}\begin{bmatrix} i_L \\ v_C \end{bmatrix} + d\begin{bmatrix} \dfrac{1}{L} \\ 0 \end{bmatrix}v \tag{21}$$

定常状態の場合、式 (21) は式 (22) の関係となる。

$$\begin{bmatrix} \dot{i}_L \\ \dot{v}_C \end{bmatrix} = 0 \tag{22}$$

式 (21) の右辺は式 (23) となる。

○第6章　バッテリマネジメントシステムとの連携

$$\begin{bmatrix} -\dfrac{R_L}{L} & -\dfrac{1}{L} \\ \dfrac{1}{C} & -\dfrac{1}{CR} \end{bmatrix} \begin{bmatrix} i_L \\ v_C \end{bmatrix} + d \begin{bmatrix} \dfrac{1}{L} \\ 0 \end{bmatrix} v = 0 \tag{23}$$

式 (23) は、電圧と電流の方程式に分けて求めるとそれぞれ式 (24)、式 (25) となる。

$$-\frac{R_L}{L} i_L - \frac{1}{L} v_C + d \frac{1}{L} v = 0 \tag{24}$$

$$\frac{1}{C} i_L - \frac{1}{CR} v_C = 0 \tag{25}$$

式 (24)、式 (25) をそれぞれ整理すると式 (26)、式 (27) となる。

$$-R_L i_L - v_C + dv = 0 \tag{26}$$

$$i_L - \frac{1}{R} v_C = 0 \tag{27}$$

v_C は、式 (26) より式 (28) となる。

$$v_C = -R_L i_L + dv \tag{28}$$

i_L は、式 (27) より式 (29) となる。

$$i_L = \frac{1}{R} v_C \tag{29}$$

式 (28) は、式 (29) を代入すると式 (30) となる。

$$v_C = -\frac{R_L}{R} v_C + dv \tag{30}$$

式 (30) において、コンデンサ C の両端にかかる電圧 v_C の係数項をまとめると式 (31) となる。

- 258 -

$$\left(1+\frac{R_L}{R}\right)v_C = dv \tag{31}$$

よって v_C は式 (32) となる。

$$v_C = \frac{R}{R+R_L}dv \tag{32}$$

コイル L の抵抗 R_L は、負荷抵抗 R に比べると小さいため省略すると式 (32) は式 (33) と書ける。

$$v_C = dv \tag{33}$$

式 (33) より、コンデンサ C の両端にかかる電圧 v_C は、太陽電池の電圧 v のうち半導体スイッチが ON 状態の場合に印加される太陽電池の電圧であることを表していて、納得できる結果が得られたものと考える。

　さて、被災時などの電力不足を電動車両の搭載バッテリのエネルギから補う場合、商用電源と電力連携することとなる。これは、電動車両の直流回路側から商用電源の交流回路側への電力変換となる。この場合、他励インバータを介して電力変換することになる。この部分は、既存の電気自動車やハイブリッド自動車で使われているバッテリとモータ間の電力変換の回路構成に準ずる動作となるため、ここでは立ち入らないこととする。

第7章

マネジメント対象バッテリの将来展望と課題

1. 電池の市場と市場展開

　実用に耐えうるニッケル水素電池が1997年にトヨタ社のプリウスに搭載されてからハイブリッド車の量産化が始まり、商用電源に繋いでも充電するハイブリッド車の派生機種であるプラグインハイブリッド車が造られるようになった。リチウムイオン電池の実用化により、大量の電池エネルギを搭載する電気自動車も量産化されるようになった。これらの電動車両台数は、現時点で約2500万台が全世界で走っているが、おおよそ10年前と比較すると1000倍以上という急成長を遂げている。

　大量の電池を搭載する電気自動車の世界的普及が叫ばれているのは、二酸化炭素をメインとする温室効果ガスの削減が主な理由である。その背景には各国の政治的な思惑があり、電気自動車産業へ参入する企業の企業戦略も当然異なる。

　化石燃料を動力源とする車から、電気自動車への大転換を法制化したのは欧州が最初である。欧州では、ガソリン燃料よりも安価なディーゼル燃料を使った車が主流だが、ディーゼル燃料に含まれる硫黄成分が排気ガスとともに大気へ放出され、空気中の水分と結合することで酸性雨となって地表へ降り注ぎ、森林破壊という大きな問題を引き起こしていた。一方で、ハイブリッド車を作ってしまう日本の技術レベルの進化は凄まじく、燃費、動力性能、新搭載技術、車両デザイン、車両価格、商品寿命やリセールバリューなど、どれを取っても高レベルにある日本車は、欧州市場では脅威と見られていた。ここにきて欧州車メーカのフォルクスワーゲンが、公称燃費測定の時にだけ良好な数値が得られるように働く特殊モードを、秘密裏に設けていたことが発覚して、欧州車の信頼が揺らぐ事件があった。化石燃料車の次は、ハイブリッド車となるが、欧州は完成車メーカと部品メーカは分離しているので、我が国の完成車メーカのように、主要な機能部品を自社で開発し、機能部品システムとして作り上げるまでの開発体制が取れない。ハイブリッド車のように、エンジンとモータを密接に連携させるシステムが構築できる土壌は、欧州にはない。このため、主要パワープラントが、モータ、電力制御装置、電池という構成の電気自動車ならば、既存の部品開発の延長上にあり、組み合わせるだけでシステムが完結するので、実用化へのハードルは低

○第7章　マネジメント対象バッテリの将来展望と課題

い。欧州が、電気自動車への移行を法制化したのは、環境車としての最適解が電気自動車ではなく、電気自動車しか選択肢がなかったことによる。

　東アジアに目を移すと、北米を抜いて世界最大の市場となった中国は、欧州と同じく電気自動車を環境車の柱に据えている。中国が電気自動車を採用したのは、持てる技術と求められる開発期間の関係から、電気自動車しか選択肢がなかったことによる。中国は、政府の政策が決まれば徹底される国なので、電気自動車の普及は浸透し、ハイブリッド車を含めた電動車両で見ると、市場の4分の1以上が既に電動車両となっている。中国政府の外郭機関の招きで北京郊外の戦車工場を訪ねたことがあるが、戦車の製造ラインの一画を電気自動車の製造ラインに変えて、量産化が進められていた。電気自動車の開発責任者は30代とまだ若く、殆ど寝る暇もなく働いているといい、もはや中国人は日本人よりも勤勉な国民へ変化を遂げたとの説明を受けた。開発顧問のドイツ人技術者とも面識を持ったが、中国は可能な限り中国と繋がりのある人的リソースの協力を受けながら電気自動車の開発に取り組んでいることを肌で感じることができた。北京市内の全ての電気自動車の動きが一望できるコントロールルームを見学する機会もあった。電気自動車の全運用データを逐次収集して、大規模データとして利用する取り組みがなされており、時間軸で見た情報量の蓄積レベルからは、図らずも我が国は後塵を拝する立場となったことを痛感した。

　ハイブリッド車が普及している我が国の特殊事情から考えると、電気自動車の普及が喫緊の課題ではない。しかし、世界的な電気自動車の普及に歩調を合わせる必要もあり、政府は電気自動車の普及に努めている。政府方針に疑問を呈したのがトヨタ社のトップであった。我が国は化石燃料だけを動力源とする従来型の自動車に対して、ハイブリッド車が普及段階にある。ハイブリッド車から電気自動車へ、急いで移行することへのメリットが明確ではない。電気自動車への代替が進めば進むほど、充電のための電力要求は高まる。電気自動車の普及は、東日本大震災の影響で原子力発電所を停止している我が国の電力事情から、直ぐに電力不足が生じ、新たに火力発電所を建設する必要性が避けられない。仮に、全ての車が電気自動車に置き換わった場合、現在と同じ規模の発電所を

- 264 -

新たに建設することが必要となる。これは、国民に取って大きな税負担である。一方で、従来の化石燃料車が電気自動車へ置き換わるだけなので、電気自動車へ代替する効用を、国民が直接感じ取ることは難しい。電気自動車の製造過程と、廃棄リサイクル過程で排出される二酸化炭素の量は、劣化による電池交換を考慮すると、従来型の自動車以上になると考えられる。ガソリン自動車などの部品を製造しているメーカは、中小規模を含めると裾野は広い。彼らの雇用を維持するためにも、今まで培ってきたエンジン製造技術が生かせる環境車が望ましい。来るべき水素エネルギ時代の環境車は、水素エンジン自動車を視野に入れた、環境に配慮した代替燃料車への方向性も考える必要があるとの意見が上がっている。

　一方、電気自動車を積極的に普及させる方向を目指しているのが、ホンダ社トップの考え方である。都市の軌道交通が汽車やディーゼル機関車から電車に代わって久しいが、化石燃料車を電気自動車へ代替して都市全体をコンパクトにまとめ、スマートシティとするものである。電気へ変換されたエネルギは、他のエネルギ形態に比べて格段に扱い易い。現在張り巡らされている電力網へ、電気自動車と接続する充電ポートを設けることで、電気自動車と電力網との間のエネルギのやり取りが可能となる。ベースロードが低い時間帯は電力網から電気自動車を充電し、ベースロードが高い時間帯や、東日本大震災のような喫緊の電力需要が発生した時は電気自動車から電力網へエネルギを給電することができる。スマートシティ化を進めると、路面に充電コイルを埋めた場合は走行しながらの充電が可能となり、自動運転技術が実用化された場合はスマートフォンからリクエストして配車してくれるカーシェアリングが可能となる。電気自動車同士が通信して安全車間をキープし、電気自動車と走行路に設けた安全監視システムと通信し、急な飛び出しによる事故を防ぐことでセイフティーシティが実現可能となる。電気自動車、電力網と通信網を連携させることで多彩な機能を持つスマートシティが実現できる。こうした大規模な取り組みは、単独では難しいため、他社と連携してスマートシティを視野に入れた電気自動車を開発したり、カーシェアリングタクシーの導入に取り組んだりの努力が重ねられている。

　業界トップにあるトヨタ社は、長男坊として取りこぼしのない業界全

◎第7章　マネジメント対象バッテリの将来展望と課題

体の躍進に努め、次に控えるホンダ社は、次男坊の如く古い慣習には捕らわれることなく新しい可能性へ積極的にチャレンジしている。外部から見ると、我が国の自動車産業の将来の発展に向け、とても健全な役割分担のように思える。

2．ライフサイクルアセスメント

　リチウムイオン電池は、電気自動車などの電動車両用や、スマートフォンなどの民生機器用の二次電池として用いられている。電気自動車が本格普及すれば、おおよそ8割のリチウムイオン電池が電気自動車用として使われると予測されている。リチウムイオン電池の製造拠点は、東アジアの日本、韓国および中国に集中している。リチウムイオン電池は、発煙発火の危険性があるので、安全性が担保できる技術を持ったメーカで製造することが必須となる。様々なメーカが新規に参入するのは難しく、全固体電池が登場してもこの状況は変わらない。全固体電池の研究開発は進んでいるものの、量産化までには更なる時間を要すると予測されるため、2030年に入るまでは引き続き改良を加えたリチウムイオン電池の時代が続くものと考えられる。

　電気自動車やハイブリッド車に搭載された電池は、所要の性能を満たさなくなると、車両から降ろされてリユース、リサイクルされることになる。電池が製造されてから廃棄に至るまで電池ごとの流通経路が分かるように、トレーサビリティの整備が求められる。中古の電気自動車の多くは、電池を搭載したまま第3国へ売却されるので、リユースやリサイクル市場へ回ってくる数量は、本来処理すべき数量に対して多くはない。大型トラックに搭載されていたディーゼルエンジンが取り外され、タイのバンコクなどの交通船のエンジンとして働いていることは周知の事実だが、第3国へ売却された電気自動車に搭載された電池が降ろされて、その後如何なる経路を辿るのか判明していない。

　電気自動車に搭載された電池は、電池の内部抵抗が初期に対して20〜30%上昇すると、所要の出力が満たせなくなる。ここが、電気自動車に搭載された電池の寿命ラインとなり、スマートフォンなどの民生機器に搭載された電池の寿命ラインとは異なる。電気自動車から取り外し

た電池は、物理的損傷もなく、電池の内部抵抗や容量が電気自動車用途として再使用に問題ない場合、電池セルを抜き出してコンディショニングし、他の電池ボックス内の電池セルとして組み直して市場へ再投入することを、リユースの中でもリビルトという。電気自動車用電池として寿命になっても、電池への要求負荷が電気自動車ほど厳しくなく、用途を選べば十分使えるレベルにある場合、リユースの中でもリパーパスという。電気自動車用電池として寿命を迎えた場合の電池の有効活用は、引き続き取り組むべき課題である。

3. 全固体電池の技術的課題

　全固体電池の電池性能上の技術的課題と、電池コスト上から見た技術的課題について説明する。全固体電池を電気自動車へ搭載した場合、まず問題となる電池性能は、一充電走行距離に対する不安である。長距離走行するためには電池をたくさん積めば良いが、これは現実解ではない。一充電走行距離を延ばすには、電池自体の軽量化が求められ、行程途中に充電を挟んだとしても、急速充電が問題なく出来れば良い。そこで、次世代電池として提案されているのが、全固体リチウム硫黄電池である。正極活物質に硫黄を用いて、負極にはリチウムを用いた電池である。リチウムイオン電池や全固体電池（全固体リチウムイオン電池のこと）に比べると、正極に使う金属のコバルト、マンガン、ニッケル、鉄などが硫黄に置き換わるため、電池重量を3割程度軽量化できる。これは一充電走行距離が3割程度延びることを意味する。硫黄は絶縁性の範疇に入る物質なので、急速充電は不向きと考えられるが、硫黄を閉じ込める多孔質の黒鉛系材料を正極に用いることで、リチウムイオンの導電経路を確保することができ、急速充電にも対応できることになる。黒鉛系材料は、全固体電池の負極に使われており、充電時の負極はリチウムを取り込んで体積膨張しても問題は起こらない。全固体リチウム硫黄電池の正極に炭素材を使うと、放電時にリチウムイオンが炭素材に取り込まれることになり Li_2S となって体積膨張する。黒鉛系材料を負極に使った全固体電池の充電時と同じく、黒鉛系材料を正極に使った全固体リチウム硫黄電池の放電時も問題はないことになる。全固体リチウム硫黄電池は、

◎第7章　マネジメント対象バッテリの将来展望と課題

負極にリチウム金属を使うため安定した充放電に問題が残る。これは、リチウムイオン電池ができた理由が、高エネルギのリチウム金属負極から黒鉛系負極へシェイクダウンして実用化した経緯からも理解できる。

　全固体電池の電池コスト上から見た技術課題として、電池材料のコストや入手の難易度が上げられる。全固体電池では、正極をコバルトから鉄系の材料に置換してコストダウンと入手の難易度の問題を解消した。次世代電池の低コスト版は、ナトリウムイオンを使った全固体ナトリウム電池が候補に上げられる。リチウムは周期表で見ると一番軽い金属なので、ナトリウムを使えば電池は当然重たくなる。だが、電池材料のコストや入手の難易度から見た場合は、全固体ナトリウム電池は実現性が高い。これは、ナトリウムイオンの伝導度がリチウムイオンの伝導度に匹敵する無機固体電解質の結晶構造が開発により得られてきたことによる。ナトリウムイオンは、リチウムイオンよりは大きいので、高出力放電や急速充電でもナトリウムイオンの移動が問題なく担保できる無機固体電解質の開発が求められている。

4．今後の研究開発の方向性

　全固体電池は、イオン伝導度がより高い無機固体電解質が求められている。リチウムイオン電池と同等以上の伝導性を持つ LGPS 結晶構造の $Li_{12}GeP_2S_{12}$ や Argyrodite 結晶構造の Li_6PS_5Cl が現在開発されている。最適な結晶構造を求めるには、研究者の経験知に負うところが多い。最近は生成 AI を使って最適な結晶構造を探索する試みが行われている。材料の特性、組み合わせ特性が分かっていれば、AI が要求性能に対して最適な結晶構造を提案してくれるであろう。一般に研究開発が研究開発者の経験知に負うところが多い場合は、具体的、個別的や今までにない革新的な答えを生成 AI は示してくれない。特に企業が研究開発する場合は、自社の研究開発者の経験知をネット上に開示することはないので、生成 AI がネット上から集めた情報による回答は、不適切であったり、間違っていたりすることは避けられない。例えば革新的な特許を出願しようとしても、ネット上に存在しないので、生成 AI は応えてくれない。生成 AI は論理的な思考能力を備えていないので、公理公式は示してく

－ 268 －

れるものの、多くの理工系の学生や技術者があまり得意ではない、対象システムをモデル化して、これを理論解析するということができない。これは、機械学習がベイズの定理やブラックショールズの式を使って確率的に解を求めるアプローチを取るためである。生成 AI は、研究開発の現場では、まだ実用レベルに至っていないといえるであろう。一方、司法の現場では、法律は勿論、過去の判例や事例から予見の可能性を審議するので、ネット上に全てのデータは開示されており、生成 AI の独壇場となる。

　電池のエネルギマネジメント技術では、電池の性能、コスト、寿命、安全性について如何にコントロールするかが開発では問題となる。電池のリユース、リサイクル技術では、手間のかからない劣化診断、最適なリビルト組電池構成、リビルト組電池の長期運用制御などが求められる。これらは、生成 AI から答えを得るのは難しく、経験豊かな研究者や技術者の経験知や解析能力なくしては、最適解へ辿り着くことができないのが現状と言えるであろう。

■参考文献

［和書］

・佐藤登ほか, 車載用リチウムイオン電池の開発と市場 2024（Development and Market of Automotive Lithium-ion Batteries 2024）, シーエムシー出版, 発行日：2023 年 9 月 29 日, 体裁：B5 判, 241 頁, ISBN：978-4-7813-1755-7

・中村崇ほか, 車載用リチウムイオン電池のリユース技術と実際例　〜劣化診断・バッテリーマネジメント・長寿命化・残存能力評価〜, エヌティーエス, 発刊日：2023 年 08 月 28 日, 体裁：B5 判, 312 頁, ISBN：978-4-86043-850-0

・菅原 秀一ほか, 電池の回収・リユース・リサイクルの動向 およびそのための評価・診断・認証（Trends in used battery remarketing and quality evaluation　〜 from collection to reuse or recycle 〜）, シーエムシー・リサーチ, 出版年月：2023 年 4 月 10 日, 体裁：A4 冊子版＋CD, 323 頁, ISBN：978-4-910581-37-8

・向井 孝志ほか, リチウムイオン電池の長期安定利用に向けたマネジメント技術, 技術情報協会, 発刊日：2023 年 2 月 28 日, 体裁：A4 判, 567 頁, ISBN：978-4-86104-938-5

・宮田清藏ほか, 燃料電池自動車の開発と材料・部品《普及版》, シーエムシー出版, 発行日：2022 年 9 月 8 日, 体裁：B5 判, 297 頁, ISBN：978-4-7813-1642-0

・坂本俊之, 電動車両用モータの回生エネルギーの特性, 車載テクノロジー＝Automotive technology / 技術情報協会 編 9 (9), 55-58, 2022-06, 東京：技術情報協会

・首藤 登志夫ほか，次世代自動車の熱マネジメント，技術情報協会，発刊日：2020 年 12 月，体裁：A4 判，649 頁，ISBN：978-4-86104-819-7

・山根浩二ほか，次世代パワートレイン開発と燃料技術《普及版》，シーエムシー出版，発行日：2020 年 10 月 8 日，体裁：B5 判，254 ページ，ISBN コード：978-4-7813-1470-9

・菅原 秀一ほか，車載用 LIB の急速充電性能・耐久性と市場，シーエムシー・リサーチ，出版年月：2019 年 4 月 1 日，体裁：A4 判，258 頁，ISBN：978-4-904482-61-2

・福井正博ほか，EV に最適なバッテリーマネジメント技術と市場，シーエムシー・リサーチ，発刊日：2017 年 5 月 25 日，体裁：A4 判，201 頁，ISBN：978-4-904482-35-3

・伊原 賢ほか，次世代自動車技術とシェール革命：NGV・FCV・EV/HEV・ガソリン車・ディーゼル車：開発・流通への影響と課題，情報機構，発刊日：2014 年 3 月 20 日，体裁：B5 判，256 頁，ISBN：978-4-86502-055-7

[洋書]

・Kailong Liu , Yujie Wang , Xin Lai, Data Science-Based Full-Lifespan Management of Lithium-Ion Battery ~Manufacturing, Operation and Reutilization, Springer Cham, 2022, 258 pages, eBook ISBN: 978-3-031-01340-9

・Peter Bruce, Andrew Bruce, Peter Gedeck, Practical Statistics for Data Scientists: 50+ Essential Concepts Using R and Python, O'Reilly Media, Inc., 2020, 368 pages, ISBN: 978-1-4920-7291-1

参考文献

- Austin Hughes, Bill Drury, Electric Motors and Drives ~Fundamentals, Types and Applications, Fifth Edition, Elsevier Ltd., 2019, 495 pages, ISBN: 978-0-08-102615-1

- Aurélien Géron, Hands-On Machine Learning with Scikit-Learn, Keras, and TensorFlow, 2nd Edition, O'Reilly Media, Inc., 2019, 510 pages, ISBN: 978-1-4920-3264-9

- Flavio L Souza, Edson R Leite, Nanoenergy ~Nanotechnology Applied for Energy Production, Springer Cham, 2017, 330 pages, eBook ISBN: 978-3-319-62800-4

- Chris Mi, M. Abul Masrur, Hybrid Electric Vehicles: Principles and Applications with Practical Perspectives, John Wiley & Sons Ltd., 2017, 567 pages, Print ISBN:9781118970560 |Online ISBN:9781118970553 |DOI:10.1002/9781118970553

- D. Pavlov Lead-Acid Batteries: Science and Technology ~A Handbook of Lead-Acid Battery Technology and Its Influence on the Product 2nd Edition, Elsevier, 2017, 720 pages, ISBN: 9780444595522

- Sebastian Raschka, Vahid Mirjalili, Python Machine Learning ~Machine Learning and Deep Learning with Python, scikit-learn, and TensorFlow, 2nd Edition, Packt Publishing, 2017, 622 pages, ISBN: 978-1-78712-593-3

- Paul Scherz, Simon Monk, Practical Electronics for Inventors, Fourth Edition, McGraw Hill TAB, 2016. 1027 pages, ISBN-13: 978-1259587542

- Muller, Andreas C., Introduction to machine learning with Python ~a guide for data scientists, O'Reilly Media, Inc., 2016, 402 pages, ISBN: 978-1-4493-6941-5

· Helena Berg, Batteries for Electric Vehicles: Materials and Electrochemistry, Cambridge University Press, 2016, 250 pages, ISBN: 9781107085930

· Bruno Scrosati, Jürgen Garche, Werner Tillmetz, Advances in Battery Technologies for Electric Vehicles, A volume in Woodhead Publishing Series in Energy, 2015, 526 pages, ISBN: 978-1-78242-377-5

· Alejandro A. Franco, Rechargeable Lithium Batteries ~From Fundamentals to Applications, A volume in Woodhead Publishing Series in Energy, Elsevier, 2015, 622 pages, ISBN: 978-1-78242-090-3

· R. P. Deshpande, Ultracapacitors, McGraw Hill Professional, 2015, 448 pages, ISBN-13: 978-0071841672

· Alexandre Chagnes, Jolanta Światowska, Lithium Process Chemistry ~Resources, Extraction, Batteries and Recycling, Elsevier Inc., 2015, 300 pages, eBook ISBN: 978-0-12-801417-2

· Massimo Ceraolo, Davide Poli, Fundamentals of Electric Power Engineering, John Wiley & Sons Ltd., 2014, 532 pages, Print ISBN:9781118679692 |Online ISBN:9781118922583

· Robert Bosch GmbH, Bosch Automotive Electrics and Automotive Electronics ~Systems and Components, Networking and Hybrid Drive, Springer Vieweg Wiesbaden, 2014, 521 pages, eBook ISBN: 978-3-658-01784-2

· Amir Khajepour, M. Saber Fallah, Avesta Goodarzi, Electric and Hybrid Vehicles: Technologies, Modeling and Control - A Mechatronic Approach, John Wiley & Sons Ltd., 2014, 432 pages, ISBN: 978-1-118-34151-3

· Gianfranco Pistoia, Lithium-ion batteries : advances and applications,

Elsevier, 2014, 612 pages, eBook ISBN: 978-0-4445-9516-4

· Richard Folkson, Alternative Fuels and Advanced Vehicle Technologies for Improved Environmental Performance, Woodhead Publishing, 2014, 760 pages, ISBN: 978-0-85709-522-0

· T. Richard Jow, Kang Xu, Oleg Borodin, Makoto Ue, Electrolytes for Lithium and Lithium-Ion Batteries, Springer New York, 2014, 476 pages, eBook ISBN: 978-1-4939-0302-3

· Vladimir S. Bagotsky, Alexander M. Skundin, Yurij M. Volfkovich, Electrochemical Power Sources ~Batteries, Fuel Cells, and Supercapacitors, John Wiley & Sons, Inc., 2014, 374 pages, Print ISBN:9781118460238 |Online ISBN: 9781118942857

· Wei Liu, Introduction to Hybrid Vehicle System Modeling and Control, John Wiley & Sons, Inc., 2013, 399 pages, Print ISBN:9781118308400 |Online ISBN: 9781118407400

· Yangsheng Xu, Jingyu Yan, Huihuan Qian, Tin Lun Lam, Hybrid Electric Vehicle Design and Control: Intelligent Omnidirectional Hybrids, McGraw Hill Professional, 2013, 286 pages, ISBN: 9780071826839

· Petar Grbović, Ultra-Capacitors in Power Conversion Systems: Applications ~Analysis and Design from Theory to Practice, John Wiley & Sons, Ltd, 2013, 324 pages, Print ISBN:9781118356265 |Online ISBN:9781118693636

· Nicu Bizon, Hossein Shayeghi, Naser Mahdavi Tabatabaei, Analysis, Control and Optimal Operations in Hybrid Power Systems ~Advanced Techniques and Applications for Linear and Nonlinear Systems, Springer London, 2013, 294 pages, eBook ISBN: 978-1-4471-5538-6

· Christopher D. Rahn, Chao-Yang Wang, Battery Systems Engineering, John Wiley & Sons, Ltd, 2013, 237 pages, Print ISBN:9781119979500 |Online ISBN:9781118517048

· Phil Weicker, A Systems Approach to Lithium-Ion Battery Management, Artech, 2013, 301 pages, eBook ISBN: 9781608076604

· Sheldon S. Williamson, Energy Management Strategies for Electric and Plug-in Hybrid Electric Vehicles, Springer New York, 2013, 253 pages, eBook ISBN: 978-1-4614-7711-2

· B. M. Weedy, B. J. Cory, N. Jenkins, Janaka B. Ekanayake, Goran Strbac, Electric Power Systems, 5th Edition, John Wiley & Sons Ltd., 2012, 512 pages, ISBN: 978-0-470-68268-5

· Editors of REA, Electric Circuits Problem Solver ~Problem Solvers Solution Guides, Research & Education Assoc., 2012, 1176 pages, ISBN: 978-0-7386-6708-9

· Francesco Vasca, Luigi Iannelli, Dynamics and Control of Switched Electronic Systems ~Advanced Perspectives for Modeling, Simulation and Control of Power Converters, Springer London, 2012, 487 pages, eBook ISBN: 978-1-4471-2885-4

· Jung-Ki Park, Principles and Applications of Lithium Secondary Batteries, John Wiley & Sons, 2012, 366 pages, Print ISBN:9783527331512 |Online ISBN:9783527650408

· William Ribbens, Understanding Automotive Electronics ~An Engineering Perspective 7th Edition, 2012, 616 pages, eBook ISBN: 9780080970981

· Ralph J. Brodd, Batteries for Sustainability ~Selected Entries from the

○ 参考文献

Encyclopedia of Sustainability Science and Technology, Springer New York, 2012, 514 pages, eBook ISBN: 978-1-4614-5791-6

· Seung-Ki Sul, Control of Electric Machine Drive Systems, Wiley-IEEE Press, 2011, 424 pages, ISBN-13: 978-0470590799

· Ru-Shi Liu, Lei Zhang, Xueliang Sun, Hansan Liu, Jiujun Zhang, Electrochemical Technologies for Energy Storage and Conversion, John Wiley & Sons Ltd., 2011, 791 pages, Print ISBN:9783527328697 |Online ISBN:9783527639496

· Keith Oldham, Jan Myland, Alan Bond, Electrochemical Science and Technology: Fundamentals and Applications, John Wiley & Sons Ltd., 2011, 424 pages, ISBN: 978-0-470-71085-2

· Lev M. Klyatis, Accelerated Reliability and Durability Testing Technology, John Wiley & Sons, Inc., 2011, 414 pages, Print ISBN: 978-0-470-45465-7 |Online ISBN: 978-0-470-54160-9

· Seth Fletcher, Bottled Lightning: Superbatteries, Electric Cars, and the New Lithium Economy, Hill and Wang, 2011, 272 pages, ISBN: 9781429922913

· Masaki Yoshio, Ralph J. Brodd, Akiya Kozawa, Lithium-Ion Batteries ~Science and Technologies, Springer New York, 2009, 366 pages, eBook ISBN: 978-0-387-34445-4

· Gilbert M, Renewable and Efficient Electric Power Systems, Wiley-IEEE Press, 2004, 680 pages, eBook ISBN: 9780471668831s

索引

あ

アクチュエータ故障 ･･･････････････････33, 34
圧縮成形 ････････････････････････････････30
アニオン格子 ･･････････････････････････29
アルミ ･････････････････････････････････17
安全診断 ･･････････････････････････････32
安全性 ･････････････････････････････････16

い

硫黄分 ･･････････････････････････････････19
イオンセパレータ ････････････････････98
イオン伝導度 ･････････････････････････15
異種金属 ･･････････････････････････････32
位相遅れ ･･････････････････････････････186
位相特性 ･･････････････････････････････212
一充電走行距離 ･･････････････････････18
陰イオン ･･････････････････････････････22
インターカレーション反応 ････････････15
インダクションモータ ･････････････････236
インダクタンス素子 ･･･････････････83, 146
インダクタンスとキャパシタンス素子 ･･･86
インテリジェントシティ ･････････････････38
インピーダンス ････････････････････････12
インフォメーションテクノロジー ･････････38

え

エチレンカーボネート ･･･････････････････16
エネルギ移動 ･･･････････････････････････84
エネルギ均等化 ････････････････146, 152
エネルギ準位 ･････････････････････････21
エネルギ平準化 ･･････････････････････86
エネルギ密度 ･･･････････････････････････17
エンジン製造技術 ････････････････････265
円筒形 ･････････････････････････････････43

お

重み ･･････････････････････････････････166
重みフィルタ ･････････････････････････172
オリビン構造 ･･･････････････････････････28
オリビンスピネル相転移 ･････････････････20
温室効果ガス ･･････････････････････････263
温度管理 ･･････････････････････････････13

か

温度センサー ･････････････････････････34
温度ドリフト ･･･････････････････････････34

カーシェアリング ･･････････････････････265
カーブフィッティング ･･･････････････････219
カーボン ･･･････････････････････････････11
外気温度 ･･････････････････････････････31
解析的に求めた OCV（Estimated OCV）･････65
外部短絡 ･･････････････････････････････33
界面 ･･････････････････････････････････19
回路解析 ･･････････････････････････････146
回路電圧の式 ･････････････････････････62
回路方程式 ･･･････････････････････････146
化学反応 ･･････････････････････････････13
拡散 ･･････････････････････････････････29
拡散領域 ･･････････････････････････････205
確率分布 ･･････････････････････････････170
過充電 ･･･････････････････････････････33, 34
画像処理 ･･････････････････････････････172
仮想ロータ磁化電流 ･･･････････････････239
活性化関数 ･･･････････････････････････172
家庭用電力 ･･･････････････････････････252
過放電 ･･････････････････････････････33, 34
ガラスセラミック電解質 ･･･････････････17
ガラス電解質 ･･････････････････････････17
岩塩型 ･････････････････････････････････20
岩塩タイプ ･･･････････････････････････12
還元 ･･････････････････････････････････36
完成車メーカ ･････････････････････････263
緩和帯界面 ･･････････････････････････30

き

基準化 ･････････････････････････････････73
期待値 ･････････････････････････････････171
逆ラプラス変換 ････････････････････133, 163
休止状態 ･･････････････････････････････54
急速充電 ･････････････････････････････18, 36
教師データ ･･･････････････････････････168
強制解 ･････････････････････････････････50
共分散 ･････････････････････････････････73
虚軸インピーダンス ･･･････････････････184
均等化 ･････････････････････････････････85
均等充電 ･･････････････････････････････152
均等充電回路 ･････････････････････････146

- 278 -

く

空冷 ························· 42
クーロン力 ····················· 29
グラフデターミネント ·········· 157
グリッド給電 ·················· 38
クロメル–アルメル ············· 32

け

ゲイン特性 ···················· 221
結晶格子 ······················ 36
結晶構造 ······················ 15
欠乏層 ························ 30
原子半径 ······················ 29

こ

恒温槽 ························ 81
交差エントロピー ·············· 168
合成インピーダンス ············ 212
勾配降下法 ···················· 169
高容量化 ·················· 13, 19
交流インピーダンス法（AC インピーダンス法）·· 183
交流方式 ······················ 38
コークス ······················ 12
コート材 ······················ 13
黒鉛系 ························ 12
黒鉛材料 ······················ 13
黒鉛負極 ······················ 13
誤差関数 ······················ 168
故障診断 ······················ 32
故障診断機能 ·················· 33
コスト関数 ···················· 168
固体電解質 ···················· 12
コバルト ······················ 11
コンタミ ······················ 33
コンディショニング ············ 267
混練 ·························· 12

さ

サイクル寿命 ·················· 36
サイクル劣化 ·················· 215
最小二乗法 ···················· 168
最小放電可能電圧 ·············· 36
再生可能エネルギ ·············· 37
最大充電可能電圧 ·············· 36
最適化 ························ 176
最適マネジメント ·············· 32

酸化物イオン ·················· 20
酸化物鉱物 ···················· 28
酸化物被膜 ···················· 19
酸化力 ························ 30
酸素 ·························· 16
残存寿命 ······················ 97
サンプリング ·················· 31

し

閾値 ·························· 166
シグナルフロー ················ 156
シグナルフローグラフ ·········· 146
シグモイド関数 ·········· 166, 172
資源コスト ···················· 12
市場展開 ······················ 263
市場返却電池 ·················· 52
システム解析 ·················· 120
システムコスト ················ 120
システム遮断 ·················· 32
システムブロック図 ············ 51
システム変数 ·················· 120
次世代二次電池 ················ 16
磁束 ·························· 32
湿気 ·························· 19
実軸インピーダンス ············ 184
実測 ·························· 205
質量流量 ······················ 44
自動運転 ······················ 38
シナプス ······················ 165
シミュレーション ·············· 205
シミュレーション特性 ·········· 212
車体振動 ······················ 34
シャント抵抗 ·················· 32
充電期間 ······················ 55
充電スタンド ·················· 32
充電電気量 ···················· 57
充電電流 ······················ 55
周波数特性 ···················· 212
充放電 ························ 12
充放電サイクル ················ 14
充放電制御 ···················· 36
充放電特性 ···················· 52
ジュール損 ···················· 13
樹脂 ·························· 33
出熱 ·························· 48
出力信号 ······················ 167

– 279 –

◎索引

出力性能 ···································· 36
出力方程式 ·································· 50
寿命予測 ···································· 36
常温 ·· 205
上下限電圧 ·································· 52
焼結 ·· 29
状態推定 ···································· 33
状態変数 ···································· 152
状態方程式 ·································· 123
蒸着法 ······································ 29
情報量 ······································ 171
初期解 ······································ 52
シリコン ···································· 19
神経細胞（ニューロン）·················· 165
人工知能（artificial intelligence、AI）······· 164
深層学習 ································ 32, 170
人造系 ······································ 12

す

水素エンジン自動車 ······················ 265
スイッチング素子 ·························· 38
水冷 ·· 42
スタッキング構造（hcp 型）·············· 25
ステータ ···································· 237
ステップ関数 ······························ 166
スパッタ ···································· 34
スピネル型 ·································· 20
スピネル構造 ···························· 19, 28
スマートグリッド ·························· 38
スマートシティ ···························· 265
スマートハウス ···························· 251
スラリー状 ·································· 12

せ

正極構成部材 ······························ 11
成形プレス圧 ······························ 19
生産技術 ···································· 19
生成 AI ···································· 268
製品品質維持管理 ·························· 73
セイフティーシティ ························ 265
積算誤差 ···································· 34
積層化 ······································ 12
絶縁不良 ···································· 34
設計寿命 ································ 31, 145
接合界面 ···································· 30
接触抵抗 ···································· 19

接触不良 ···································· 34
セパレータ ·································· 15
セラミック粒子 ···························· 30
セル間ばらつき ···························· 120
セルコントロール ·························· 98
セルばらつき ······························ 81
ゼロリセット ······························ 59
線形制御 ···································· 58
全固体電池 ······························ 15, 267
全固体ナトリウム電池 ···················· 268
全固体リチウム硫黄電池 ·················· 267
センサー故障 ······························ 33
全放電 ······································ 82

そ

層状構造 ···································· 11
想定寿命 ···································· 33
総反応量 ···································· 35
ソフトカーボン ···························· 13
損失関数 ···································· 168

た

ダイオード素子 ···························· 148
大規模データ ······························ 165
大規模データベース ························ 32
体心立方構造 ······························ 20
体積変化 ···································· 19
代替燃料車 ·································· 265
太陽光発電システム ························ 251
畳み込み処理（コンボリューション処理）····· 172
単位法 ······································ 248
単位マトリックス ·························· 164
短期スパン ·································· 31

ち

地殻 ·· 20
チタン酸リチウム ·························· 19
中間層 ······································ 167
中性状態 ···································· 30
長期スパン ·································· 31
長寿命 ······································ 18
長寿命化 ···································· 13
長寿命制御 ·································· 81
直線近似 ···································· 58
直流給電 ···································· 38
直流方式 ···································· 38

− 280 −

直列接続 · · · · · · · · · · · · · · · · · · · 81	電費 · 32
沈殿凝集 · · · · · · · · · · · · · · · · · · · 12	電費運転 · · · · · · · · · · · · · · · · · · · 32

て

低温 · 207
低温環境下 · · · · · · · · · · · · · · · · · · 18
定格容量 · 54
定電流 · 53
定電流電源 · · · · · · · · · · · · · · · 121, 147
定トルク制御 · · · · · · · · · · · · · · · · · 235
ディレーティング · · · · · · · · · · · · · 53, 254
データフィルタリング · · · · · · · · · · · · · 31
鉄 · 11
電圧指令 · 227
電圧センサー · · · · · · · · · · · · · · · · · · 34
電解液 · 11
電荷移動抵抗 · · · · · · · · · · · · · · · · · 216
電解液抵抗 · · · · · · · · · · · · · · · · · · 215
電気化学反応 · · · · · · · · · · · · · · · · · · 35
電気的特性 · · · · · · · · · · · · · · · · · · · 37
電気分解 · 16
電極板 · 34
電極活物質 · · · · · · · · · · · · · · · · · · · 11
電極添加剤 · · · · · · · · · · · · · · · · · · · 98
電子 · 13
電槽 · 13
電槽からの液漏れ · · · · · · · · · · · · · · · 33
電槽内の内圧上昇 · · · · · · · · · · · · · · · 33
電槽の割れ · · · · · · · · · · · · · · · · · · · 33
伝送不良 · 34
伝達利得 · · · · · · · · · · · · · · · · · · · 157
電池温度 · · · · · · · · · · · · · · · · · · 16, 31
電池セル · · · · · · · · · · · · · · · · · · 32, 43
電池電圧 · 31
電池添加剤 · · · · · · · · · · · · · · · · · · · 33
電池電流 · 31
電池の異常発熱 · · · · · · · · · · · · · · · · 34
電池の高負荷応答 · · · · · · · · · · · · · · · 35
電池の出力状態 · · · · · · · · · · · · · · · · 35
電池の寿命推定 · · · · · · · · · · · · · · · · 35
電池の状態推定 · · · · · · · · · · · · · · · · 35
電池ボックス · · · · · · · · · · · · · · · · · · 32
電池冷却 · 41
電動車用電力 · · · · · · · · · · · · · · · · · 252
デンドライト · · · · · · · · · · · · · · · · · · 37
天然系 · 12

電費 · 32
電費運転 · · · · · · · · · · · · · · · · · · · 32
電流指令 · · · · · · · · · · · · · · · · · · · 227
電流センサー · · · · · · · · · · · · · · · · · · 34
電力グリッド · · · · · · · · · · · · · · · · · 252
電力系統システム · · · · · · · · · · · · · · · 38
電力事故 · · · · · · · · · · · · · · · · · · · 253
電力負荷マネジメント · · · · · · · · · · · · 253
電力変換 · 38
電力連携 · · · · · · · · · · · · · · · · · · · 251

と

等価回路定数 · · · · · · · · · · · · · · · · · 215
統計的手法 · · · · · · · · · · · · · · · · · · · 73
統計的推定 · · · · · · · · · · · · · · · · · · · 32
凍結 · 18
導通状態 · · · · · · · · · · · · · · · · · · 88, 147
導電性パス · · · · · · · · · · · · · · · · · · · 13
特性 · 12
ドライ環境 · · · · · · · · · · · · · · · · · · · 19
トランス · 38
トレーサビリティ · · · · · · · · · · · · · · 266

な

ナイキスト線図 · · · · · · · · · · · · · · 76, 183
内部短絡 · 33
内部抵抗 · · · · · · · · · · · · · · · · · · 17, 183
内部抵抗解析 · · · · · · · · · · · · · · · · · · 68

に

二酸化炭素 · · · · · · · · · · · · · · · · · · · 16
ニッケル水素電池 · · · · · · · · · · · · · · · 11
ニッケル水素バッテリ · · · · · · · · · · · · · 98
日射量 · 254
入熱 · 48
ニューラルネットワーク · · · · · · · · · · · 32
ニューラルネットワーク制御 · · · · · · · · 165
入力信号 · · · · · · · · · · · · · · · · · · · 166

ね

熱インピーダンス · · · · · · · · · · · · · · · 48
熱解析 · 41
熱処理 · 13
熱制御モデル · · · · · · · · · · · · · · · · · · 47
熱通過率 · 43
熱的特性 · 37

○索引

熱の移動量 · 43
熱暴走 · 33
熱容量流量 · 44

の
濃度変化 · 30
ノード · 167

は
ハードカーボン · 13
バイアス値 · 167
ハイレート充電 · 35
ハイレート放電 · 35
バインダー · 12
パスライン · 159
パターン認識 · 168
八面体 · 21
発煙発火 · 11
バッテリセル · 146
バッテリの電気的等価回路モデル · · · · · 185
バッテリボックス · · · · · · · · · · · · · · · · · 37
バッテリマネジメント · · · · · · · · · · · 3, 31
バッテリモジュール均等充電回路 · · · · 101
バッテリ劣化モデル · · · · · · · · · · 183, 205
パルス状の電流負荷パターン · · · · · · · · 53
パワー密度 · 17
半導体スイッチのデューティ · · · · · · · 256
半導体スイッチング素子 · · · · · · · · · · 147
反応界面 · 30

ひ
非導通状態 · · · · · · · · · · · · · · · · · · 89, 148

ふ
ファンの不規則回転 · · · · · · · · · · · · · · · 34
プーリング処理 · · · · · · · · · · · · · · · · · · 172
フェールセーフ動作 · · · · · · · · · · · · · · · 34
負極構成部材 · 12
負極の活物質 · 12
負極の電荷移動抵抗と並列となる
キャパシタンス成分 · · · · · · · · · · · · 217
負極容量 · 12
負極劣化 · 12
複素平面 · 184
副反応 · 33, 36
負性抵抗性 · 18

復活制御 · 97
沸騰冷却 · 42
部品メーカ · 263
部分分数 · 130
分散性 · 12

へ
閉回路 · 84
平均情報量 · 171
平衡電位 · 36
ベイズ推定 · 32
ペロブスカイト型 · · · · · · · · · · · · · · · · · 20

ほ
法制化 · 263
膨張収縮 · 19
放電期間 · 55
放電電気量 · 57
放電電流 · 55
ホール素子 · 32
保存温度 · 13
保存寿命 · 36
ポテンシャル · 11

ま
マハラノビス距離解析手法 · · · · · · · · · · 73
マンガン · 17
満充電 · 82
マントル · 20

む
無機固体電解質 · · · · · · · · · · · · · · · · · · · 15
無次元数 · 73

め
メインコンタクタの作動不良 · · · · · · · · 34
面心立方構造 · 21
面体 · 21

も
モータ出力 · 231
モータ制御 · · · · · · · · · · · · · · · · · 225, 226
モータ制御器 · 227
モータ電圧 · 232
モータ電流の追従性 · · · · · · · · · · · · · · 226
モータトルク · 233

- 282 -

モータの最大トルク ････････････････ 234
モータの磁束 ･･･････････････････････ 233
モータの時定数 ････････････････････ 226
モータの電気的角速度 ････････････ 233
モータの伝達関数 ･･････････････････ 226
モータの物理的角速度 ････････････ 233
モータのベクトル線図 ････････････ 231
目的関数 ･･･････････････････････････ 168
モジュール内セル間ばらつき ････････ 98
漏れ磁束 ･･･････････････････････････ 237

ゆ

有機溶媒 ････････････････････････ 11, 16
有機溶媒電解液 ････････････････････ 17
誘導起電力 ････････････････････････ 88
ユニットバイアス値 ･･･････････････ 172
輪率 ･･･････････････････････････････ 28
油冷 ･･･････････････････････････････ 42

よ

余因子ループ ･･････････････････････ 159
陽イオン ･･･････････････････････････ 21
溶液抵抗 ････････････････････････ 98, 185
容量 ･･･････････････････････････････ 12
容量劣化情報 ･･･････････････････････ 32
弱め界磁 ･･･････････････････････････ 236

ら

ライフサイクルアセスメント ････････ 266
ラプラス変換 ･･･････････････ 49, 123, 155
ラミネート箔 ･･･････････････････････ 33

り

リアクタンス ･･･････････････････････ 231
力率角 ･････････････････････････････ 231
リチウムイオン電池 ････････････････ 11
リチウムイオンバッテリ ･･････････････ 120
立方最密重点構造 ･･････････････････ 20
立方体 ･････････････････････････････ 22
リパーパス ･････････････････････････ 267
リビルト ･･･････････････････････････ 267
硫化水素 ･･･････････････････････････ 19
硫化物系 ･･･････････････････････････ 19
リユース、リサイクル ･･･････････ 72, 266
稜 ･･･････････････････････････････････ 24
稜共有配列 ････････････････････････ 26

稜共有配列構造 ････････････････････ 26
量産化 ･････････････････････････････ 19
リン ･･･････････････････････････････ 11
リン酸鉄 ･･･････････････････････････ 17

る

ループ流れ ･････････････････････････ 157

れ

劣化シミュレーション ････････････ 183
劣化診断 ･･･････････････････････････ 33
劣化診断解析 ･･･････････････････････ 205
劣化推移情報 ･･･････････････････････ 36

ろ

ロータ ･････････････････････････････ 237
ロータ監視制御ブロック ･･････････････ 246
六方最密重点構造 ･･････････････････ 20
ロバスト性 ･････････････････････････ 37

A

AC インピーダンスシミュレーション ･･････ 201
AC インピーダンス特性 ･･････････････ 212
AI 技術 ･･･････････････････････････ 38
Argyrodite 結晶構造 ･････････････････ 17

C

ccp 型 ･････････････････････････････ 26
CC 充電モード（Constant Current）･･････ 54
CV 充電モード（Constant Voltage）･･････ 54

D

DC/DC コンバータ ･････････････････ 252
DC ブラシレスモータ（永久磁石同期モータ）･･ 230
d 軸成分 ･･･････････････････････････ 231

I

IPM モータ（Interior Permanent Magnet モータ）･･ 231

K

KOH ･････････････････････････････ 16

L

LGPS 結晶構造 ････････････････････ 17
Li_3PS_4 ･････････････････････････････ 17
Li_6PS_5Cl ･･････････････････････････ 17

○索引

$Li_7P_3S_{11}$ ·································· 17
$Li_{12}GeP_2S_{12}$ ···························· 17
$LiCoO_2$ ································· 11
$LiFePO_4$ ······························ 11, 17
$LiMn_2O_4$ ····························· 17
$Li(Ni+Co+Al)O_2$ ···················· 17
$Li(Ni+Co+Mn)O_2$ ··················· 17

M
Mason の利得則 ···················· 146, 160

O
OCV（Open Circuit Voltage）··············· 61
OCV 解析 ······························ 62

P
PI 制御器 ····························· 227
PTC サーミスタ ························ 32

Q
q 軸成分 ······························ 231

S
SEI 層 ······························· 185
SEI 層（Solid Electrolyte Interphase）····· 12, 185
SEI 層により生ずる通電抵抗 ··············· 219
SOC ································· 18
SOH（State of Health）··················· 32
SOP ································· 35
SPM モータ
（Surface Permanent Magnet モータ）········· 232

V
V/f 制御 ······························ 235

数字
1 次遅れ特性 ························· 228
1 次進み特性 ························· 228
3 セル間ばらつき ······················ 121
4 面体 ······························· 22
18650 タイプ ························· 54

– 284 –

■ 著者紹介 ■

坂本 俊之(さかもと としゆき)

旧所属：東海大学工学部動力機械工学科、東海大学大学院工学研究科機械工学専攻 教授（2022年定年退職）
最終学歴：神戸大学大学院海事科学研究科博士課程後期課程修了（総代）
専門分野：バッテリマネジメントコントロール、エネルギ変換工学、エネルギシステム工学、自動車工学、制御工学、画像処理解析
学位ほか：博士（工学）、技術士（総合技術監理部門、機械部門）
文部科学省登録第58740号
所属学会：日本マリンエンジニアリング学会
その他の特記事項：2021年度日本マリンエンジニアリング学会 学会賞、論文賞、ロイドレジスターマンソン賞（三賞同時受賞は、同学会および同前任の日本舶用機関学会を含め初）。2016年度タイ機械学会国際会議 自動車航空船舶部門 最優秀論文賞。

設計技術シリーズ
―高信頼性・長寿命を実現する―
バッテリマネジメント技術

2024年9月24日　初版発行

著　者　　坂本 俊之　　　　　　　　　　　　　　　©2024

発行者　　松塚 晃医
発行所　　科学情報出版株式会社
　　　　　〒300-2622　茨城県つくば市要443-14 研究学園
　　　　　電話　029-877-0022
　　　　　http://www.it-book.co.jp/

ISBN 978-4-910558-33-2　C3054
※転写・転載・電子化は厳禁
※機械学習、AI システム関連、ソフトウェアプログラム等の開発・設計で、
　本書の内容を使用することは著作権、出版権、肖像権等の違法行為として
　民事罰や刑事罰の対象となります。